校企共建合作开发教材

高等职业教育计算机类系列教材

# C语言程序设计基础与实践（工作手册式）

**主　编**　李　棚　项莉萍　李　攀

**副主编**　叶　飞　殷玲玲　刘先梅　王云燕

西安电子科技大学出版社

## 内 容 简 介

本书系统地讲述了 C 语言程序设计的基本知识和方法，内容按模块编排，以满足跨专业教学的需要。本书包括项目技能储备和项目开发实战两个部分，其中项目技能储备分为编程技术基础、程序设计基础、编程初级应用、编程高级应用四个模块，专业项目开发实战分为信息技术类项目开发实战、控制技术类项目开发实战两个模块。

本书可作为高等职业教育计算机类及控制类相关专业的教材，也可作为成人教育和职工培训教材。

**图书在版编目（CIP）数据**

C 语言程序设计基础与实践 ：工作手册式 / 李棚，项莉萍，李攀主编. -- 西安 ：西安电子科技大学出版社，2024. 8. -- ISBN 978-7-5606-7419-3

Ⅰ. TP312.8

中国国家版本馆 CIP 数据核字第 20246YC869 号

策　　划　高　樱
责任编辑　高　樱
出版发行　西安电子科技大学出版社（西安市太白南路 2 号）
电　　话　（029）88202421　88201467　　邮　　编　710071
网　　址　www.xduph.com　　电子邮箱　xdupfxb001@163.com
经　　销　新华书店
印刷单位　广东虎彩云印刷有限公司
版　　次　2024 年 8 月第 1 版　　2024 年 8 月第 1 次印刷
开　　本　787 毫米×1092 毫米　1/16　　印张 21
字　　数　502 千字
定　　价　58.00 元
ISBN 978-7-5606-7419-3

**XDUP 7720001-1**

# 前　言

本书以系统化的阐述和创新的编写方式，为读者提供了一套全面而深入的C语言编程知识与实践指南。在信息技术迅猛发展的背景下，跨专业教育和产教融合的重要性日益凸显，本书正是为了满足这一需求而编写的。

本书采用模块化和工作手册式的编写方法，确保了内容的系统性和条理性，使得读者能够逐步掌握C语言程序设计的各个方面，构建结构化的知识体系，并将理论知识应用于实践中。

本书的创新之处在于将模块知识和项目式教学有机融合。全书内容被划分为两个主要部分：项目技能储备，包括模块一至模块四；项目开发实战，包括模块五、模块六。这样划分不仅有助于学生针对不同的专业领域进行深入学习，而且有助于学生通过实际的项目开发，将所学知识应用于实际问题中。

在项目技能储备部分，本书基于模块化的方法对各个技能点进行了详细的讲解和拓展。每个技能点的讲解都伴随着技能点分析、配套的信息化资源以及技能点测试，这样的设计既满足了学生自学的需求，也适应了混合式教学的环境。

在项目开发实战部分，本书选用了层次化的综合类项目，不仅能够满足课堂教学的需求，还能够针对学生的分层达标情况进行考核。这种实战经验的积累对于学生理解复杂概念、提高解决问题的能力至关重要。

本书的适用性非常广泛，可以作为高等职业教育计算机类及控制类相关专业的教材，也可作为成人教育和职工培训材料。

在本书的编写过程中，李棚、项莉萍老师负责整体规划和审定工作，确保了教材的质量和一致性。王云燕老师负责模块一的编写工作，殷玲玲老师负责模块二的编写工作，刘先梅老师负责模块三的编写工作，叶飞老师负责模块四的编写工作，李攀老师负责模块五、模块六的编写工作。王国隽、申子明、苏剑峰、张明存、金先好、张寿安、张鑫、刘明皓等多位老师也参与编写，为本书的完善付出了辛勤的努力。此外，安徽九联正远教育科技有限公司、北京星天地信息科技有限公司为本书的编写提供了大力支持，实战项目由企业项目进行教学案例化而来，因此本书也可作为企业的技术培训手册。

尽管创作团队已经尽力确保本书内容的准确性和完整性，但由于水平有限，书中难免会出现一些疏漏和不妥之处。我们诚挚地希望广大教师和同学们能够提出宝贵的批评和指正意见，以帮助我们不断改进和完善。

编　者

2024 年 5 月

# 目　录

CONTENTS

## 第一部分　项目技能储备

## 第二部分　专业项目开发实战

# 第一部分

# 项目技能储备

# 模块一　编程技术基础

## 任务 1.1　编译器的安装与使用

### 一、问题引入

随着旅游业越来越国际化，出国旅游变得十分便捷。要想体验各国当地的风土人情，除了欣赏风景，还要与当地人交流，但交流时遇到的语言障碍会令我们无法清晰地表达自己的想法。此时若有一名能够翻译多种语言的翻译人员或一台翻译机器相伴，就会十分方便。在 C 语言中，我们在与机器交流的时候也需要一种软件，这种软件能够将我们的自然语言翻译成机器能识别的机器语言，这就是编译器。那么常用的编译器有哪些呢？它们都有哪些特别的地方呢？

| 学习目标 | 技能点分析 |
|---|---|
| 1. 能够安装 VC 集成开发环境。<br>2. 能够用 VC 编译器创建工程。 | 1. 什么是编译器？它主要的功能是什么？<br>2. C 语言常用的编译器有哪些？<br>3. 简述利用编译器创建 C 语言项目的步骤。 |
| 技 能 微 课 | |
| VC2010 软件安装　VC2010 项目创建　VC6.0 项目创建<br>Protues 电路绘制　Keil5 软件安装　Keil5 项目创建 | |

### 二、技能点详解

Visual Studio(简称 VS)是一款经典集成开发环境。Visual C++ (简称 VC)是 VS

里面的 C/C++ 开发环境。VC2010 Express 的中文名称为 VC2010 学习版(简称 VC2010)，可按照以下步骤进行安装及配置。

(1) 安装 Visual C++ 2010 Express；
(2) 安装 Visual Studio 2010 Service Pack 1；
(3) 注册 Visual C++ 2010 Express；
(4) 对 VC2010 进行必要的设置；
(5) 创建范例程序测试 VC2010 是否正确安装；
(6) 根据个人使用习惯调整 VC2010 的工具栏及按钮(可选做)。

### 1. 安装 Visual C++ 2010 Express

1) 下载

VC2010 Express 的安装方式分为两种：在线安装、离线安装。其中，在线安装包较小(3 MB)，安装时仅需联网下载所需组件，在 Windows 10 系统下的下载量小于 100 MB；离线安装包较大，英文版为 694 MB，中文版为 1.8 GB，其离线安装包如图 1.1.1 所示。下面介绍离线安装方法。

图 1.1.1　VC2010 离线安装包

2) 离线安装

下载好的离线安装包是 ISO 格式的光盘镜像文件，直接双击就可以将该镜像文件虚拟成光盘。在文件管理器中找到新增加的光盘，启动光盘内的安装程序即可开始安装。也可以采用解压模式，将虚拟文件解压后，找到 Setup.hta 程序并打开运行，即可开始安装。VC2010 Express 安装界面如图 1.1.2 所示。

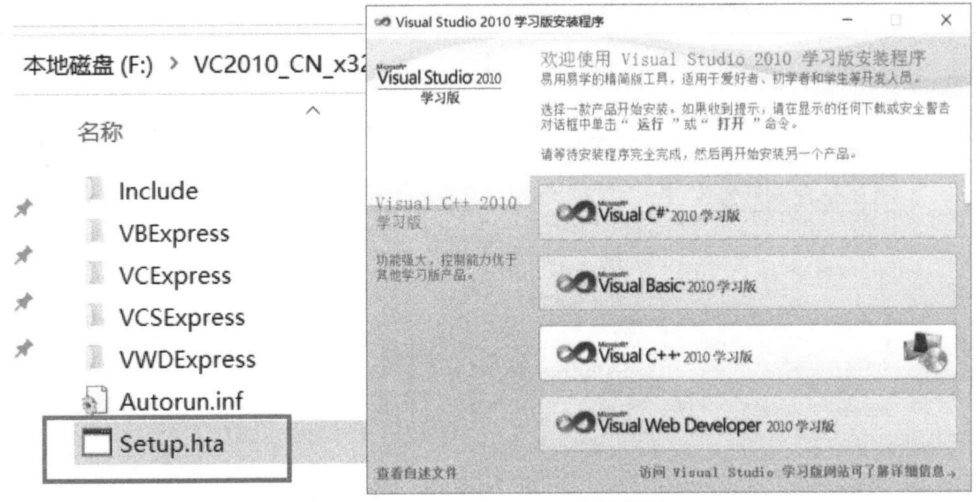


图 1.1.2　VC2010 Express 安装界面

3) 注册 Visual C++ 2010 Express

VC2010 Express 版是免费的，但是需要注册一下，否则只有 30 天的试用期。启动 VC2010，点击菜单 Help→Register Product，打开产品注册窗口。在过去，

点击“Obtain a registration key online”即可在线获取注册密钥。但 VC2010 是早期产品，微软公司已经不再维护了，点这个按钮并不能获取注册密钥。此时只能在 Registration Key 里面输入密钥 6VPJ7-H3CXH-HBTPT-X4T74-3YVY7，再点击 Register Now 即可注册成功。注册界面如图 1.1.3 所示。

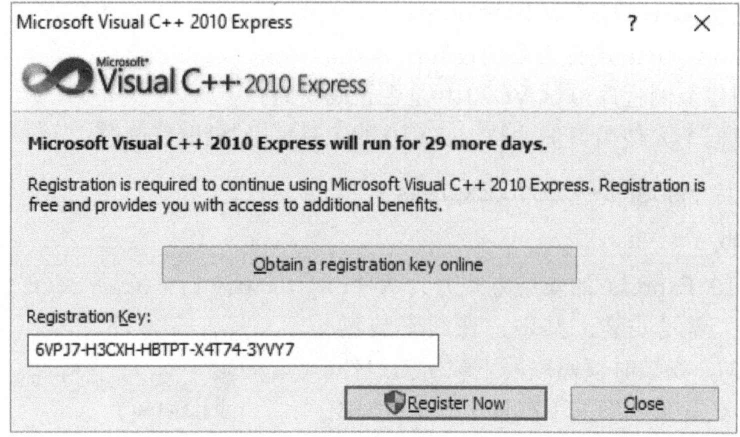


图 1.1.3　VC2010 Express 软件注册界面

## 2. VC2010 的必要设置

### 1) 设置帮助系统

VC2010 的离线帮助已经无法通过网络直接下载了，因此建议直接使用在线浏览帮助。设置步骤：启动 VC2010，点击帮助菜单。初次使用帮助或查看帮助时，会弹出“Online Help Consent”的选择框，提示“View Help content on the Internet”，选择“Yes”。这样，以后查看帮助，只需要将光标移动到相关函数上，再按 F1，就可以查看相关函数的使用说明。帮助菜单选项如图 1.1.4 所示。

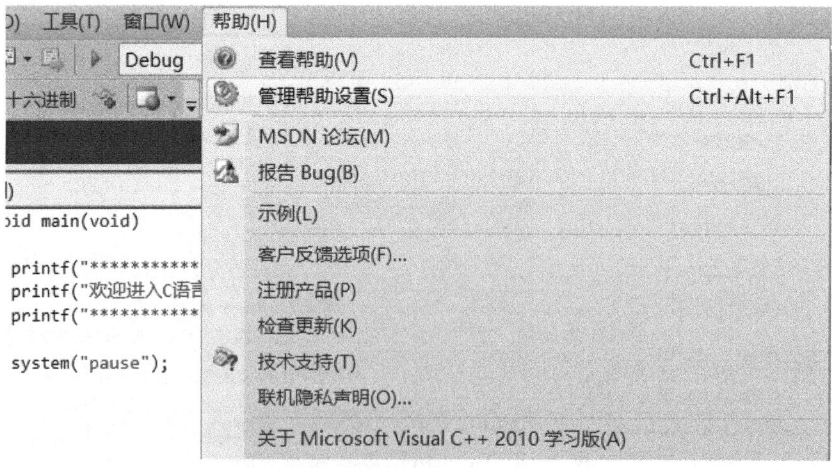


图 1.1.4　帮助菜单选项

选择管理帮助设置，安装帮助内容或切换为联机帮助。如果想使用本地帮助，需要提前下载本地帮助的安装包，然后安装本地帮助，如图 1.1.5 所示。

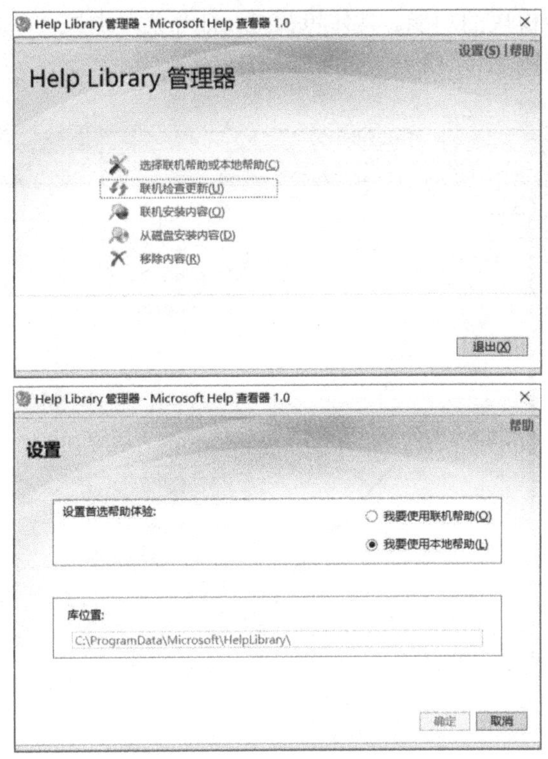


图 1.1.5　联机帮助和本地帮助

2) 设置为“专家设置”

VC2010 默认是基本设置，切换为专家设置的步骤：点击菜单工具→设置→专家设置，如图 1.1.6 所示。切换后，可以看到菜单项增加了一些。这些增加的菜单项在后续编程学习中很有用。

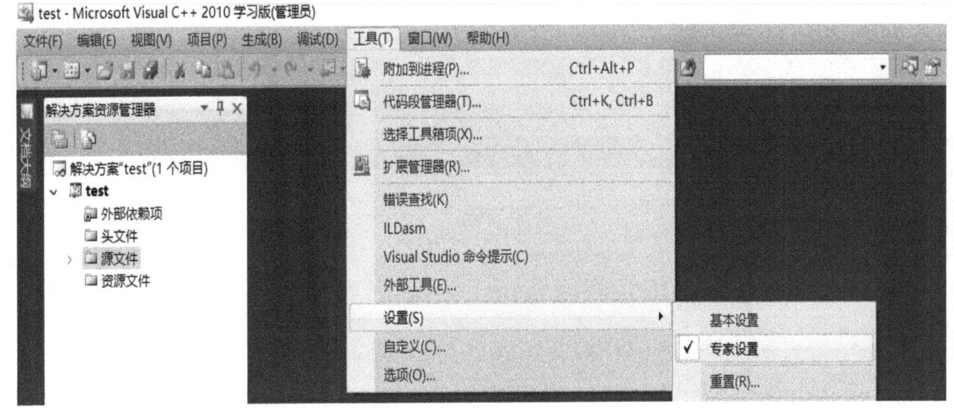


图 1.1.6　专家设置界面

3) 取消加载“调试符号模块”

在 VC 的调试阶段如果需要使用所依赖 dll 的调试信息，就需要调试符号模块，通常可以在线下载或手动安装。一些网络访问调试符号服务器非常慢，这就导致了 VC 启动慢的问题。其实这个调试符号对绝大多数程序员来说没有多大意义，可以

关闭加载调试符号模块的功能。具体步骤是：打开菜单调试→选项→符号→仅指定的模块→确定，如图 1.1.7 所示。

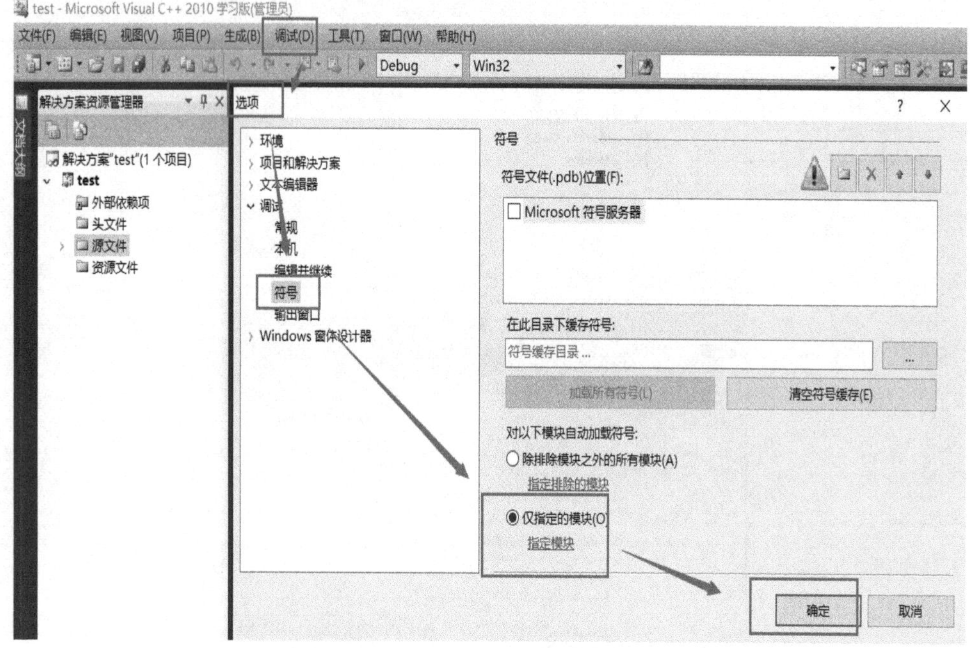


图 1.1.7　关闭加载调试模块信息

4) 调整 VC2010 的工具栏

VC2010 工具栏的定制性很强，可以根据自己的习惯做相应的调整。例如，编译和执行程序缺少工具栏按钮，如果觉得不方便，可以进行相应调整。在工具栏的空白区域右击鼠标，勾选“调试”“生成”和“文本编辑器”，如图 1.1.8 所示。

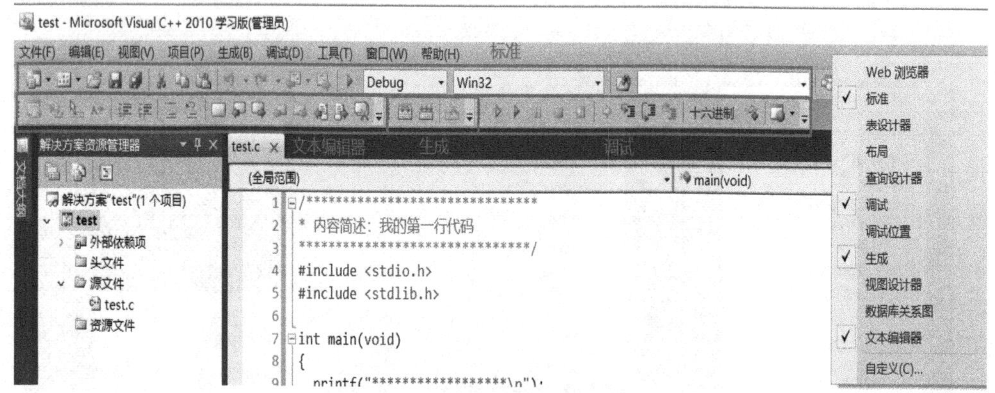


图 1.1.8　个性化操作界面设置

项目编译的时候，需要采用“调试”和“开始执行(不调试)”两个功能，安装后默认有“调试”按钮，没有“开始执行(不调试)”按钮。为了能够直接查看运行结果，需要进行“开始执行(不调试)”操作。我们可以采用图 1.1.9 的操作流程，添加“开始执行(不调试)”按钮。

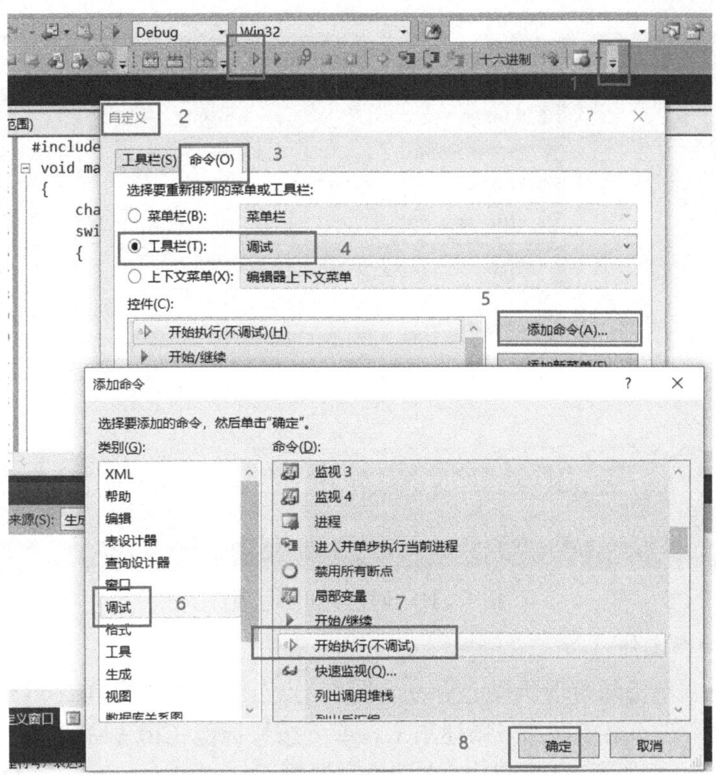

图 1.1.9　添加“开始执行(不调试)”按钮操作流程

### 3. VC2010 项目创建

VC2010 安装完毕后，需要创建范例程序测试 VC2010 是否安装正确，按照以下步骤进行项目创建。

1) 创建新项目

点击工具栏第一个按钮，或者点击菜单文件→新建→项目…，或者按快捷键 Ctrl + Shift + N，都可以创建新项目，如图 1.1.10 所示。

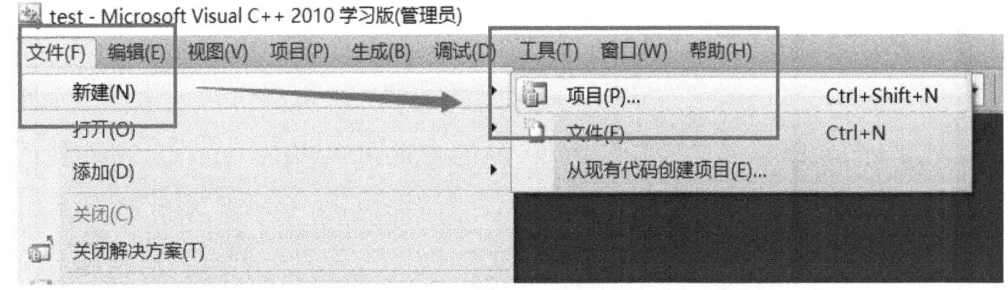

图 1.1.10　个性化操作界面设置

2) 选择项目模板

在“新建项目”窗口选择项目模板，选择 Visual C++→空项目，名称填写 test(根据自己的需求，为项目命名)，位置填写 E:\c_project\(根据自己的习惯，选择一个保存自己项目的路径)，完成后点击确定按钮，如图 1.1.11 所示。

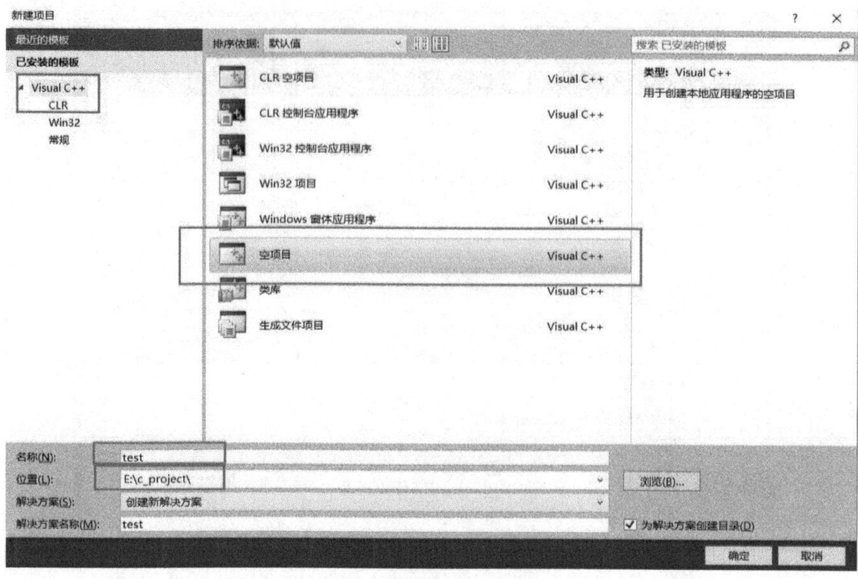

图 1.1.11　创建 test 工程项目

3) 添加新文件

在解决方案资源管理器栏选中 test 项目，点击工具栏中的第二个按钮，或者右击项目 test，选择菜单添加→新建项…，或者按快捷键 Ctrl + Shift + A，都可以添加新文件。在“添加新项”窗口中，文件类型选择 C++ 文件(.cpp)，名称填写 test.c(根据自己的需求，为文件命名)，位置暂时无须修改，如图 1.1.12 所示。

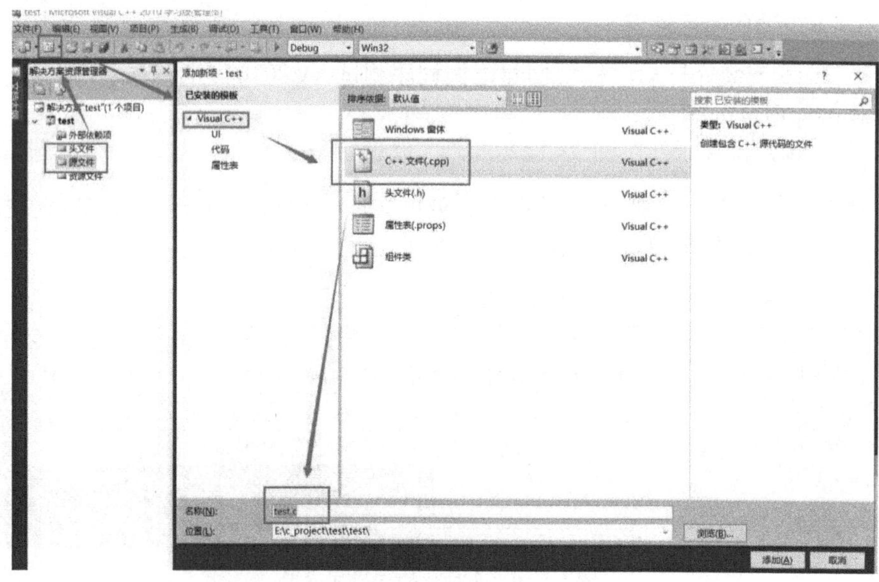

图 1.1.12　创建 .c 文件

4) 测试代码

**案例 1.1.1**　VC 工程创建。

在新文件 test.c 中输入以下测试代码即可创建 VC 工程：

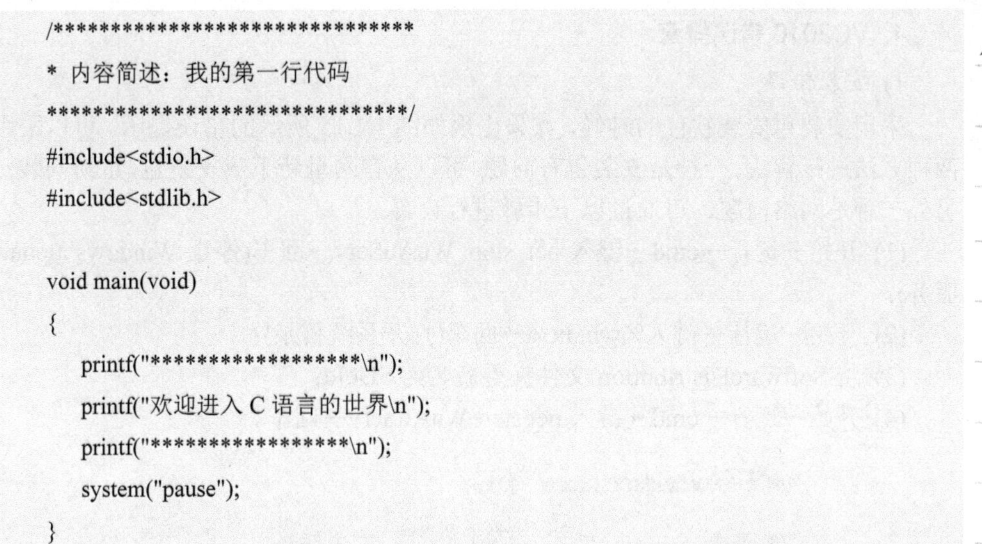

```c
/************************************
* 内容简述：我的第一行代码
************************************/
#include<stdio.h>
#include<stdlib.h>

void main(void)
{
    printf("*******************\n");
    printf("欢迎进入 C 语言的世界\n");
    printf("******************\n");
    system("pause");
}
```

5) 编译项目

点击菜单生成→生成解决方案，或者按快捷键 F7，或者采用快捷图标，都可以编译项目。然后在输出窗口会看到编译过程，最后一行可以看到提示“生成：成功 1 个，失败 0 个，最新 0 个，跳过 0 个”，注意，失败 0 个表示没有编译错误。否则，必须修正错误后再进行下一步，如图 1.1.13 所示。

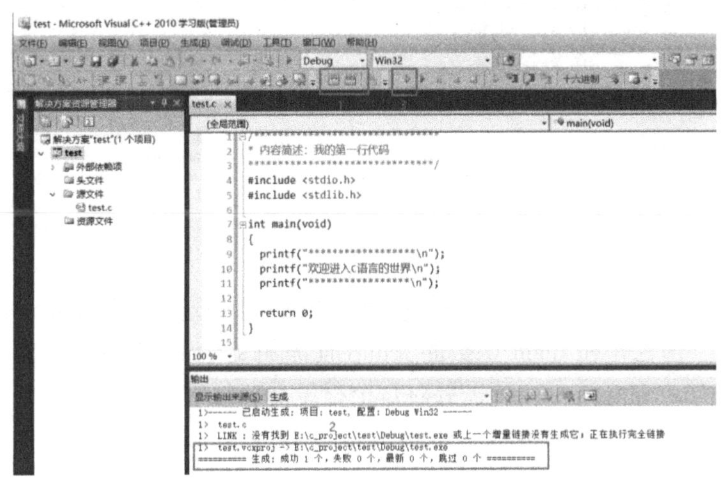


图 1.1.13　程序编译及调试窗口

6) 执行程序

点击菜单调试→开始执行(不调试)，或者点击开始执行图标，或者按快捷键 Ctrl + F5，都可以执行程序。然后会看到一个窗口内显示程序运行结果，如图 1.1.14 所示。

图 1.1.14　程序运行结果

#### 4. VC2010 错误排查

1) 安装错误

采用安装包安装软件的时候，如果出现如图 1.1.15 所示的错误提示，可以采用两种方法进行解决。一种是安装包有问题，可以从官网重新下载安装包，重新安装；另外一种是网络问题，可通过以下步骤进行设置：

(1) 开始→运行→cmd→键入 net stop WuAuServ→回车(停止 Windows update 服务)；

(2) 开始→运行→键入%windir%→回车(打开系统目录)；

(3) 将 SoftwareDistribution 文件夹重命名为 SDold；

(4) 开始→运行→cmd→键入 net start WuAuServ→回车。

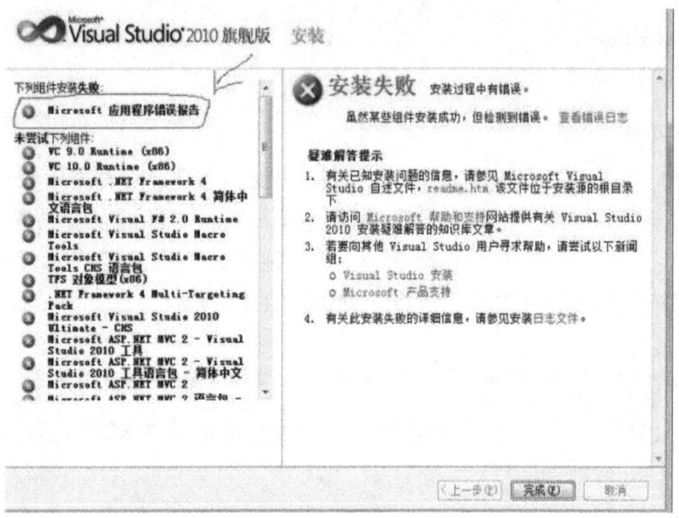


图 1.1.15　程序安装失败

2) 结果窗口闪过

若点击“开始执行(不调试)”按钮(Ctrl + F5)后出现运行结果窗口一闪而过的情况，一种解决方法是在 main 函数的 return 前添加 system("Pause")，同时添加头文件“stdlib.h”，但是这种方法需要对每个程序添加此代码。另一种解决方法是对 VS 进行设置，如图 1.1.16 所示。

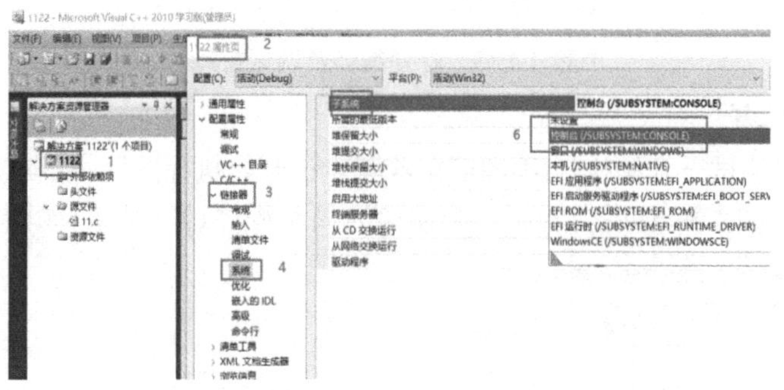


图 1.1.16　解决结果窗口闪过步骤

## 三、技能点拓展

### 1. Keil5 的安装与应用

1) Keil μVision 5.18 MDK 版软件简介

Keil μVision 5.18 MDK版是一款由美国知名软件公司Keil(现已被ARM公司收购)开发的微控制器软件开发平台，在业界有着颇多好评。最新的Keil MDK 5(简称Keil5)依然提供了编译器、安装包和调试跟踪，主要新增了包管理器功能，支持LWIP，其SWD下载速度也是Keil4的5倍。

2) Keil μVision 5.18 MDK 版软件信息

软件全称：Keil μVision 5.18 MDK 版；

软件大小：299 MB；

软件语言：中文；

安装环境：Windows 7 / Windows 8 / Windows 10 / Windows 11。

3) Keil μVision 5.18 MDK 版软件安装教程

双击安装包，开始安装，点击 Next，如图 1.1.17 所示；勾选“I agree to all the terms of the preceding License Agreement”后，点击 Next，如图 1.1.18 所示。

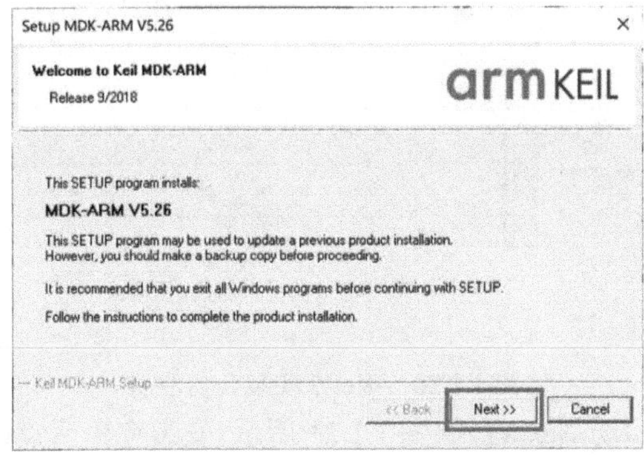


图 1.1.17　Keil5 安装欢迎界面

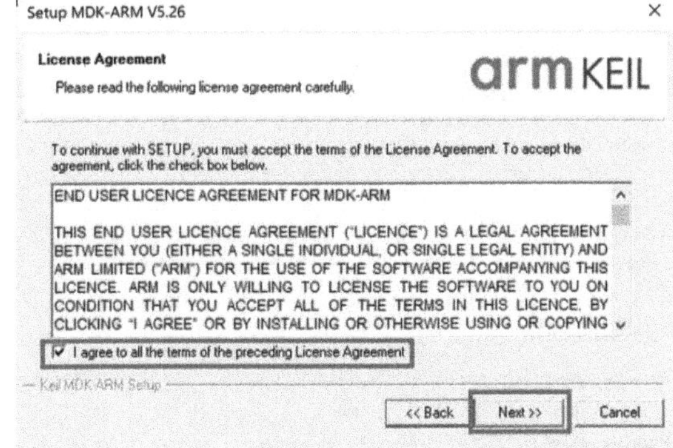


图 1.1.18　Keil5 安装许可证界面

选择软件安装路径，完成后点击 Next(切记安装路径不要有中文，防止使用过程中出现异常)，如图 1.1.19 所示。公司注册信息可由用户自行设定，完成后点击

Next，如图 1.1.20 所示。

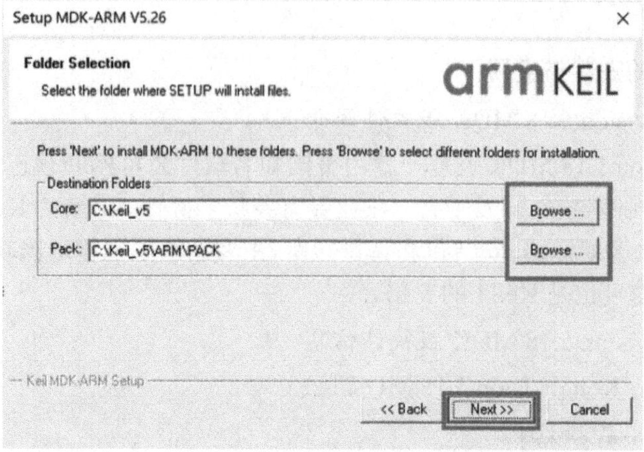

图 1.1.19　Keil5 安装路径选择

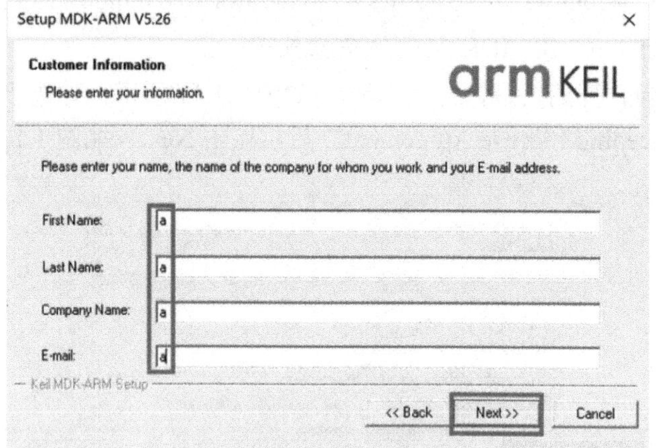


图 1.1.20　Keil5 安装公司注册

安装过程需要 10 分钟左右，如图 1.1.21 所示。安装完毕后点击 Finish，如图 1.1.22 所示。

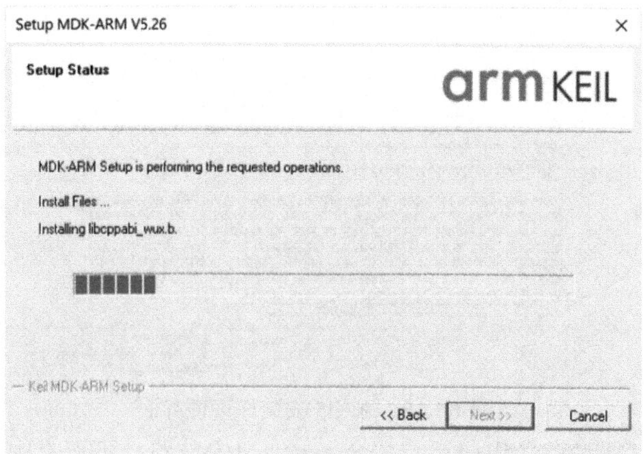


图 1.1.21　Keil5 安装进程

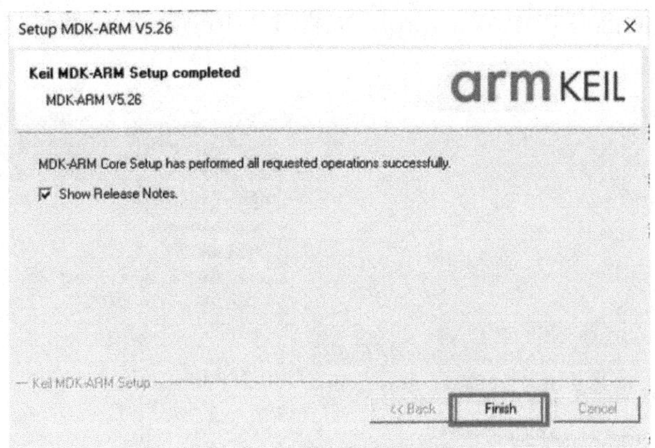


图 1.1.22　Keil5 安装完毕

这时候会出现一个弹框，提示用户可根据需要下载芯片驱动，如图 1.1.23 所示。在桌面右击“Keil µVision5”并选择“以管理员身份运行。”，Keil µVision5 图标如图 1.1.24 所示。

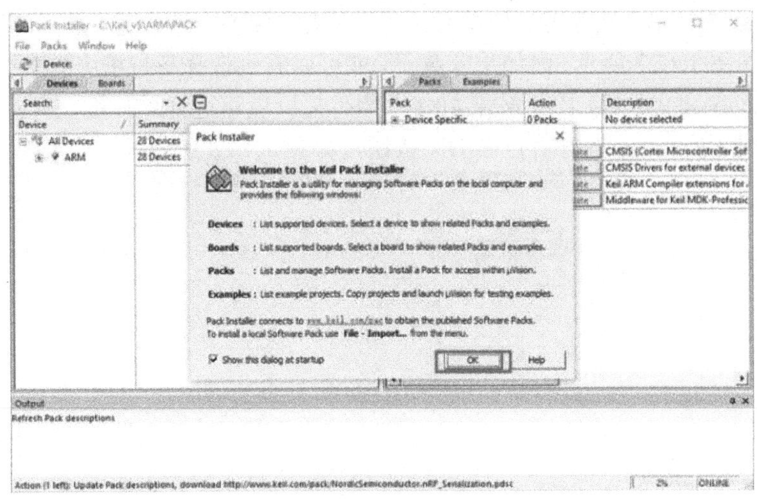


图 1.1.23　Keil5 芯片驱动选择

图 1.1.24　Keil µVision5 图标

4) 创建 51 单片机项目

打开 Keil5，点击 Project→New µVision Project→选择路径→添加工程名称，如图 1.1.25 所示。新建后弹出一个选择路径的界面，需要新建一个项目文件夹，这里以 LED 文件夹为例，再设置工程名称，这里设置 led 为工程名称，注意不要添加

后缀名，因为下面已有扩展名 .uvproj，如图 1.1.26 所示。设置好工程名后，点击保存按钮。

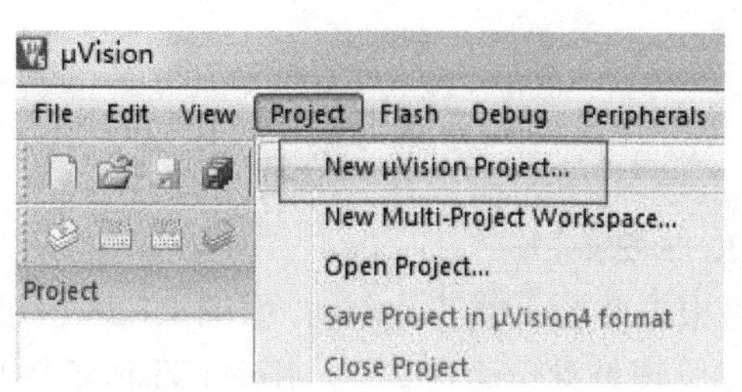


图 1.1.25　Keil5 创建工程

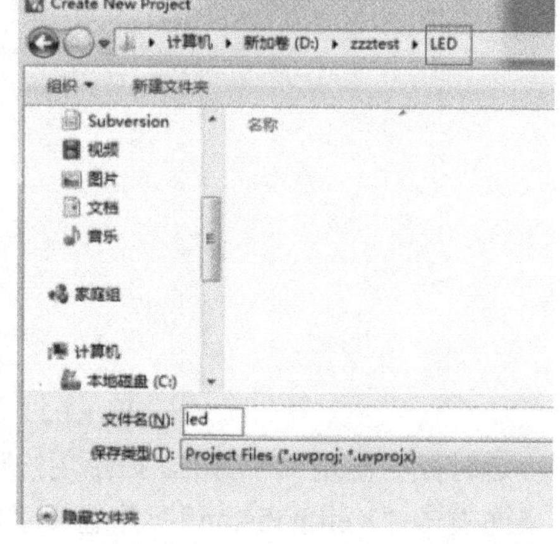


图 1.1.26　Keil5 工程选择文件夹

接下来选择单片机型号。如果 Keil5 没有安装相关组件的话，是不可以创建 51 工程的，如图 1.1.27 所示。而如果安装了，就可以看到选择下拉框中有多个“Legacy Device Database [no RTE]”。安装好相关组件后，就可选择单片机型号，这里习惯选 Intel 中的第一个，选好后点击 OK 按钮，如图 1.1.28 所示。

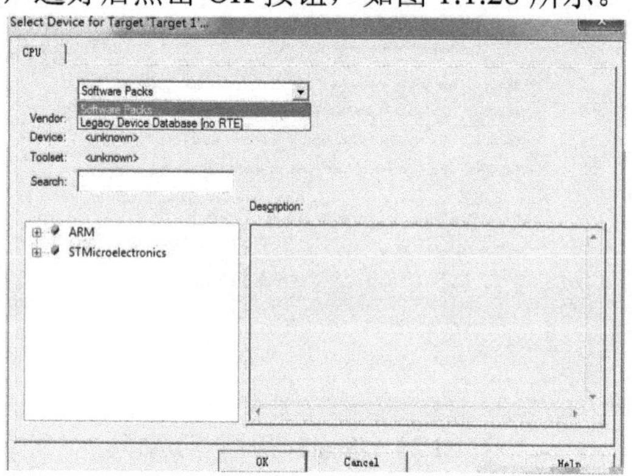


图 1.1.27　Keil5 工程芯片类选择

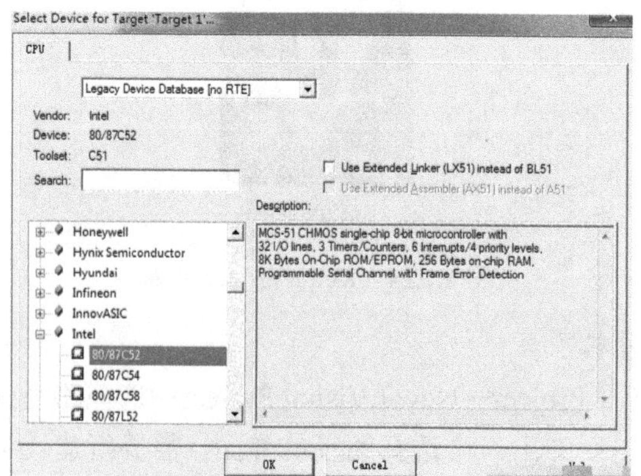


图 1.1.28　Keil5 工程芯片型号选择

点击 OK 按钮后会弹出一个启动代码的提示，点击“是”即可，如图 1.1.29 所示。

文件夹目录如图 1.1.30 所示，框里面的就是启动代码，这样工程就建立好了，但是在这里还没有编写程序的地方，点击 OK 按钮后会弹出一个启动代码的提示，点击“是”即可。

图 1.1.29　Keil5 工程芯片类选择

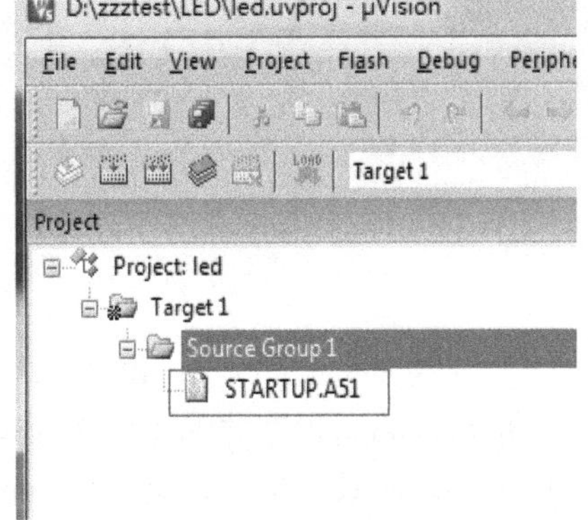


图 1.1.30　Keil5 工程芯片型号选择

然后新建程序文件并编写代码。点击 File 新建文件，新建后马上保存。对于不同工程需要，用户可自己填写保存的文件类型。这里以 C 语言编程需要为例，文件后缀加上 .c。填写之后保存，点击 OK 按钮后会弹出一个启动代码的提示，点击“是”即可，如图 1.1.31 所示。将刚才创建的文件 LED.c 加入工程里，右键点击“Source Group 1”，选择“Add Files to Group ‘Source Group 1’”，双击选中 LED.c 文件，点击 Add 按钮并关闭窗口，如图 1.1.32 所示。

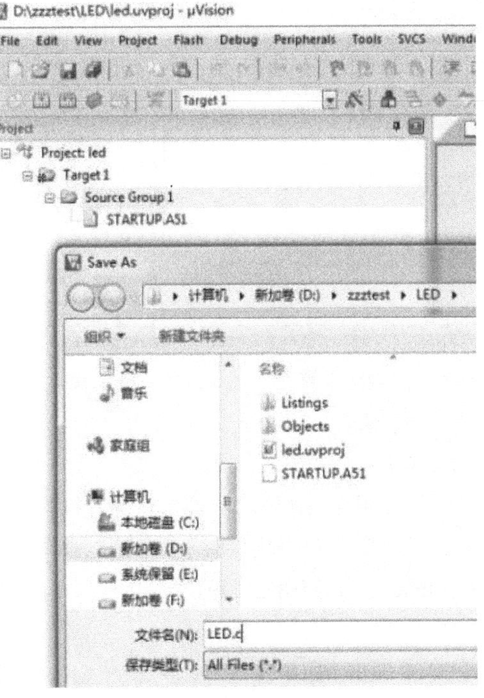


图 1.1.31　Keil5 工程创建 .c 文件

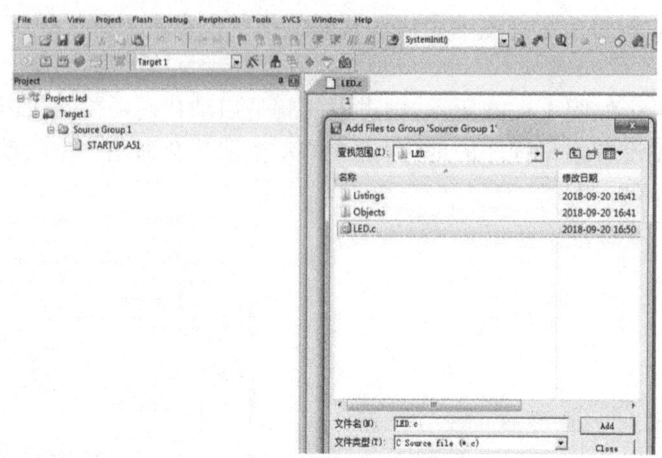


图 1.1.32 Keil5 工程加载新文件

最后，编写程序并编译出 hex 单片机认识的文件，hex 文件会出现在 Objects 文件夹中。烧录到单片机里的也是这个 hex 文件。生成 hex 文件的过程如图 1.1.33 所示。最后简单介绍一下编译。有个向下箭头的编译按钮是编译当前(修改)的文件，有两个箭头的按钮是重新编译所有文件。编译成功后没有报错，就可以生成 hex 文件，并用烧录工具下载到单片机里。代码信息中的 data 和 code 表示代码的大小，如图 1.1.34 所示。

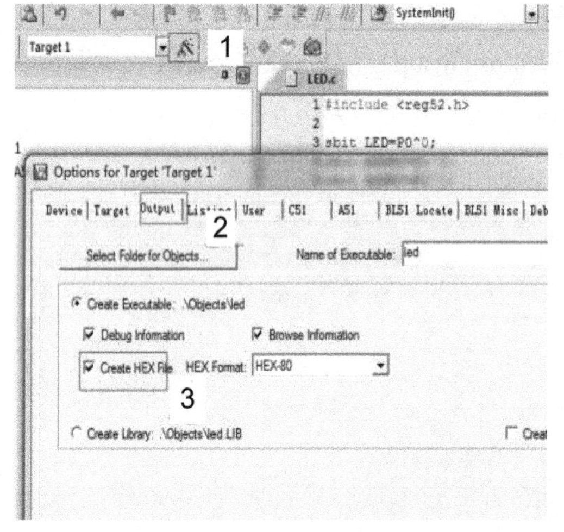


图 1.1.33 Keil5 工程输出设置

```
Build Output
compiling LED.c...
linking...
Program Size: data=9.0 xdata=0 code=29
creating hex file from ".\Objects\led"...
".\Objects\led" - 0 Error(s), 0 Warning(s).
Build Time Elapsed:  00:00:01
```

图 1.1.34 Keil5 工程生成代码信息

**案例 1.1.2** Keil5 工程创建。

Keil5 工程创建代码如下：

```
#include <reg52.h>            //包含头文件，定义了 51 单片机的寄存器
sbit LED = P1^0;              //定义 LED 连接的端口，这里假设 LED 连接在 P1 口的第 0 位
void delay(unsigned int time);     //声明延时函数

void main()                   //主函数
{
```

```
    while(1)                    //无限循环
    {
        LED = 0;                // LED 亮
        delay(1000);            //延时 1 秒
        LED = 1;                // LED 灭
        delay(1000);            //延时 1 秒
    }
}

//延时函数，time 为延时时间，单位为毫秒
void delay(unsigned int time)
{
    unsigned int i, j;
    for(i = time; i > 0; i--)
        for(j = 114; j > 0; j--);       //内层循环用于延时，外层循环控制总延时时间
}
```

### 2. Proteus 的安装与应用

Proteus 软件是英国 Lab Center Electronics 公司开发的 EDA 工具软件，它不仅具有其他 EDA 工具软件的仿真功能，还能仿真单片机及外围器件。它是目前比较好的仿真单片机及外围器件的工具，受到单片机爱好者、从事单片机教学的教师、致力于单片机开发应用的科技工作者的青睐。

Proteus 具有编译及调试功能，支持单片机汇编语言和 C 语言的编辑/编译/源码级仿真，内置 8051、AVR、PIC 的汇编编译器，也可以与第三方集成编译环境(如 IAR、Keil 和 Hitech)结合，进行高级语言的源码级仿真和调试。下面介绍 Proteus 的安装步骤。

1) 解压文件

右击软件压缩包，选择解压到“Proteus8.6\”，如图 1.1.35 所示；在解压文件夹中找到 Proteus_8.6_SP2_Pro，右击打开，如图 1.1.36 所示。

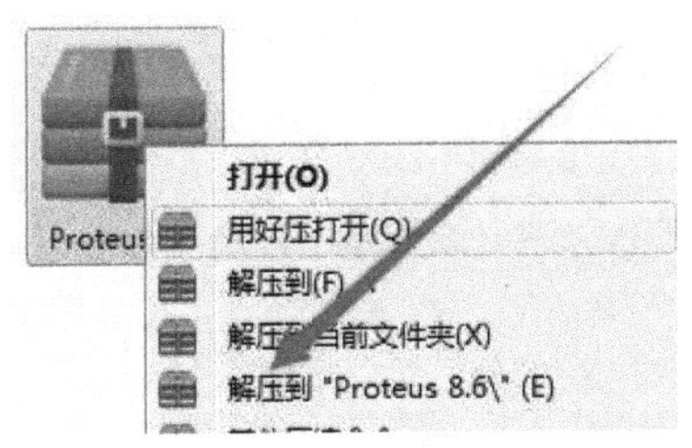


图 1.1.35　Proteus 文件解压

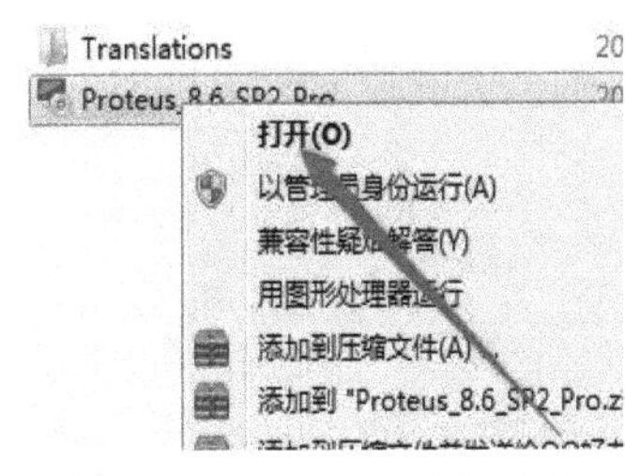


图 1.1.36　Proteus 文件安装

2) 选择路径

点击 Browse 更改安装路径，建议安装在 C 盘以外的磁盘，可以在 D 盘或者其他盘新建一个 Proteus 8.6 文件夹，然后点击 Next 按钮，如图 1.1.37 所示。接下来

选择启动文件，完成后点击 Next 按钮，如图 1.1.38 所示。

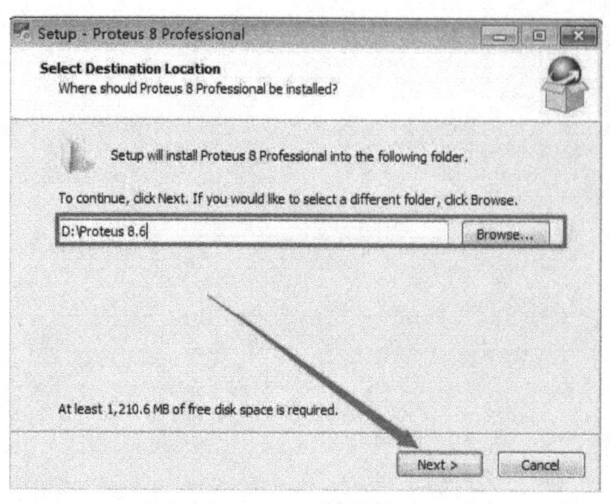


图 1.1.37 Proteus 文件安装位置选择

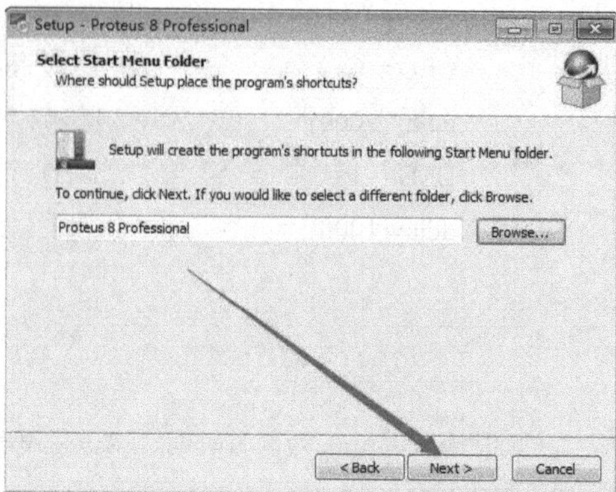


图 1.1.38 Proteus 启动文件选择

3) 等待安装

安装过程需要 5 分钟左右，如图 1.1.39 所示，完成后点击 Finish 按钮。

4) 完成安装

在桌面找到 Proteus 8 Professional 图标，右击后点击打开选项，即可启动 Proteus，如图 1.1.40 所示。

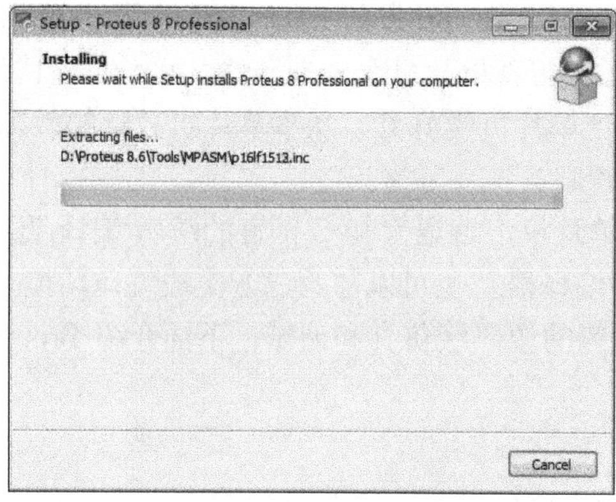


图 1.1.39 Proteus 文件安装过程

图 1.1.40 Proteus 启动图标

**案例 1.1.3** Proteus 项目创建。

制作一个键控 LED 灯的仿真电路，如图 1.1.41 所示。

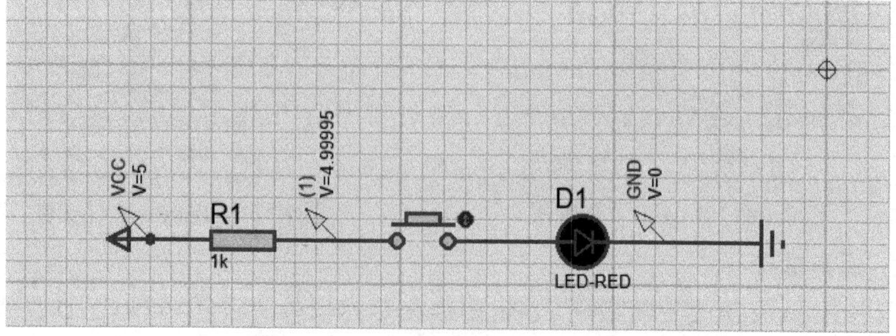


图 1.1.41 键控 LED 灯仿真电路

## 四、技能点检测

### 1. 选择题

(1) C 语言是一种(　　)。

A. 高级语言　　B. 汇编语言

C. 机器语言　　D. BASIC 语言

(2) C 语言的前身是(　　)。

A. A 语言　　B. B 语言

C. 高级语言　　D. 低级语言

(3) C 语言规定，必须用(　　)作为主函数名。

A. Function　　B. include　　C. main　　D. stdio

(4) 下列各项中，不是 C 语言特点的是(　　)。

A. 语言简洁、紧凑，使用方便

B. 数据类型丰富，可移植性好

C. 能实现汇编语言的大部分功能

D. 有较强的网络操作功能

(5) 以下叙述不正确的是(　　)。

A. 一个 C 源程序必须包含一个 main 函数

B. 一个 C 源程序可由一个或多个函数组成

C. C 程序的基本组成单位是函数

D. 在 C 程序中，注释说明只能位于一条语句的后面

(6) 信息窗口中出现“Example1.obj-0 error(s)，0warning(s)”，这是(　　)的结果。

A. 编译　　B. 编辑　　C. 连接　　D. 运行

### 2. 填空题

(1) C 语言源程序的扩展名为 ______________。

(2) 机器语言是指计算机本身自带的 ____________。

(3) 计算机编程语言分为__________、__________、__________三大类。

(4) C 语言诞生于________年；1983 年，美国制定的 C 语言标准为________；1999 年，由 ISO/IEC 发布的 C 语言标准为 ________。

(5) 编译是将源程序转换成二进制文件，即________，扩展名为________。

(6) 将 C 语言编写的程序翻译成机器语言的过程为________，完成这个翻译工作的程序称为 ____________。

### 3. 实践题

(1) 完成以下测试程序的编写，并观察效果：

```
#include <stdio.h>
int main(void)
{
```

```
    int n, i, j;
    printf("请输入正方形的边长： ");
    scanf("%d", &n);
    for (i = 1; i <= n; i++) {
        for (j = 1; j <= n; j++) {
            printf("* ");
        }
        printf("/n");
    }
    return 0;
}
```

(2) 采用 Keil5 软件，编写以下测试程序：

```
#include <reg52.h>      //包含头文件，定义了 51 单片机的寄存器
sbit Beep = P1^5;       //定义蜂鸣器连接的端口，这里假设蜂鸣器连接在 P1 口的第 5 位
void delay(unsigned int time);      //声明延时函数
void main()                         //主函数
{
    Beep = 0;                       //蜂鸣器响
    delay(1000);                    //延时 1 秒
    Beep = 1; //蜂鸣器停止响
}

//延时函数，time 为延时时间，单位为毫秒
void delay(unsigned int time)
{
    unsigned int i, j;
    for(i = time; i > 0; i--)
        for(j = 114; j > 0; j--);   //内层循环用于延时，外层循环控制总延时时间
}
```

(3) 采用 Proteus 软件，绘制如图 1.1.42 所示的电路图。

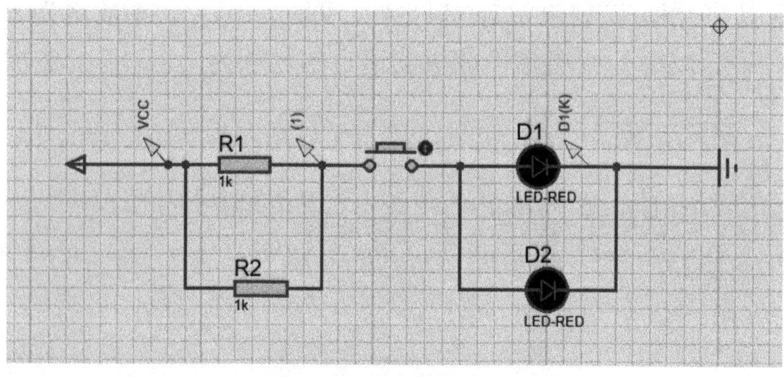


图 1.1.42　电路图

# 任务 1.2 进制及进制转换

## 一、问题引入

在我国使用数目的历史上出现过多种进制。传统算盘为上二下五珠，上面 1 粒表示“5”，下面 1 粒表示“1”，在用算盘进行计算时采用“五升十进制”。在时间上用子、丑、寅、卯、辰、巳、午、未、申、酉、戌、亥表示一天的十二个时辰，周而复始。在易经八卦中采用“太极生两仪，两仪生四象，四象生八卦”的二进制计数方式。在称重系统中采用十六两为一斤的十六进制计量方式。随着历史的发展，其他进制都被十进制所取代了。有了进制后，更重要的是要有位值制的概念。古代巴比伦人和玛雅人有位值制的概念，却都不是十进制，古埃及和古希腊是十进制，却都没有位值制。中国是最早采用十进位值制的国家。那么，如何对进制进行科学的定义，进制之间是如何进行转换的呢？

<table>
<tr><th>学习目标</th><th colspan="2">技能点分析</th></tr>
<tr><td>1. 了解数制与进制的概念。<br>2. 掌握进制转换的方法。<br>3. 能够完成二进制、十进制、十六进制之间的转换。</td><td colspan="2">1. 什么是数制？什么是进制？常用的进制有哪些？<br>2. 什么是二进制、十进制、十六进制？它们的数码分别是哪些？<br>3. 十进制转二进制的方法是什么？二进制转十进制的方法是什么？<br>4. 十六进制转二进制的方法是什么？二进制转十六进制的方法是什么？</td></tr>
<tr><td colspan="3">技 能 微 课</td></tr>
<tr><td>借助工具的进制转换</td><td>二进制与十进制的转换</td><td>二进制与十六进制的转换</td></tr>
</table>

## 二、技能点详解

数制是指用一组固定的符号和统一的规则来表示数值的方法，可以用有限的数字符号表示所有的数值。历史上存在非进位计数制和进位计数制的数字系统。在非进位计数制中，每个符号或标记代表一个固定的数值，这些数值不会因其所在位置的不同而改变。例如在罗马数字中，每个字符(如 Ⅰ、Ⅴ、Ⅹ等)代表一个固定的数值，将它们简单串联起来表示更大的数值，但每个字符的数值并不因其在数字中的位置而变化。进位计数制，又称进制，是一种通过按一定规则由低位到高位进行进位来表示数值的方法，如十六进制、十进制、二进制等。

### 1. 进位计数制

进位计数制的核心特点在于它使用一组有序的数字符号，并通过这些符号在数位上的不同位置来代表不同的数值。这种计数方式可以用有限的数字符号来表示所有可能的数值。例如，十进制是最常用的进位计数制，它使用 10 个阿拉伯数字(0～9)进行计数。

在进位计数制中，数位指一个数字符号在数中的位置，例如个位、十位、百位等。基数也称为底数，是数制中可以使用的数字符号的个数。例如，二进制的基数为 2，十进制的基数为 10。位权指每个数位上的数字所代表的实际数值大小，取决于该数字所在的位置和进位计数制的基数。比如在十进制中，从小数点开始，个位的位权是 $10^0$，十位的位权是 $10^1$，百位的位权是 $10^2$，以此类推。

不同进制之间的区别在于进位运算时是逢几进一位，比如二进制是逢 2 进一位，十进制是逢 10 进一位。

十进制(用符号 D 表示)的基数为 0，1，2，3，4，5，6，7，8，9，位权为 $10^0$，$10^1$，$10^2$，…(逢 10 进位)。

二进制(用符号 B 表示)的基数为 0，1，位权为 $2^0$，$2^1$，$2^2$，…(逢 2 进位)。

八进制(用符号 O 表示)的基数为 0，1，2，3，4，5，6，7，位权为 $8^0$，$8^1$，$8^2$，…(逢 8 进位)。

十六进制(用符号 H 表示)的基数为 0，1，2，3，4，5，6，7，8，9，A，B，C，D，E，F，位权为 $16^0$，$16^1$，$16^2$，… (逢 16 进位)。

任意进制数的值都可以表示为基数本身的值与其位权的乘积之和，称为位权展开。通过不同进制的数位和位权组合，同一个数值在不同进位计数制中可以有不同的表示方法。例如，十进制数 57 可以表示为 $5\times10^1+7\times10^0$，也可以表示为二进制数 111001($1\times2^5+1\times2^4+1\times2^3+0\times2^2+0\times2^1+1\times2^0$)，八进制数 71($7\times8^1+1\times8^0$)，十六进制数 39($3\times16^1+9\times16^0$)，它们的值是一样的。

### 2. 进制转换

1) 十进制转二进制的方法

将十进制数值转换成二进制数值表示，常采用短除法，分三步实现：① 将十进制数值除以二进制的基数；② 取余数，将除以基数后的余数保留下来，依次进行，获得所有的商和余数，直到商为 1 为止；③ 商和余数倒序排，即将最后一个商和余数逆向排序，获得对应的二进制数值。

**案例 1.2.1** 十进制转二进制。

十进制数 130 转为二进制数的值是多少？

思路：十进制转二进制方法为十进制数除以 2，余数为权位上的数，得到的商值继续除以 2，依此步骤继续向下运算直到商为 1 为止，如图 1.2.1 所示。

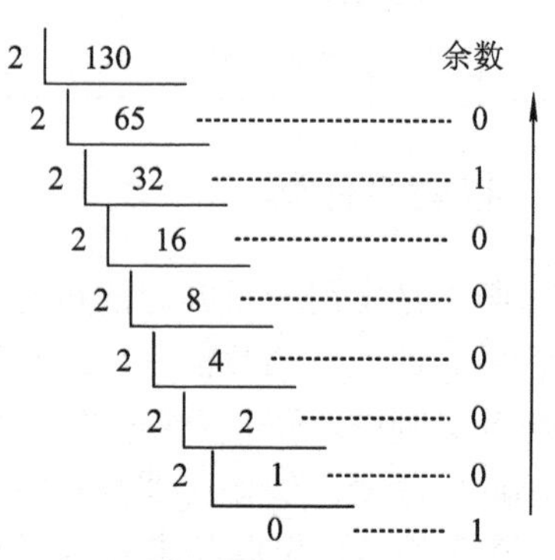


图 1.2.1 $(130)_D$ 转换成$(10000010)_B$

2) 二进制转十进制的方法

二进制转换为十进制，采用位权展开多项式之和的方法，分三步进行：

① 计算有多少位二进制数，记为 $n$；

② 将该位基数乘以位权 $2^{n-1}$；

③ 将所有乘积叠加起来。

**案例 1.2.2**　二进制转十进制。

二进制数 10000010 转为十进制数的值是多少？

思路：二进制数转十进制数的方法为把二进制数按权展开、相加即得十进制数，如图 1.2.2 所示。

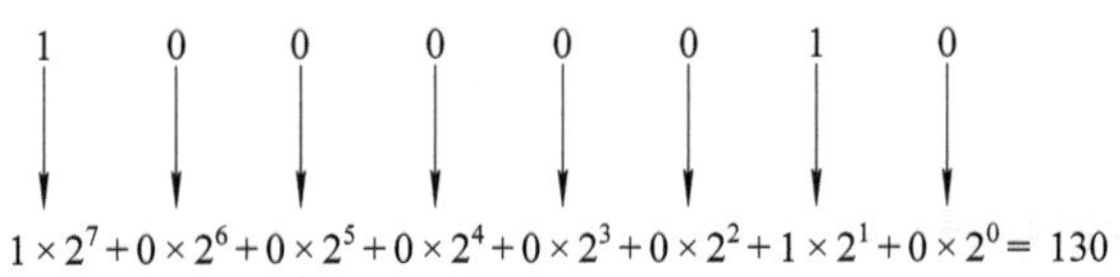


图 1.2.2　(10000010)B 转换成(130)D

3) 二进制转十六进制的方法

以小数点位置为中心：向左四位一段，不足四位的向左补 0；向右四位一段，不足四位的向右补 0，然后将每段中的四位二进制数转化为一位十六进数。

**案例 1.2.3**　二进制转十六进制。

将二进制数 110100110 转为十六进制数是多少？

思路：二进制数转十六进制数的方法为取四合一，即四位二进制数转成一位十六进制数，且从右到左开始转换，不足时补 0，如图 1.2.3 所示。

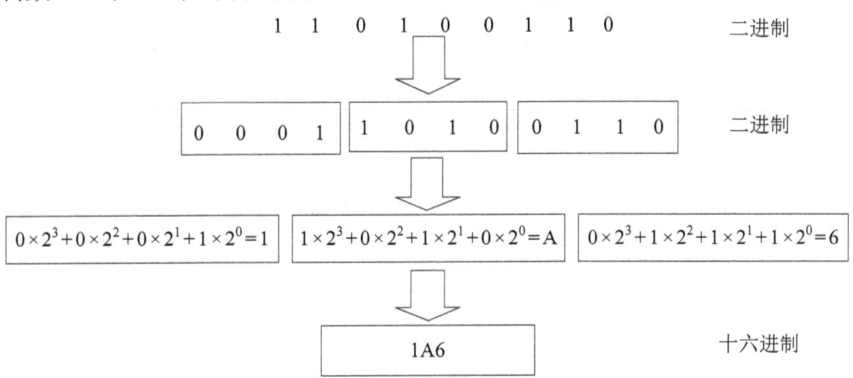


图 1.2.3　$(110100110)_B$ 转换成$(1A6)_H$

4) 十六进制转二进制的方法

十六进制数转化为四位二进制数，将每一位十六进制数转成四位二进制数即可。

**案例 1.2.4**　十六进制转二进制。

将十六进制数 1A6 转为二进制数是多少？

思路：十六进制数转二进制数的方法为，一位十六进制数通过短除法，得到四位二进制数，不足四位时在最左边补零，如图 1.2.4 所示。

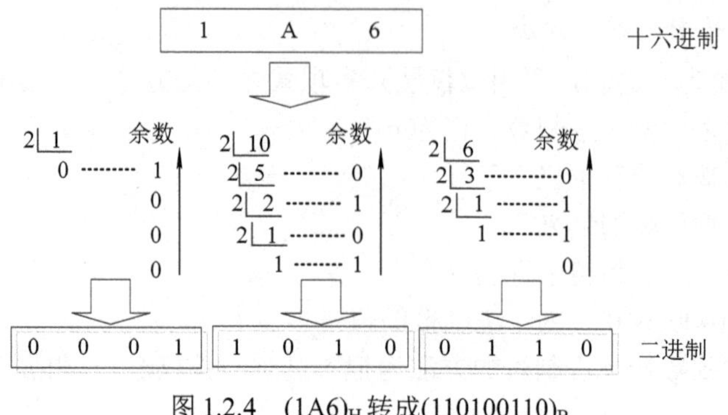


图 1.2.4　$(1A6)_H$ 转成$(110100110)_B$

## 三、技能点拓展

### 1. 电脑计算器数制转换

在 Windows 系统中找到计算器程序，也可以使用 Win + Q 快捷键搜索找出，如图 1.2.5 所示。

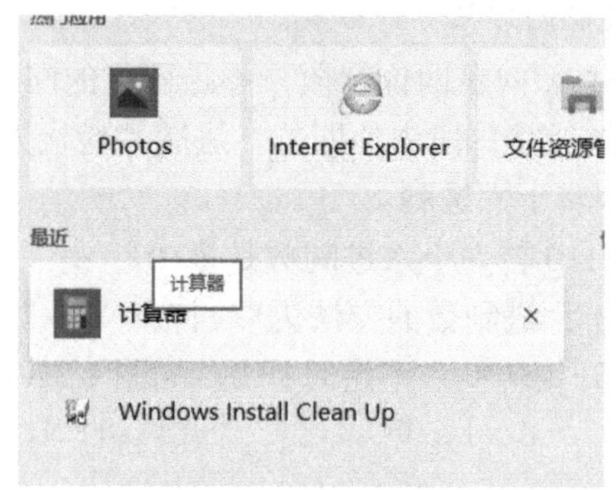


图 1.2.5　计算器程序

进入计算器程序主界面，选择程序员模式，如图 1.2.6 所示。程序员模式界面从上到下依次是十六、十、八、二进制，默认是十进制的界面。我们输入 10，便可以看到相应转换成的其他进制的数，如图 1.2.7 所示。

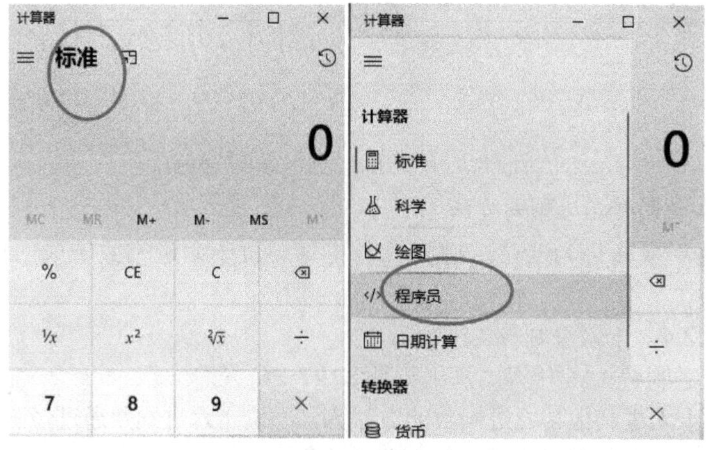


图 1.2.6　计数器程序员模式

也可以选择其他进制，比如十六进制，然后可以看到十六进制数的转换，如图 1.2.8 所示。

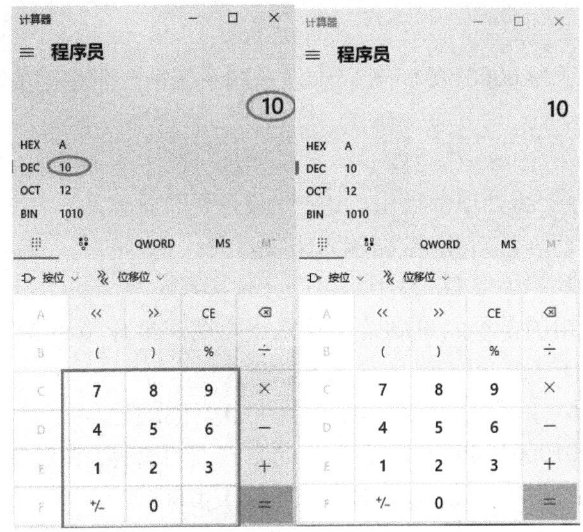


图 1.2.7　十进制数 10 转换为其他进制数

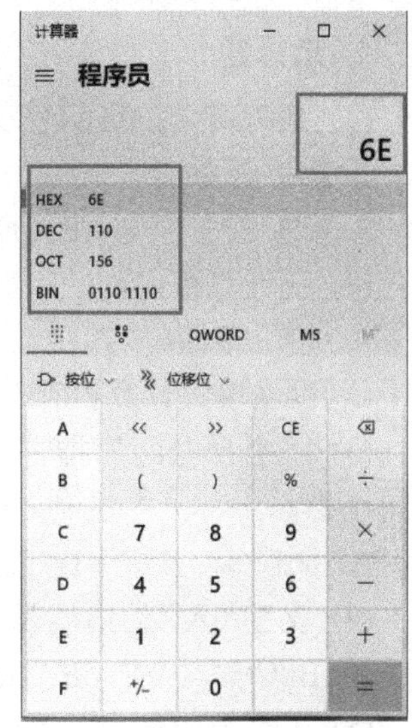


图 1.2.8　十六进制数 6E 转换成其他进制数

### 2. 手机计算器数制转换

通过手机的应用商场搜索计算器，可以找到众多的计算器 APP，我们下载手机版“全能计算器”，如图 1.2.9 所示。

打开软件找到进制转换模式，点击进入进制转换界面，在对应的进制位置输入数字，可以实现进制的转换，如图 1.2.10 所示。

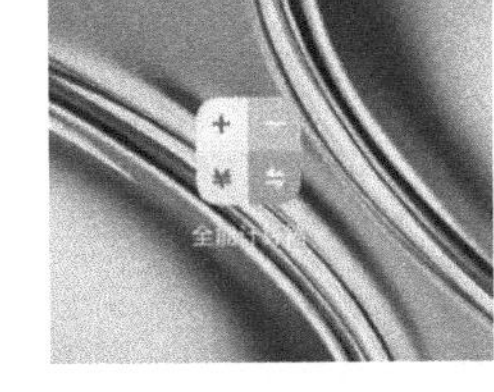

图 1.2.9　手机版全能计算器

图 1.2.10　手机版全能计算器的进制转换

## 四、技能点检测

### 1. 选择题

(1) 某数值以二进制系统表示为 00001101，若以十六进制系统来表示相同的数值，则其结果为(　　)。

A. 0D　　B. 09　　C. 1D　　D. 1F

(2) 在计算机内部，信息的存储和处理都采用二进制，最主要的原因是(　　)。

A. 便于存储　　B. 数据输入方便

C. 可以增大计算机存储容量　　D. 易于用电子元件实现

(3) “半斤八两”指古时候用的是十六进制，一斤是十六两，半斤等于八两，如果不熟悉十、十六进制之间的转换，可以借助的工具软件是(　　)。

A. 画图　　B. 记事本　　C. 录音机　　D. 计算器

(4) 汉字“人”的内码是 1100100011001011，那么它的十六进制编码是(　　)。

A. B8CB　　B. B8BA　　C. D8DC　　D. C8CB

(5) 下列数中最大的是(　　)。

A. 1111B　　B. 111D　　C. 1101D　　D 0AH

(6) 十进制数 17 的二进制表示为(　　)。

A. 10011B　　B. 11110B　　C. 10001B　　D. 11101B

(7) 二进制数 1001 转换成十进制数是(　　)。

A. 8　　B. 9　　C. 10　　D. 11

(8) 某军舰上有 5 盏信号灯，信号灯只有“开”和“关”两种状态，如果包括 5 盏信号灯全关的状态，则最多能表示的信号编码数有(　　)。

A. 120 种　　B. 31 种　　C. 32 种　　D. 5 种

(9) 大写字母 B 的 ASCII 码为 1000010，则大写字母 D 的 ASCII 码是(　　)。

A. 1000010　　B. 1000011

C. 1000100　　D. 1000101

(10) 已知字母 Z 的 ASCII 码为 5AH，则字母 Y 的 ASCII 码是(　　)。

A. 101100H　　B. 1011010B

C. 59H　　D. 5BH

### 2. 填空题

(1) 完成二进制转十进制：

$(1010011)_B = (\qquad\qquad)_D$　　$(10100010)_B = (\qquad\qquad)_D$

(2) 完成二进制转十六进制：

$(1001101)_B = (\qquad\qquad)_H$　　$(101101)_B = (\qquad\qquad)_H$

(3) 完成十进制转二进制：

$(71)_D = (\qquad\qquad)_B$　　$(123)_D = (\qquad\qquad)_B$

(4) 完成十六进制转二进制：

$(63)_H = (\qquad\qquad)_B$　　$(423)_H = (\qquad\qquad)_B$

# 任务 1.3　数据类型及转换

## 一、问题引入

数据是事实或观察的结果，是对客观事物的逻辑归纳，是用于表示客观事物的未经加工的原始素材。数据是信息的表现形式和载体，可以是符号、文字、数字、语音、图像、视频等。我国的《四库全书》是由清高宗乾隆帝命令纪昀等 360 多位学者参与编撰的，收录了约 7.9 万卷、3.6 万册的古典文献。它是中国历史上规模宏大的文献集成，其编纂不仅是对当时所有学科知识体系的系统总结，也反映了中华传统文化的丰富性和完备性。在大数据的时代，所有数据都可以存储到计算机系统中，那么数据在计算机系统内是如何存储的呢？

| 学习目标 | 技能点分析 | |
|---|---|---|
| 1. 了解 C 语言中的基本数据类型。<br>2. 掌握 C 语言中数据类型存储格式。<br>3. 掌握运算过程中数据类型转换的规律。 | 1. 什么是数据类型？它有哪些种类？<br>2. 自动数据类型转换的规则是什么？<br>3. 强制类型转换的格式是什么？ | |
| 技 能 微 课 | | |
| C 语言常用数据类型 | 数据类型的转换 | 私有数据类型的定义 |

## 二、技能点详解

在生活中，图书馆将繁多的书归类放在不同书架的层格中；进入超市前，我们可以将物品存放在寄存柜中。在计算机中，数据存储在内存中。C 语言的数据类型就是数据在内存中的表现形式，包括数据存储单元的长度(占多少个字节)、数据存储的形式，以及用于声明不同类型的变量或函数。

### 1. 数据类型

C 语言中的数据类型可分为基本类型、构造类型、指针类型和空类型四大类，其中基本类型、构造类型又可细分，如图 1.3.1 所示。在计算机内，不同类型的数据按照字节单位存储，1 个字节为 8 位二进制数，即 1 B = 8 b 。

1) 整型

整型是处理整数值(不含小数位)的数据类型，例如 0、1、10、99、-10、-123。

整型按所占内存空间字节数的不同可分为短整型、整型、长整型三种，每种按值有无负号又分为有符号型和无符号型。各种无符号类型量所占的内存空间字节数

与相应的有符号类型量相同。数据类型的存储大小与系统位数有关，本书除模块六采用的是 8 位单片机系统外，其他模块全部采用 64 位计算机系统，两者的区别见附录 3。针对 64 位计算机，各类整型数据所分配的内存字节数、值范围如表 1.3.1 所示。

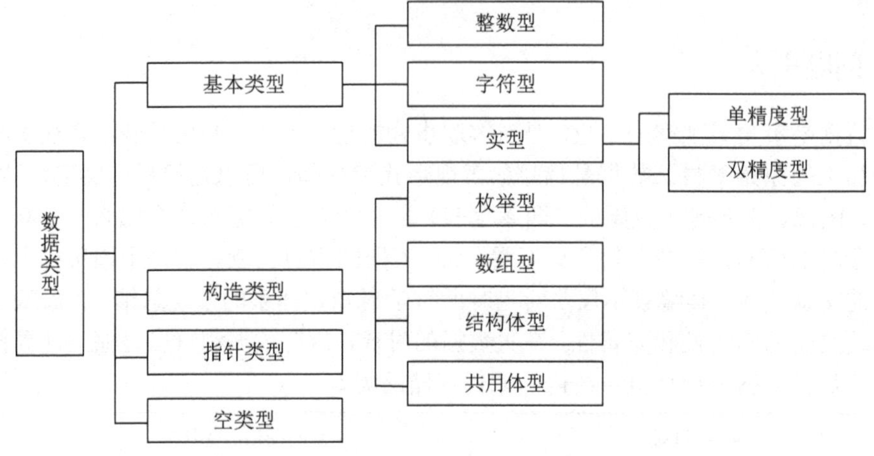


图 1.3.1　数据类型的分类

**表 1.3.1　各类整型数据所分配的内存字节数、值范围**

| 类型名 | | 类型关键字 | 字节数 | 值 范 围 |
|---|---|---|---|---|
| 短整型 | 有符号短整型 | [signed] short [int] | 2 | −32 768～32 767，即 $-2^{15}$～$2^{15}-1$ |
| | 无符号短整型 | unsigned short [int] | | 0～65 535，即 0～$2^{16}-1$ |
| 整型 | 有符号整型 | [signed] int | 4 | −2 147 483 648～2 147 483 647，即 $-2^{31}$～$2^{31}-1$ |
| | 无符号整型 | unsigned int | | 0～4 294 967 295，即 0～$2^{32}-1$ |
| 长整型 | 有符号长整型 | [signed] long [int] | 4 | −2 147 483 648～2 147 483 64，即 $-2^{31}$～$2^{31}-1$ |
| | 无符号长整型 | unsigned long [int] | | 0～4 294 967 295，即 0～$2^{32}-1$ |

注：类型关键字中“[ ]”的部分是可以省略的。

2) 字符型

字符型是处理一个字符的数据类型，例如字符型的关键字是 char，每个字符数据被分配一个字节的内存空间，以 ASCII 码的形式存储，如字符 a 的十进制 ASCII 码是 97，b 的十进制 ASCII 码是 98，所以也可以把它们看成是整型数据。ASCII 码见附录 1。字符型数据和整型数据一样，也分为有符号的和无符号的，如表 1.3.2 所示。

**表 1.3.2　字符型数据所分配的内存字节数、值范围**

| 类型名 | 类型关键字 | 字节数 | 值 范 围 |
|---|---|---|---|
| 有符号字符型 | signed char 或 char | 1 | −128～127，即 $-2^{7}$～$2^{7}-1$ |
| 无符号字符型 | unsigned char | | 0～255，即 0～$2^{8}-1$ |

C 语言允许对整型变量赋以字符值，也允许对字符变量赋以整型值。在输出时，允许把字符变量按整型量输出，也允许把整型量按字符量输出。

3) 实型

实型数据是处理浮点值(含小数位)的数据类型，例如 37.3、123.15、3.14159。

实型数据直观地来看是一种有限小数，因此实型又称为浮点型。根据精确到的小数位数即精度的不同，实型可分为单精度型(float)和双精度型(double)。各种实型数据由于精度不同，在内存中所分配的字节数、值范围也不同，如表 1.3.3 所示。

**表 1.3.3　实型数据所分配的内存字节数、值范围和精度**

| 类型名 | 类型关键字 | 字节数 | 值范围 | 精度 |
|---|---|---|---|---|
| 单精度 | float | 4 | 3.4E－38～3.4E＋38 | 6 位小数 |
| 双精度 | double | 8 | 1.7E－308～1.7E＋308 | 15 位小数 |

4) void 类型

void 类型指定没有可用的值。它通常用于三种情况，如表 1.3.4 所示。

**表 1.3.4　void 类型常用情况**

| 类型 | 描　述 |
|---|---|
| 函数返回为空 | C 语言中有各种函数都不返回值，或者可以说它们返回空。不返回值的函数的返回类型为空。例如 void exit (int status); |
| 函数参数为空 | C 语言中有各种函数不接收任何参数。不带参数的函数可以接收一个 void。例如 int rand(void); |
| 指针指向 void | 类型为 void * 的指针代表对象的地址，而不是类型。例如，内存分配函数 void *malloc( size_t size ); 返回指向 void 的指针，可以转换为任何数据类型 |

在C语言中可以通过sizeof运算符查看相关数据类型在计算机内存中占用的字节数。为了得到某个类型或某个变量在特定平台上存储空间的准确大小，可以使用表达式 sizeof(type)查看。

**案例 1.3.1**　数据的存储。

通过编写代码查看 char(字符型)、short(短整型)、int(整型)、long(长整型)、float(单精度浮点型)、double(双精度浮点型)共六种数据类型在该系统中的存储空间大小。

程序代码如下：

```
/***********************************************************************
* 内容简述：计算不同类型的存储空间
***********************************************************************/
#include<stdio.h>        //函数头文件
#include<limits.h>
int main(void)           //主程序入口
{
    printf(" char  存储大小: %u \n", sizeof(char));  //输出字符型的存储字节数
    printf("short  存储大小: %u \n", sizeof(short)); //输出短整型的存储字节数
    printf(" int  存储大小: %u \n", sizeof(int));              //输出整型的存储字节数
    printf(" long  存储大小: %u \n", sizeof(long));  //输出长整型的存储字节数
    /*************输出单精度型的存储字节数*************/
    printf("float  存储大小: %u \n", sizeof(float));
```

```
    /***********输出双精度型的存储字节数*************/
    printf("double 存储大小: %u \n", sizeof(double));
    return 0;
}
```

运行结果如图 1.3.2 所示。

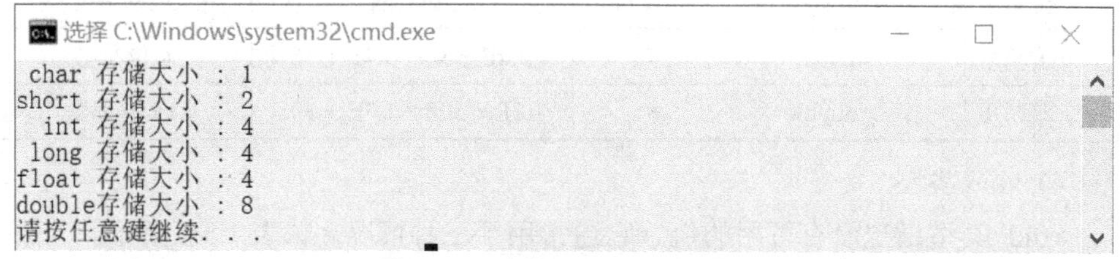


图 1.3.2　案例 1.3.1 运行结果

案例解析：

printf()是 C 语言标准库函数，用于将格式化后的字符串输出到标准输出设备，%u 是输出格式控制符，u 表示以十进制形式输出无符号整数。通过 printf()函数及表达式 sizeof(type)在屏幕上输出 char(字符型)的存储大小为 1 个字节(8 位二进制数)，short(短整型)为 2 个字节(16 位二进制数)，int(整型)为 4 个字节(32 位二进制数)，long(长整型)为 4 个字节(32 位二进制数)，float(单精度浮点型)为 4 个字节(32 位二进制数)，double(双精度浮点型)为 8 个字节(64 位二进制数)。

### 2. 数据类型转换

数据类型转换就是将数据(变量、数值、表达式的结果等)从一种类型转换为另一种类型。类型转换分为自动类型转换和强制类型转换。

#### 1) 自动类型转换

在不同类型的混合运算或赋值运算中，编译器会按照一定规则自动地转换数据类型，将参与运算的所有数据先转换为同一种类型，然后再进行计算或赋值。这种类型转换是不需要程序员干预的，由编译器自动执行，我们把它称为自动类型转换。

在不同类型的混合运算中，自动类型转换的规则是：

(1) 转换按数据长度增加的方向进行，以保证精度不降低。如 int 型量和 long 型量运算时，先把 int 型量转换成 long 型量后再进行运算。

(2) 所有的浮点运算都是以双精度进行的，即使仅含 float 单精度型量运算的表达式，也要先转换成 double 型再作运算。

(3) char 型和 short 型参与运算时，必须先转换成 int 型。

以上 3 个规则可以用如图 1.3.3 所示的转换规则图形象地表示。

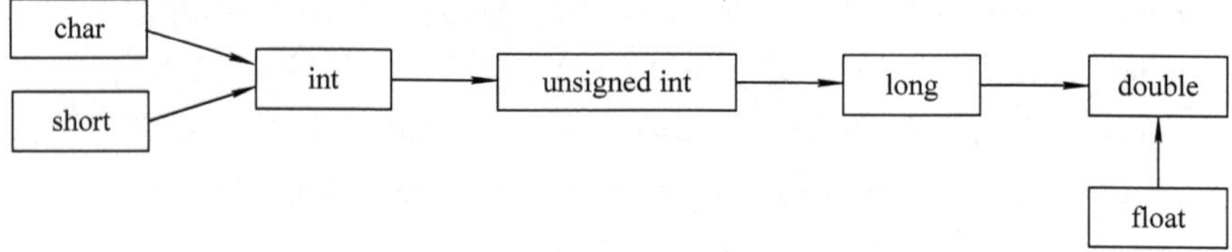


图 1.3.3　混合运算的自动类型转换规则图

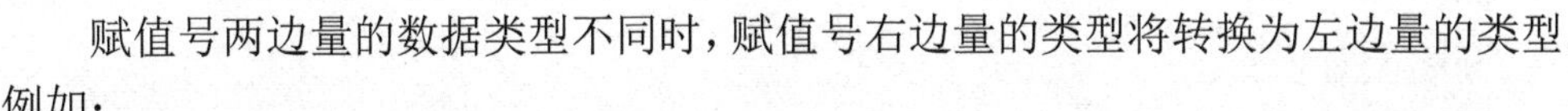

在不同类型的赋值运算中的自动类型转换的规则如下：

赋值号两边量的数据类型不同时，赋值号右边量的类型将转换为左边量的类型。例如：

```
/* 100 是 int 类型的数据，需要先转换为 float 类型才能赋值给变量 f */
float f = 100;
```

如果右边量的数据类型长度比左边的长，则将丢失一部分数据，丢失的部分按四舍五入向前舍入，这样会降低精度。所以说，自动类型转换并不一定是安全的。对于不安全的类型转换，编译器一般会给出警告。

在平均数运算中，若直接使用公式 average = sum/count 计算，则由于 sum 和 count 均为整型，两个整型量相除的结果也为整型量，如果结果是小数，就会舍去小数部分，造成结果不正确。因此，在程序中先采用强制类型转换将整型 sum 转换成 double 型，即代码为“average = (double) sum / count;”，这里强制类型转换运算符的优先级大于除法，因此 sum 的值首先被转换为 double 型，然后除以 count，得到一个类型为 double 的值。最后在输出函数 printf()中，输出格式控制符为“%.2f”，表示将计算结果保留为有两位小数的实数。

**案例 1.3.2**　数据的比较。

假设圆的半径 r = 2，根据圆的面积公式 $s = \pi r^2$ 编写程序计算该圆的面积，并将面积存于整型变量 s1 和浮点型变量 s2 中。

程序代码如下：

```
/*******************************************
* 内容简述：假设圆的半径 r = 2，根据圆的面积公式
*            s = πr² 编写程序计算该圆的面积
*******************************************/
#include<stdio.h>

int main(void)
{
    float pi = 3.14159;        //定义浮点型变量 pi 存放圆周率，圆周率取值为 3.14159
    int s1, r = 2;             //定义整型变量 s1 和 r 分别存放面积和半径值
    double s2;                 //定义双精度浮点型变量 s2 存放面积

    s1 = r * r * pi;                    //计算面积并赋给 s1
    s2 = r * r * pi;                    //计算面积并赋给 s2
    printf("s1=%d, s2=%f\n", s1, s2);   //打印输出 s1，s2

    return 0;
}
```

运行结果如图 1.3.4 所示。

图 1.3.4　案例 1.3.2 运行结果

案例解析：

在程序中，pi 为 float 浮点型变量，在计算表达式 r*r*pi 时，根据自动类型转换规则，编译器将 r 和 pi 都转换成 double 类型参与计算，表达式的结果也是 double 类型。但由于 s1 为整型，所以赋值运算的结果仍为整型，舍去了小数部分，导致数据失真。

2) 强制类型转换

自动类型转换是编译器根据代码的上下文环境自行判断的结果，但有时并不是那么"智能"，不能满足所有的需求，这时就需要程序员使用强制类型转换来实现所需的转换。强制类型转换是显式的，程序员通过在代码中使用强制类型转换运算符来指定类型转换。强制类型转换的一般格式为

(新类型符号) 表达式

例如：

```
(double) a;         //将变量 a 强制转换为 double 类型
(int)(x+y);         //把表达式 x+y 的结果强制转换为 int 整型
(float) 100;        //将数值 100(默认为 int 类型)强制转换为 float 类型
```

在使用强制转换时应注意以下问题：

(1) 类型说明符和表达式都必须加括号(单个变量可以不加括号)，如把(int)(x+y)写成(int)x+y 则表示把 x 转换成 int 型之后再与 y 相加。

(2) 无论是强制转换还是自动转换，都只是为了本次运算的需要而对变量的数据长度进行的临时性转换，不会改变数据说明时对该变量定义的类型。

**案例 1.3.3**　数据的转换。

某高校一学生在一周内的总生活费为 200 元，通过编程求该生的平均生活费为多少元/天。(保留两位小数)

程序代码如下：

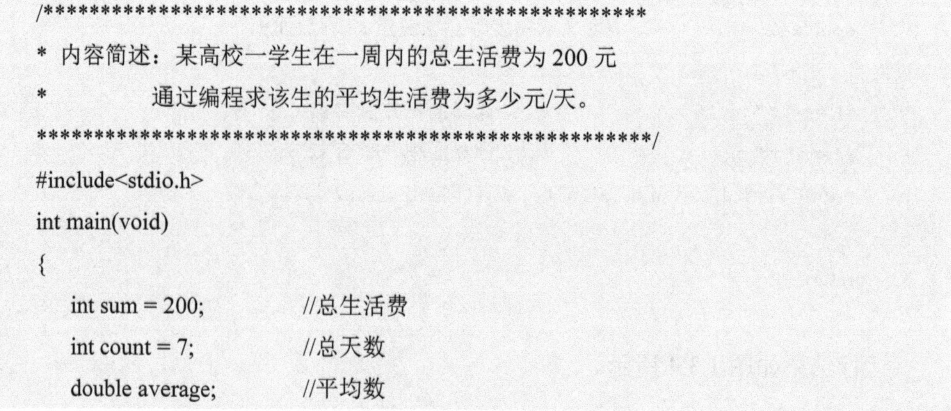

```
/*****************************************************
* 内容简述：某高校一学生在一周内的总生活费为 200 元
*           通过编程求该生的平均生活费为多少元/天。
*****************************************************/
#include<stdio.h>
int main(void)
{
    int sum = 200;          //总生活费
    int count = 7;          //总天数
    double average;         //平均数
```

```
    average = (double) sum / count;

    printf("Average is %.2f\n", average);

    return 0;
}
```

运行结果如图 1.3.5 所示。

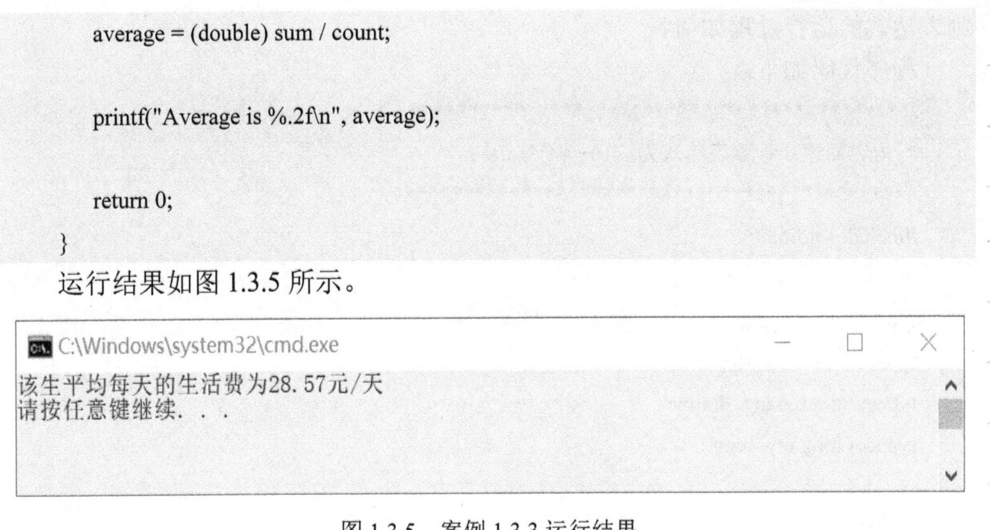


图 1.3.5　案例 1.3.3 运行结果

案例解析：

本案例中的总费用和天数均为整型，因此定义两个整型变量 sum 和 count 分别存放费用 200 和天数 7，但平均数有可能是小数，因此存放平均数的变量定义为 double 型。

## 三、技能点拓展

### 1. 使用 typedef 自定义数据类型

C 语言允许用户使用 typedef 关键字来定义自己习惯的数据类型名称，来替代系统默认的基本类型名称。一旦用户在程序中定义了自己的数据类型名称，就可以在该程序中用自己的数据类型名称来定义变量的类型，定义的方式如下：

```
typedef unsigned int my_type;
```

通过这种方式定义，程序后面就可以像使用 unsigned int 一样使用 my_type。如果在不同平台上移植一段代码，采用 typedef 格式就能够实现一个自定义数据类型在不同平台上代表不同的数据类型，实现跨平台移植。

例如，在 A 平台上定义

```
typedef unsigned int my_type;
                    My_type a;    //a 的范围是 0～65 536
```

在 B 平台上定义

```
typedef unsigned char my_type;
                    My_type a;    //a 的范围是 0～256
```

typedef unsigned int 可以应用到数组类型名称、指针类型名称，以及用户自定义的结构型名称、共用型名称、枚举型名称上，这些内容将在后续章节介绍。

**案例 1.3.4**　自定义数据类型。

用自己定义的数据类型，观察表达式的运行过程。假设已指定 i 为整型变量，f 为 float 型变量，d 为 double 型变量，e 为 long 型变量，表达式为 10 + 'a' + i*f−d/e，

则表达式的运行过程如何？

程序代码如下：

```
/*******************************************
* 内容简述：计算表达式为：10+'a'+i*f-d/e
*********************************************/
#include<stdio.h>

typedef int my_int;              //定义自己的基本类型
typedef float my_float;
typedef double my_double;
typedef long my_long;

int main(void)
{   my_int i=10;                 //用自己的数据类型定义变量
    my_float f=2.5;
    my_double d=3.0;
    my_long e=4;
    printf("i*f=%f,i 转换为 float 类型参与运算\n",i*f);              //第一步运行：i*f
    printf("d/e=%lf,e 转换为 double 类型参与运算\n",d/e);            //第二步运行：d/e
    /*******第三步运行：10+'a'********/
    printf("10+'a'=%d, 'a' 转换为 int 类型参与运算\n",10+'a');
    /*******第四步运行：10+'a'+i*f*******/
    printf("10+'a'+i*f=%f, int 转换为 float 类型\n",10+'a'+i*f);
    /*******第五步运行：10+'a'+i*f-d/e********/
    printf("10+'a'+i*f-d/e=%lf, float 转换为 double 类型\n", 10+'a'+i*f-d/e);

    return 0;
}
```

运行结果如图 1.3.6 所示。

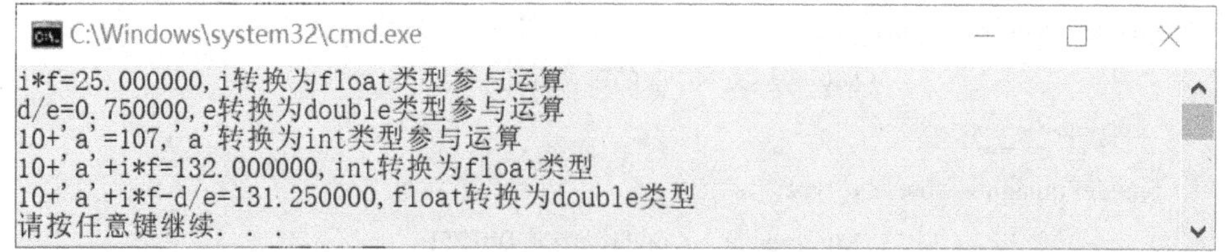


图 1.3.6　案例 1.3.4 运行结果

### 2. 使用 define 宏定义数据类型

C 语言从编写到运行要经过预处理、编译、汇编和链接这 4 个阶段，我们习惯将前 3 个阶段统称为编译阶段。

#define 和 #include 一样，是以“#”开头的，称为预处理指令。预处理所执行

的操作就是简单的“文本”替换。单击“编译”的时候实际上是执行了两个操作，即先预处理，然后才正式编译。

#include<stdio.h>就是在预处理的时候先单纯地用头文件 stdio.h 中所有的“文本”内容替换程序中 #include<stdio.h>这一行，然后再进行正式编译。

#define 又称宏定义，标识符为所定义的宏名，简称宏，功能是将标识符定义为其后的常量，一般形式为：

```
#define  标识符  常量      //注意，最后没有分号
…
#undef  标识符             //解除对应的宏定义
```

例如：

```
#define PI 3.1415926        //用 PI 定义 3.1415926，实现其功能
…
#undef  PI                  //解除对应的宏定义
```

就是将 PI 定义为后面的 3.1415926，在不需要定义的位置，增加 #undef PI，解除宏定义。

对宏定义而言，预处理的时候会将程序中所有出现“标识符”的地方全部用这个“常量”替换，称为“宏替换”或“宏展开”。替换完了之后再进行正式的编译。我们采用宏定义的这种特性对数据类型进行缩写、简化。

例如：

```
#define uint unsignedint          //用 uint 定义 unsigned int，实现其功能
#define u8 unsignedchar           //用 u8 定义 unsigned char，实现其功能
```

**案例 1.3.5** 宏定义数据使用。

采用宏定义实现温度转换，将输入的摄氏温度 C 转换为华氏温度 F 和开氏温度 K。转换公式为 F = 9/5*C + 32，K = 273.16 + C。

程序代码如下：

```
/**************************************************
* 内容简述：将输入的摄氏温度 C 转换为华氏温度 F 和开氏温度 K
*           转换公式为：F = 9/5*C + 32，K = 273.16 + C
**************************************************/
#include<stdio.h>

#define fl float                          //采用宏定义，用 fl 定义 float


int main()
{
    fl C,F,K;                             //定义单精度浮点型变量 C,F,K

    printf("请输入摄氏温度 C=");           //输出提示性字符串
    scanf("%f",&C);  //输入函数，从键盘中接收摄氏温度值并赋给 float 型变量 C
```

```
    F=(fl)9/5*C+32;                    //华氏温度换算
    K=273.15+C;                        //开氏温度换算

    printf("  华氏温度 F=%.2f\n",F);    //输出华氏温度 F
    printf("  开氏温度 K=%.2f\n",K);    //输出开氏温度 K
    return 0;
}
```

运行结果如图 1.3.7 所示。

图 1.3.7　案例 1.3.5 运行结果

案例解析：

(1) 温度变量 C、F、K 的数据类型。

由于温度转换公式中含有除法和小数，转换后的温度值可能是小数，所以在本案例中将三种温度值存放的变量类型均定义为浮点型 float。若定义为整型，在赋值时会根据自动类型转换规则自动转换成整型，将丢失小数部分造成误差。

(2) 温度换算中的类型转换。

在华氏温度公式中换算的顺序是：先 9/5，然后 9/5 × C，再 9/5 × C + 32。

由于在运算 9/5 时，根据类型转换规则，两整数相除的结果仍为整数，9/5 的结果为 1，舍去了小数部分会造成很大误差，因此本案例的程序中将其中一个整数进行强制类型转换，转换成 float 型即“(float)9/5”，也可以是“9/(float)5”，然后编译器根据自动类型转换规则将这两个整数自动转换成 double 型进行相除运算，使得 9/5 得到正确的结果 1.8。当然也可以直接写成“9.0/5”或“9/5.0”。在最后运算“9/5*C + 32”时，是将 float 型 C 变量和整数 32 自动转换成与前面同一类型的 double 型进行计算的。

(3) 输出结果的处理

在输出函数 printf()中，开氏温度输出格式是“%.2f”，输出为保留两位小数的实数。若使用的输出格式是“%f”，则输出的结果为保留 6 位小数的实数 298.149994。由于实数是以指数形式存储的，因此存在误差。

由上面的分析可知，程序员在编程中不仅需要根据实际问题中的数据正确选择数据类型来定义存储数据的变量，而且需要熟知类型转换的规则，以正确处理类型变换，获得正确或精确的结果。

## 四、技能点检测

### 1. 单选题

(1) C 语言中基本的数据类型包括(　　)。

A. 整型、实型、逻辑型　　B. 整型、实型、字符型

C. 整型、字符型、逻辑型　　D. 字符型、实型、逻辑型

(2) 在 C 语言中，基本的数据类型中表示单精度实型的关键字是(　　)。

A. int　　B. float　　C. double　　D. char

(3) 若有定义 int a=15,b=7,c;，则执行语句 c=a/b+0.8 后，c 的值为(　　)。

A. 2.8　　B. 2.0　　C. 2　　D. 2.9

(4) 设变量 a 是 int 型，f 是 float 型，i 是 double 型，则表达式 10+'a'+i*f 值的数据类型为(　　)。

A. int　　B. float　　C. double　　D. 不确定

(5) 若有定义 char a; int b; float c; double d;，则表达式 a*b+d-c 值的类型是(　　)。

A. float　　B. int　　C. char　　D. double

(6) 在 C 语言中，下列类型属于构造类型的是(　　)。

A. 整型　　B. 字符型　　C. 实型　　D. 数组类型

(7) 在 C 语言中，下列类型属于构造类型的是(　　)。

A. 空类型　　B. 字符型　　C. 共用体类型　　D. 实型

(8) 在 C 语言中，下列类型属于构造类型的是(　　)。

A. 整型　　B. 结构体类型　　C. 实型　　D.指针类型

(9) 在 C 语言中，下列类型属于基本类型的是(　　)。

A. 整型、实型、字符型　　B. 空类型、枚举型

C. 结构体类型、实型　　D. 数组类型、实型

(10) 下列类型属于基本类型的是(　　)。

A. 结构体类型和整型　　B. 结构体类型、数组、指针、空类型

C. 实型　　D. 空类型和枚举类型

**2. 填空题**

(1) 在 C 语言中，回车换行符是______，退格符是______，反斜杠符是______。

(2) 在 C 语言中，字符型数据和整型数据之间可兼容，一个字符型数据既能以________使用，也能以________使用。

**3. 编程题**

将大写字符 A 转换成小写字符 a。

# 任务 1.4　变量与常量

## 一、问题引入

在人类社会发展的历史长河中，变化的是推动社会发展的建设者，不变的是向前发展的方向；我国在坚持中国特色社会主义发展道路中，变化的是不同时代中国

共产党领导的全国人民的奋斗历程，不变的是中国共产党的道路自信和初心使命。在大千世界中，存在许多变和不变的量，那么在计算机编程中如何使用这些量呢？

<table>
<tr><th>学习目标</th><th>技能点分析</th></tr>
<tr><td>1. 了解变量及变量的数据类型。<br>2. 了解常量及常量的数据类型。<br>3. 掌握变量的定义和使用方法。</td><td>1. 变量是什么？定义变量的格式是什么？<br>2. 变量命名必须遵守哪些规则？<br>3. 定义常量的方式有哪些？各个方式定义的格式是什么？<br>4. 字符常量和字符串常量有何区别？</td></tr>
<tr><td colspan="2">技 能 微 课</td></tr>
<tr><td colspan="2">变量的概念与使用　　常量的概念与使用　　标识符常量的定义</td></tr>
</table>

## 二、技能点详解

基本数据类型量按其取值是否可以改变分为常量和变量两种。常量是指在程序运行过程中数值不发生变化的量，如 10、x、Hello、world 等；变量是指在程序运行过程中数值可以发生变化的量，如 i、sum、p0_1 等。它们可与数据类型结合起来分类，代表该类型的量在内存中占用空间的大小。例如，可分为整型常量、整型变量、浮点常量、浮点变量、字符常量、字符变量。C 语言也允许定义各种其他类型的变量，比如枚举、指针、数组、结构、共用体等。

### 1. 变量

变量代表计算机内存中的某一存储空间，该存储空间中存放的数据就是变量的值，其值是可以改变的。在程序运行中，有时需要一些可以随着情况的改变而变化的元素，变量可以解决这个问题。

#### 1) 变量的定义

C 语言代码是从前往后依次执行的，变量在使用之前必须定义或者声明。定义变量就是要告诉编译器要创建的这个变量存储什么类型的数据，以便编译器给该类型的数据分配相应大小(字节数)的内存空间，并对该内存空间进行命名(即变量名)。所以，在定义变量时，需要指定一个数据类型，其中需要包含该类型的一个或多个变量名的列表，定义格式为

数据类型　变量名 1[, 变量名 2, 变量名 3, …];

例如：

```
int    sum;
float a2, A2, _a2;
```

第一行定义了变量 sum，用于指示编译器创建数据类型为 int、变量名为 sum 的变量。

第二行定义了三个变量 a2、A2、_a2，用于指示编译器创建数据类型为 float、变量名分别为 a2、A2、_a2 的变量。

其中，数据类型必须是一个有效的 C 数据类型，可以是附录 3 中的任意一种数据类型。

变量命名必须遵守以下 C 标识符命名规则：

(1) 第 1 个字符必须是字母或下画线；

(2) 其余字符可以是字母、下画线和数字；

(3) 字母区分大小写；

(4) 用户自定义标识符不能与 C 语言的保留字或预定义标识符同名，并应尽量做到“见名知意”，以增加程序的可读性。

C 语言中只有 32 个保留字(关键字)，这 32 个保留字不能作为变量名使用，它们分别为 auto，break，case，char，const，continue，default，do，double，else，enum，extern，float，for，goto，if，int，long，register，return，short，signed，sizeof，static，struct，switch，typedef，union，unsigned，void，volatile，while。

例如，有效的变量名如下：

```
int a;
int _ab;
int a30;
```

无效的变量名如下：

```
int 2a;          //变量首字母为数字
int a b;         //变量名之间有空格
int short;       //变量名使用了关键字
```

2) 变量的赋值

变量定义后，就可以向变量代入值即进行变量赋值。在程序中，变量赋值可以用赋值语句来实现，其格式为

变量名 = 值的表达式;

“=”是赋值运算符，表示将“=”右边的“变量的值”代入到左边的变量中存储，关于赋值运算符的详细内容将在后续任务中进行讲解。“值的表达式”可以是某一常数值或某一变量名或表达式。

例如：

```
My_family_name = '张';    //向变量 My_family_name 赋值字符 '张'
My_age = 19;              //向变量 My_age 赋值 19
i = a;                    //将储存在变量 a 中的值赋给变量 i
Sum = 8+10;               //将 8 加上 10 的结果 18 赋给变量 Sum
temp = a+6;               //将变量 a 的值加上 6 的结果赋给变量 temp
```

程序中首次向变量中代入值称为变量赋初值或变量的初始化，如：

```
int i,j;
```

```
i=0;
j=5;
```

变量定义的同时也可进行变量的初始化，如上面的代码可写成：

```
int i=0,j=5;
```

定义变量包括两个方面的含义：一是给变量分配了存储空间和规定了变量的取值范围，从而可以对变量进行存储操作，如上述举例中，将变量 i、j 定义为整型数据类型，编译器为变量各分配了 4 个字节空间，变量有了存储空间，也就有了变量地址；二是规定了其允许的操作，如实数可进行加、减、乘、除运算，但不能进行求余运算。

**案例 1.4.1** 字符运算与转义字符。

字符常量在内存中存储和运算时都是以 ASCII 码形式进行的，同时使用 printf() 函数在屏幕输出时需要使用一些转义字符或格式控制字符来获得所需的输出格式。程序代码如下：

```
/*************************************************
* 内容简述：求 'A'+1 的结果并将结果以字符和整数
             两种格式输出以及几种转义字符的使用
******************** **************************/
#include<stdio.h>

int main(void)
{   char c='A';                     //定义字符型变量 c 并赋值为 'A'
    c=c+1;                          //c+1 的结果赋给 c
    printf("\n%c\t%d\n", c, c);     //以字符和整数格式输出变量 c 的值
    return 0;
}
```

运行结果如图 1.4.1 所示。

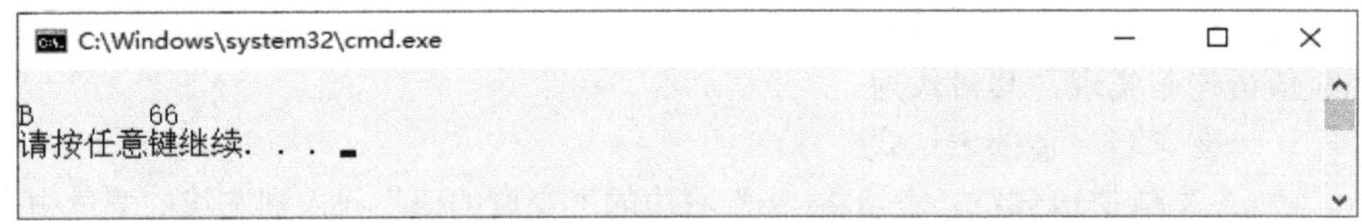


图 1.4.1 案例 1.4.1 运行结果

案例解析：

本案例中，在执行“c = c + 1;”语句时，第一步是将变量 c 的初始化值 'A' 的 ASCII 码 65 与整数 1 相加，得到整数 66；第二步是将 ASCII 码 66 对应的字符 'B' 赋值给字符变量 c。

在“printf("\n%c\t%d\n",c,c);”语句中，“\n”是一种转义字符，转义字符表示转换原有的字符意义，“\”是转义字符前缀，表示后面一个字符是转义字符，“\n”表示的是换行输出，即换行到下一行打印输出，同样“\t”也是转义字符，表示水平制表，相当于 Tab 键的操作。“%”是输出格式控制符前缀，“%c”和“%d”分别表示以字符和整数格式输出变量值。

3) 变量的作用域

C 语言中，变量的作用域是指一个变量在程序中起作用的区域，一般可以理解为变量所在的{}的包围区域。所有的变量都有自己的作用域，变量按照作用域的范围可分为局部变量和全局变量。

决定变量作用域的是变量定义的位置。在程序块(一个{}内)定义的变量(称为局部变量或内部变量)只在该程序块{}中起作用。也就是说，一个变量从被定义的位置开始，到包含该变量定义的程序块最后的大括号为止，在这一区间内是起作用的。

例如：

```
void main(void)
{
    int x = 2;            //定义内部变量 x，只在 main 函数中有效
}
```

而在 C 程序的所有函数外部定义的变量(称为全局变量或外部变量)，从定义位置开始，到该整个程序的结尾都是起作用的。

例如：

```
int x = 2;                //定义外部变量 x，整个程序中有效
void main(void)
{
    …
}
```

C 语言规定在同一作用域中不能定义同名的变量，也就是说在不同的作用域中可以定义同名变量，但在实际编程中不推荐这样做。

**案例 1.4.2**　变量的作用域。

在变量的不同作用域中定义同名变量，并通过在各个作用域中输出变量值检验变量的作用域范围。

程序代码如下：

```
/*************************************************
* 内容简述：检验同名变量在不同作用域的作用范围
*************************************************/
#include<stdio.h>

int x = 1;                //定义外部变量 x，在以下程序代码中有效

void func(void)
{
    printf("func x=%d\n", x);
}

void main(void)
```

```
{
    int x = 2;              //x 位于 main 函数下的{ }中，是内部变量，只在 main 函数中有效
    func();                 //调用函数 func()，即执行 func()下面的{}中的 printf
    printf("main x=%d\n", x);
    {
        int x = 3;          //x 位于{ }中的程序块，只在该块中有效
        printf("block x=%d\n", x);
    }
}
```

运行结果如图 1.4.2 所示。

```
C:\Windows\system32\cmd.exe
func x=1
main x=2
block x=3
请按任意键继续. . .
```

图 1.4.2　案例 1.4.2 运行结果

案例解析：

本程序含有两个函数：自定义函数 func 和主函数 main。程序是根据 main 函数大括号中的代码从上向下依次执行的，自定义函数 func 在主函数 main 中被调用，关于函数的定义和使用将在后面的内容中进行详细讲解，这里简单分析一下程序运行的结果。

main 函数中的第一句“int x = 2;”是定义了一个整型变量，并初始化为 2，由于定义的位置处于 main 函数的{}中，该变量是一个内部变量，它的有效范围是从定义位置开始到最后一个右大括号结束，因此在执行“printf("main x=%d\n", x);”后输出内部变量 x = 2 的结果，即“main x=2”，此时屏蔽了最上面的外部变量“int x = 1;”。

main 函数中的第二句“func();”是调用 func 函数，即回到上面 void func(void)函数的{}中执行“printf("func x=%d\n", x);”，由于{}中没有定义内部变量 x，所以输出其上面定义的外部变量 x = 1 的值，即输出结果是“func x=1”。

在执行到“printf("block x=%d\n", x);”语句时，与该语句同处于一个{}程序块中的语句定义了“int x = 3;”，此时变量 x 的有效范围为从定义位置开始到这个程序块右大括号结束，所以输出的是该变量 x = 3 的值。

4) 变量的声明

变量在程序中必须先声明后使用，变量的声明是用于向程序表明变量的类型和名字，但声明不一定引起内存的分配，可以是在其他位置已经定义并且分配过空间地址，例如，

```
int x;      //先声明
```

如果在一个程序源文件函数内想使用该文件的外部变量或另一个源文件中定义的外部变量，则应该在使用之前用关键字 extern 对该变量作“外部变量声明”，表示该变量是一个已经定义的外部变量。有了此声明，就可以从“声明”处起，合

法地使用该外部变量。外部变量声明的格式为

extern　数据类型 外部变量名;

例如，在下面示例中，在 func.c 文件中定义并赋值给整型变量 x，在 main.c 文件里若想使用 x，必须通过外部变量声明 x，然后再使用。

main.c:

```
#include<stdio.h>

void main(void)
{
    externint x;                //声明 func.c 中定义的外部变量 x
    printf("main.c x=%d\n", x);
}
```

func.c:

```
#include<stdio.h>

int x = 2;                      //定义外部变量 x 并初始化为 2
void func(void)
{
    printf("func.c x=%d\n", x);
}
```

**案例 1.4.3**　extern 声明外部变量。

本案例用于说明在一个函数内部如何声明引用外部变量。

程序代码如下：

```
/*****************************************************
* 内容简述：使用 extern 关键字在同文件的函数中引用声明外部变量
********************** **********************************/
#include<stdio.h>               //函数外定义变量 x 和 y

int x = 10;                     //定义外部变量 x
int y = 20;                     //定义外部变量 y

int addtwonum(void)
{
    externint x;                //函数内声明变量 x 和 y 为外部变量
    externint y;                //给外部变量(全局变量)x 和 y 赋值
    x = 1;
    y = 2;
}
void main(void)
```

```
{
    int result;
    addtwonum();                //调用函数
    result = x + y;
    printf("result 为: %d\n", result);
}
```

运行结果如图 1.4.3 所示。

图 1.4.3　案例 1.4.3 运行结果

案例解析：

本程序的开头部分定义外部变量 x 和 y，并分别初始化为 10 和 20，然后自定义了 addtwonum(void)函数，在该函数中使用 extern 关键字声明引用了外部变量 x 和 y，并重新赋值为 1 和 2，因此在 main 函数中执行“result = x + y;”后，输出 result 的值为 3，而不是 30。

### 2. 常量

常量是固定值，在程序执行期间不会改变。这些固定的值又叫作字面量。常量可以是任何的基本数据类型，比如整数常量、浮点常量、字符常量或字符串字面值，也有枚举常量。常量就像是常规的变量，只不过常量的值在定义后不能进行修改。

#### 1) 整数常量

整数常量可以是十进制、八进制或十六进制的常量。前缀指定基数 0x 或 0X 表示十六进制，O 表示八进制，不带前缀则默认表示十进制。

整数常量也可以带一个后缀，后缀是 U 和 L 的组合，U 表示无符号整数(unsigned)，L 表示长整数(long)。后缀可以是大写，也可以是小写，U 和 L 的顺序任意。

下面列举几个整数常量的实例：

```
213           //十进制数 213
O213          //八进制数 213，等于十进制数 139
215u          //无符号的整数 215
0xFeeL        //十六进制的长整数 Fee
0xFF03aul     //十六进制的无符号长整数 FF03a
078           //非法的：8 不是八进制的数字
032UU         //非法的：不能重复后缀
```

#### 2) 浮点常量

浮点常量由整数部分、小数点、小数部分和指数部分组成。可以使用小数形式或者指数形式来表示浮点常量。

当使用小数形式表示时，必须包含整数部分、小数部分，或同时包含两者。当

使用指数形式表示时，必须包含小数点、指数，或同时包含两者。带符号的指数是用 e 或 E 引入的。

下面列举几个浮点常量的实例：

```
3.14159         //合法的
314159E-5L      //合法的
510E            //非法的：不完整的指数
210f            //非法的：没有小数或指数
.e55            //非法的：缺少整数或分数
```

3) 字符常量

字符常量是括在单引号中的，如 '2'、'a'、'E'、' ' 等，每个字符占一个字节，可以存储在 char 类型的简单变量中。在计算机中，字符按 ASCII 值存放，上述对应的 4 个字符的 ASCII 值为 50、97、69、32 等，字符常量可以是一个普通的字符(例如 'x')、一个转义序列(例如 '\t')。

有一些特定的字符，当它们前面有反斜杠时，它们就具有特殊的含义，不同于字符原有的意义，故称为“转义”字符。例如，在前面的案例中，printf 函数的格式串中用到的“\n”就是一个转义字符，其意义是“换行”。常用转义字符如表 1.4.1 所示。

**表 1.4.1　常用转义字符表**

| 转义序列 | 含义 | 转义序列 | 含　义 |
|---|---|---|---|
| \\ | \ 字符 | \n | 换行 |
| \' | ' 字符 | \r | 回车 |
| \" | " 字符 | \t | 水平制表 |
| \? | ? 字符 | \v | 垂直制表 |
| \a | 警报铃声 | \ooo | 一到三位的八进制数 |
| \b | 退格 | \xhh… | 一个或多个数字的十六进制数 |
| \f | 换页 | \% | 百分号% |

4) 字符串常量

字符串字面值或常量是括在双引号中的，如 "Hello,world! "，它们在内存中是按照每个字符的 ASCII 码连续存放的，并在结尾处添加了一结束标志 '\0'，对应的 ASCII 值为 0，这样 n 个字符组成的字符串需占用 n + 1 个字节。

这里需注意的是：

(1) 字符串中包含有双引号字符时，字符双引号必须用转义字符表示；

(2) 一个字符串需占用两行时，需采用两对双引号，如 "This string"、"is too long!"。

## 三、技能点拓展

当在程序中需要多次使用一个常量，而这个常量后期又可能被修改时，可以用

标识符常量来表示这个常量，增加代码的可读性和可维护性。

C 语言中有两种简单的定义常量方式：使用 #define 预处理器和使用 const 关键字。

### 1. #define 定义标识符常量

使用 #define 预处理指令定义符号常量的格式为

#define　标识符　常量

例如：

```
#define PI   3.1415926
```

这里标识符通常用“见名知义”的大写英文字符串或英文单词表示。

**案例 1.4.4**　#define 定义常量。

编写程序求不同大小的长方形课桌面的面积。我们知道课桌有大有小，长宽不一，假设某一课桌的长为 1.2 m，宽为 0.6 m，求桌面的面积。

程序代码如下：

```
/*********************************************************
* 内容简述：使用#define 预处理指令方式定义标识符常量，
*             求长方形课桌面的面积
*********************************************************/
#include<stdio.h>

#define LENGTH 1.2          //使用 #define 定义标识符常量 LENGTH 代替实型常量 1.2
#define WIDTH 0.6           //使用 #define 定义标识符常量 WIDTH 代替 0.6
#define NEWLINE '\n'        //使用 #define 定义标识符常量 NEWLINE 代替 '\n'

void main(void)
{
    float area;                      //定义浮点型变量 area 来存储面积
    area = LENGTH * WIDTH;           //利用长× 宽求面积
    printf("课桌面的面积 ：%f", area);
    printf("%c", NEWLINE);
}
```

运行结果如图 1.4.4 所示。

```
C:\Windows\system32\cmd.exe
课桌面的面积 : 0.72 平方米
请按任意键继续. . .
```

图 1.4.4　案例 1.4.4 运行结果

案例解析：

本程序在使用常量 1.2 和 0.6 进行计算之前，即在程序主函数 main()之前的头

部使用#define 预处理指令宏定义标识符 LENGTH 和 WIDTH 分别表示 1.2 和 0.6，LENGTH 是长度的英文大写，表示长度值常量，WIDTH 是宽度的英文大写，表示宽度值常量；同样，使用#define 预处理指令宏定义标识符 NEWLINE 表示字符转义符 '\n'，NEWLINE 是 New Line(新行)的意思。

通过 #define 预处理指令宏定义以后，在后面代码中使用到常量 1.2、0.6 和 '\n' 的地方就可以分别用 LENGTH、WIDTH 和 NEWLINE 替换，这些“见名知义”的标识符大大提高了程序的可读性；如果要计算 1.6 × 0.8 大小的课桌面积，只要找到程序头部的 #define 宏定义部分将 LENGTH 后的值修改为 1.6、WIDTH 后的值修改为 0.8 即可，这样大大提高了程序的可维护性。

### 2. const 定义常量

使用 const 关键字定义常量的一般格式为

　　const 数据类型变量名 = 常量;

例如：

```
constint var = 7;    //表示变量 var 中保存 7，不可改变
```

注意：使用 const 关键字定义常量时必须初始化，#define 是函数预处理器指令，它在编译的预处理阶段进行文本替换。这意味着所有在代码中出现的宏名都会被替换为指定的值，这个过程发生在编译之前。相比之下，const 定义的常量是在编译运行阶段使用的，编译器会为其分配内存，并确保其值不被修改。

```
constint var;
var = 7;
```

**案例 1.4.5**　const 定义常量。

如果使用 const 关键字方式定义常量求课桌面面积，则程序代码如下：

```
/**************************************************
* 内容简述：使用 const 关键字方式定义标识符常量
*           求长方形课桌面的面积
**************************************************/
#include<stdio.h>

void main(void)
{   constfloat LENGTH = 1.2;     //使用 const 关键字定义常量 LENGTH 代替 1.2
    constfloat WIDTH = 0.6;      // WIDTH 代替 0.6
    constchar NEWLINE = '\n';    // NEWLINE 代替 '\n'
    float area;
    area = LENGTH * WIDTH;
    printf("课桌面的面积:%.2f", area);
    printf("%c", NEWLINE);
}
```

运行结果如图 1.4.5 所示。

图 1.4.5　案例 1.4.5 运行结果

案例解析：

本程序中“constfloat LENGTH = 1.2;”是使用 const 关键字按照“const 数据类型变量名 = 常量；”格式定义了 float 型变量 LENGTH“锁定”长度值 1.2，相当于变量名 LENGTH 作为标识符常量代替 1.2，与上一案例的程序代码“#define LENGTH 1.2”功能相同。语句“const float WIDTH = 0.6;”和“const char NEWLINE = '\n';”分别定义了标识符常量 WIDTH 代替 0.6，NEWLINE 代替 '\n'。

## 四、技能点检测

### 1. 单选题

(1) 若已定义 x 和 y 为 int 类型，则执行了语句 x = 1; y = x + 3/2; 后，y 的值是(　　)。

A. 1　　B. 2　　C. 2.0　　D. 2.5

(2) 若有以下程序段，则执行后，c 的值是(　　)。

```
int a=1,b=2,c;
c=1.0/b*a;
```

A. 0　　B. 0.5　　C. 1　　D. 2

(3) 下列字符序列中，不可用作 C 语言标识符的是(　　)。

A. xds426　　B. No.1　　C. _ok　　D. zwd

(4) 下列字符序列中，可用作 C 语言标识符的是(　　)。

A. 5a　　B. @ok　　C. a_23　　D. const

(5) 以下选项中合法的字符常量是(　　)。

A. "B"　　B. '\010'　　C. 68　　D. D

(6) 在 C 语言中，字符型数据在内存中以 ASCII 码的形式存放，则 'B' 的 ASCII 码是(　　)

A. 97　　B. 98　　C. 65　　D. 66

(7) (　　　　)是合法的 C 语言常量。

A. "xabcde"　　B. 'x1f'　　C. 0286　　D. 2.1e3.0

(8) 正确地定义整型变量的语句为(　　)。

A. integer a,b;　　B. int a,int b;　　C. double a,b;　　D. int a,b;

(9) C 语言中的标识符只能由字母、数字和下画线三种字符组成，且第一个字符(　　)。

A. 必须为字母

B. 必须为下画线

C. 必须为字母或下画线

D. 可以是字母，数字和下画线中任一字符

(10) 下列常数中，合法的 C 常量是(　　)。

A. -0.　　B. '105'　　C. 'AB'　　D. 3 + 5

(11) 下列常数中，不合法的 C 常量是(　　)。

A. -0x2al　　B. lg3　　C. '['　　D. "CHINA"

(12) 下列常数中，合法的 C 常量是(　　)。

A. '\n'　　B. e-310　　C. 'DEF'　　D. '1234'

(13) 下列符号中，可以作为变量名的是(　　)。

A. +c　　B. *X　　C. _DAY　　D. next day

**2. 填空题**

(1) C 语言中定义整型、单精度实型、双精度实型字符型变量所用的关键字分别是________、________、________、________。

(2) 下列程序代码运行结果是________________。

```
#include<stdio.h>
Int main(void)
{
    printf("Hello\tWorld\n\n");
    return 0;
}
```

(3) 设有 float f, x = 3.6, y = 5.2; int i = 4, a, b;，则执行

```
a = x + y;
    b = (int)(x + y);
    f = 10 / i;
```

后，a =______，b =______，c =______，x =______。

**3. 编程题**

编程计算表达式 7/2 + 1.65 的值。

# 任务 1.5　运算符与表达式

## 一、问题引入

计算机处理的基本对象是数据。变量和常量则是程序的最基本的数据形式，将它们用操作符(也称为运算符)连接起来，便构成了表达式。在应用程序中，经常会对数据进行运算。为此，C 语言提供了多种类型的运算符。运算符不存在优劣之分，只存在是否适合或者效率之别。在比较运算符(等于、大于、小于等)的设计和使用中，对不同的数据进行比较时，不能歧视任何一方，而应基于平等原则进行处理，

这有助于培养尊重多样性和平等对待他人的观念。本任务将详细介绍 C 语言中的运算符与表达式。

<table>
<tr><th>学习目标</th><th>技能点分析</th></tr>
<tr><td>1. 了解运算符的基本类型。<br>2. 能够运用运算符完成运算。</td><td>1. C 语言中支持哪些种类的运算符？<br>2. a++ 与 ++a 有何区别？<br>3. 当由多个不同运算符和运算数组成较为复杂的表达式时，其运算符计算顺序如何确定？</td></tr>
<tr><td colspan="2">技 能 微 课</td></tr>
<tr><td colspan="2">算术运算符的应用　关系运算符的应用　逻辑运算符的应用<br>特殊运算符的应用　运算符的优先级</td></tr>
</table>

## 二、技能点详解

运算符是一种对某些对象进行数学或逻辑操作的符号，又称为操作符，操作的对象称为操作数。

C 语言具有丰富的运算符，按运算符允许操作的操作数数量可分为一元运算符、二元运算符和三元运算符。只允许有一个操作数的运算符称为一元运算符(或单目运算符、单元运算符)，如负号运算符“−”。只允许有左右两个操作数的运算符称为二元运算符(或二目运算符、双元运算符)，如加运算符“+”；只允许有三个操作数的运算符称为三元运算符，C 语言中只有一个三元运算符“?:”，又称之为条件运算符。

根据运算符的功能不同，可分为算术运算符、关系运算符、逻辑运算符、位运算符、赋值运算符、杂项运算符。

### 1. 算术运算符

C 语言中的算术运算符有加“+”、减“−”、乘“*”、除“/”、求余(模)“%”、“++”、“−−”7 个，其中+、−、*、/、%是二元运算符，++、−− 是一元运算符。+、−−、*、/都能对整数或实数进行运算。在同一级别运算时，按左结合规则进行。算术运算符的操作功能描述如表 1.5.1 所示，其中假设整型变量 a 的值为 2，变量 b 的值为 5。

表 1.5.1　算术运算符

| 运算符 | 描　述 | 实　例 |
|---|---|---|
| + | 把两个操作数相加 | a + b 将得到 7 |
| − | 从第一个操作数中减去第二个操作数 | a − b 将得到 -3 |
| * | 把两个操作数相乘 | a * b 将得到 10 |
| / | 分子除以分母 | b / a 将得到 2.5 |
| % | 取模运算符，整除后的余数 | b % a 将得到 1 |
| ++ | 自增运算符，整数值增加 1 | a++ 或 ++a 将得到 3 |
| -- | 自减运算符，整数值减少 1 | a-- 或 --a 将得到 1 |

1) 求余运算符%

求余运算符%只能对整型数据使用，如表 1.5.1 所示，5%2 的值为 1。

在计算“a%b”时，如果 a、b 中至少有一个为负数，此时运算结果如何呢？C 语言中规定：余数与 a 的符号相同，而绝对值不变。因此表达式 5%3、5%-3、-5%3、-5%-3 的值分别为 2、2、-2、-2。

2) ++、-- 运算符

++、-- 只能对整型变量进行运算，如表 1.5.1 所示，a 为整型变量。

++、-- 运算符可写在变量的前面或变量的后面，写在变量的前面称为前缀(或前置)运算符，写在变量的后面称为后缀(或后置)运算符，在使用前缀运算与后缀运算时要注意如下两点：

(1) ++a 与 a++ 都表示对 a 变量进行一次自增运算，即 a = a + 1；

(2) a++ 表达式的值是 a 自增之前的值，而++a 表达式的值是 a 自增之后的值。前缀运算表示先加后用，后缀运算表示先用后加。

上面我们仅以 ++ 为例进行说明，对于 -- 运算也有相似的规则：前缀表示先减后用，后缀表示先用后减。

例如：

```
#include<stdio.h>

void main(void)
{
    int a,b;
    a=3;
    b=a++;        //先将 a 的值 3 赋给 b，后将 a 自增 1
    printf("a=%d b=%d\n",a,b);
    a=3;
    b=++a;        //先将 a 自增 1 变为 4，后将 a 的值 4 赋给 b
    printf("a=%d b=%d\n",a,b);
}
```

运行结果如图 1.5.1 所示。

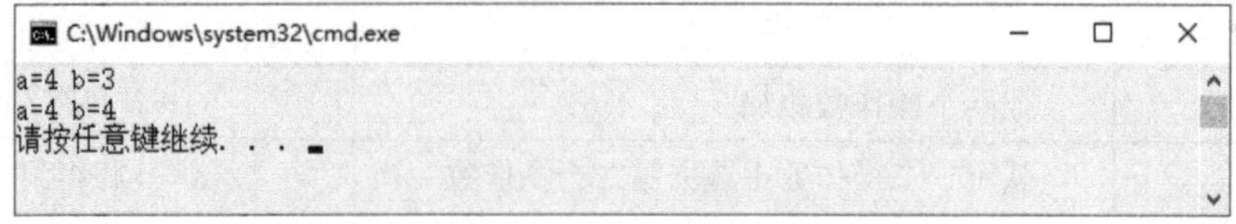


图 1.5.1　运行结果

**案例 1.5.1**　算术运算。

编程实现两个整型变量的算术运算。

程序代码如下：

```
/***********************************************
* 内容简述：两个整型变量的算术运算
***********************************************/
#include<stdio.h>

void main(void)
{
    int a = 19;
    int b = 10;
    int c;
    printf(" a = %d b = %d\n", a,b);
    c = a + b;
    printf(" a + b = %d\n", c);
    c = a - b;
    printf(" a - b = %d\n", c);
    c = a * b;
    printf(" a * b = %d\n", c);
    c = a / b;
    printf(" a / b = %d\n", c);
    c = a % b;
    printf(" a %% b = %d\n", c);
    c = a++;              //赋值后再加 1，c 为 19，a 为 20
    printf("赋给 c 的值是 %d   a 的值是 %d\n", c,a);
    c = a--;              //赋值后再减 1，c 为 20，a 为 19
    printf("赋给 c 的值是%d   a 的值是 %d\n", c,a);
    c = ++a;              //先加 1 后赋值，c 为 20，a 为 20
    printf("赋给 c 的值是%d   a 的值是 %d\n", c,a);
    c = --a;              //先减 1 后赋值，c 为 19，a 为 19
    printf("赋给 c 的值是%d   a 的值是 %d\n", c,a);
}
```

运行结果如图 1.5.2 所示

图 1.5.2　案例 1.5.1 运行结果

案例解析：

本程序通过加“+”、减“-”、乘“*”、除“/”、求余“%”、自增“++”、自减“--”7 个算术运算符实现两个整型变量 a 和 b 的算术运算，其中“+”、“-”、“*”、“/”4 个运算符不仅能对这里的整型变量进行运算，也可对整型常量和实型的变量或常量进行运算，但求余“%”只能对整型常量或变量进行运算，“++”、“--”这两个运算符只能对一个整型变量进行运算，且运算符在变量的前面(前缀)和后面(后缀)是不同的，请仔细看程序的注释行。

### 2. 关系运算符

关系运算又称为比较大小运算，它有 6 个运算符：>、>=、<、<=、==、!=，它们的结合规则都是自左向右的。关系运算的结果为逻辑真或逻辑假，关系成立时为逻辑真(值为 1)，关系不成立时为逻辑假(值为 0)。表 1.5.2 列出了各个关系运算符的功能描述与实例，其中假设 a 的值为 2，b 的值为 5。

**表 1.5.2　关系运算符**

| 运算符 | 描　述 | 实 例 |
| --- | --- | --- |
| == | 检查两个操作数的值是否相等，相等为真，不等为假 | (a == b)为假 |
| != | 检查两个操作数的值是否相等，不等为真，相等为假 | (a!= b)为真 |
| > | 检查左操作数的值是否大于右操作数的值，如果是，则条件为真 | (a>b)为假 |
| < | 检查左操作数的值是否小于右操作数的值，如果是，则条件为真 | (a< b)为真 |
| >= | 检查左操作数的值是否大于或等于右操作数的值，如果是，则条件为真 | (a>= b)为假 |
| <= | 检查左操作数的值是否小于或等于右操作数的值，如果是，则条件为真 | (a <=b)为真 |

这里需要注意的是，关系运算的等于运算符“==”与数学上的等于运算符“=”具有相同的含义，而与 C 语言中的赋值运算符“=”是完全不同的。

**案例 1.5.2**　关系运算。

测得甲乙的体温，通过编程判断两人是否发热(超过 37.3 ℃)。

程序代码如下：

```
/**************************************************
```

```
* 内容简述：判断两个数的大小关系
********************** **************************/
#include<stdio.h>

void main(void)
{
    float t = 36.5;
    float T = 37.3;

    printf(" 测得甲的体温为： %.2f\n",t);
    if (t < T)
    {
        printf(" 体温小于 37.3℃，甲没有发热\n");
    }
    if (t >= T)
    {
        printf(" 体温大于或等于 37.3℃，甲发热\n");
    }

    t = 38.5;

    printf(" 测得乙的体温为： %.2f\n",t);
    if (t < T)
    {
        printf(" 体温小于 37.3℃，乙没有发热\n");
    }
    if (t >= T)
    {
        printf(" 体温大于或等于 37.3℃，乙发热\n");
    }
}
```

运行结果如图 1.5.3 所示。

图 1.5.3　案例 1.5.2 运行结果

案例解析：

本程序通过<、>=两个关系运算符判断两个体温值的大小关系，从而判断两人

是否超过发热温度值 37.3℃。在 C 语言中除了这两个关系运算符以外，还有==、!=、>、<= 4 个关系运算符分别用来判断两个量是否相等、不等于、大于、小于或等于。程序代码中使用了 if()等条件判断函数，if 是一个 C 语言中自带的库函数名称，意为“如果”，表示判断，小括号()内是条件，如果条件成立，则执行紧跟着的大括号{ }内的代码，此类函数将后面的内容进行详细的讲解。在这里需注意的是双等号“==”是判断两个数是否相等的关系运算符，不是单等号“=”(赋值运算符)。

### 3. 逻辑运算符

C 语言中的逻辑运算符有逻辑与“&&”、逻辑或“||”、逻辑非“!”。逻辑与表达式 a&&b 表示 a 与 b 中只要有一个条件不满足(值为 0)，其运算结果为 0。逻辑或表达式 a||b 表示 a 与 b 中只要有一个条件满足(值为 1)，其运算结果为 1。逻辑非表达式!a，当 a 为 1 时，结果为 0，当 a 为 0 时，结果为 1。逻辑运算真值表如表 1.5.3 所示。

**表 1.5.3　逻辑运算真值表**

| a | b | a&&b | a\|\|b | ! a |
|---|---|---|---|---|
| 1 | 1 | 1 | 1 | 0 |
| 1 | 0 | 0 | 1 | 0 |
| 0 | 1 | 0 | 1 | 1 |
| 0 | 0 | 0 | 0 | 1 |

在 C 语言逻辑运算中，任何非 0 值都当作逻辑值 1 处理，因此表达式 0.1||0 的结果值为 1。从逻辑与运算 a&&b 的真值表中，我们可以看出，只要 a 值为 0，不管 b 值如何，其运算结果都为 0，因此，在进行逻辑与运算时，只要计算 a 值为 0，我们不需计算 b 值，这种情况称为逻辑与优化。同样，对于逻辑或运算 a||b，只要 a 值为 1，不需计算 b 值，此时表达式值恒为 1，这种情况称为逻辑或优化。

**案例 1.5.3**　逻辑运算。

编程实现两个量的三个逻辑运算。

程序代码如下：

```
/**********************************************************
* 内容简述：判断两个量的逻辑运算结果
********************** *************************************/
#include<stdio.h>

int main()
{
    int a = 5;
    int b = 20;
    int c;
```

```
    printf(" a = %d b = %d\n", a,b);
    c = a && b;           // a 和 b 均为非 0 值，都为真，a && b 值为 1
    printf(" a && b 的值为%d \n", c);
    if (a && b)           //判断 a 和 b 两条件是否都为真
    {
        printf(" a 和 b 全为真\n");
    }
    c = a || b;           // a 和 b 均为非 0 值，都为真，a || b 值为 1
    printf(" a || b 的值为%d \n", c);
    if (a || b)           //判断 a 和 b 两条件中是否至少有一个为真
    {
        printf(" a 和 b 至少有一个为真\n");
    }
    a = 0;                //改变 a 和 b 的值
    b = 10;
    printf(" a = %d b = %d\n", a,b);
    c = a && b;           // a == 0，为假，a 和 b 不全为真，a && b 值为 0
    printf(" a && b 的值为%d \n", c);
    if (a && b)
    {
        printf(" a 和 b 全为真\n");
    }
    c = !(a && b);
    // a == 0，为假，a 和 b 不全为真，a && b 值为 0，!(a && b)为 1
    printf(" !(a && b)的值为%d \n", c);
    if (!(a && b))
    {
        printf(" a 和 b 不全为真\n");
    }
}
```

运行结果如图 1.5.4 所示。

图 1.5.4　案例 1.5.3 运行结果

案例解析：

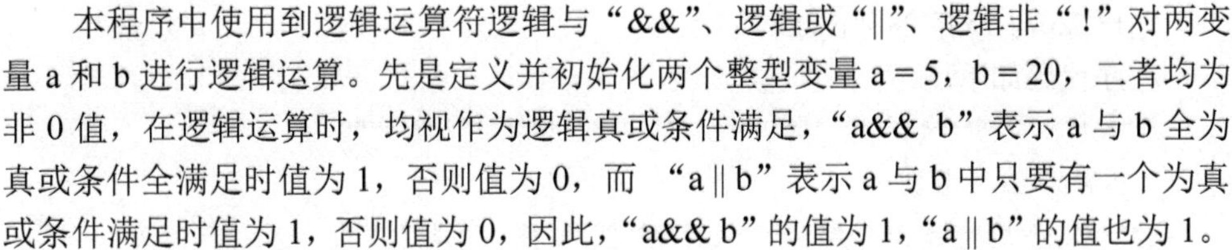

本程序中使用到逻辑运算符逻辑与“&&”、逻辑或“||”、逻辑非“!”对两变量 a 和 b 进行逻辑运算。先是定义并初始化两个整型变量 a = 5，b = 20，二者均为非 0 值，在逻辑运算时，均视作为逻辑真或条件满足，“a&& b”表示 a 与 b 全为真或条件全满足时值为 1，否则值为 0，而 “a || b”表示 a 与 b 中只要有一个为真或条件满足时值为 1，否则值为 0，因此，“a&& b”的值为 1，“a || b”的值也为 1。

当 a 和 b 的值改为 0 和 10 以后，因为 a 的值为 0，视作逻辑假或条件不满足，因此，“a&& b”的值为 0，“a || b”的值为 1，“! ( a&& b )”的值为 1。

### 4. 位运算符

位运算符作用于位，并逐位执行操作。位运算符有&、|、^、～、>>、<< 等 6 个，&、|、^ 为二元运算符，用于对两个对象进行运算，～、>>、<< 为一元运算符，只用于对一个对象进行运算，表 1.5.4 列出了 C 语言中所有位运算符及其运算实例，其中假设变量 a 的值为 26，变量 b 的值为 15。

**表 1.5.4　位运算符及其运算实例**

| 运算符 | 描　述 | 实　例 |
|---|---|---|
| & | 按位与操作，按二进制位进行与运算。<br>运算规则：有 0 出 0，全 1 出 1。即<br>0 & 0 = 0；0 & 1= 0；1 & 0 = 0；1 & 1 = 1 | (a& b)将得到 10，即<br>　0 0 0 1 1 0 1 0<br>& 0 0 0 0 1 1 1 1<br>　0 0 0 0 1 0 1 0 |
| \| | 按位或运算符，按二进制位进行或运算。<br>运算规则：有 1 出 1，全 0 出 0。即<br>0 \| 0 = 0；0 \| 1 = 1；1 \| 0 = 1；1 \| 1 = 1 | (a \| b)将得到 31，即<br>　0 0 0 1 1 0 1 0<br>\| 0 0 0 0 1 1 1 1<br>　0 0 0 1 1 1 1 1 |
| ^ | 异或运算符，按二进制位进行异或运算。<br>运算规则：相异为 1，相同为 0。即<br>0 ^ 0 = 0；0 ^ 1 = 1；1 ^ 0 = 1；1 ^ 1 = 0 | (a ^ b)将得到 21，即<br>　0 0 0 1 1 0 1 0<br>^ 0 0 0 0 1 1 1 1<br>　0 0 0 1 0 1 0 1 |
| ~ | 取反运算符，按二进制位进行取反运算。运算规则：<br>~1 = 0；~0 = 1 | (~a)将得到 -27，即为 10011011，一个有符号二进制数的补码形式 |
| << | 二进制左移运算符。将一个运算对象的各二进制位全部左移若干位(左边的二进制位丢弃，右边补 0)。格式：运算对象<<左移位数 | a << 2 将得 104，即为 01101000 |
| >> | 二进制右移运算符。将一个数的各二进制位全部右移若干位，正数左补 0，负数左补 1，右边丢弃。格式：运算对象>>右移位数 | a >> 2 将得到 6，即为 00000110 |

**案例 1.5.4**　位运算。

输出 26 与 15 的各种位运算结果。

程序代码如下：

```
/*******************************************************
* 内容简述：位运算
******************** ***********************************/
#include<stdio.h>

void main(void)
{
    unsignedint a = 26;        // 26 = 0001 1010
    unsignedint b = 15;        // 15 = 0000 1111
    int c = 0;

    c = a & b;                 //0001 1010 & 0000 1111 = 0000 1010 = 10
    printf("Line 1 - c 的值是 %d\n", c);

    c = a | b;                 // 0001 1010 | 0000 1111 =   0001 1111 = 31
    printf("Line 2 - c 的值是 %d\n", c);

    c = a ^ b;                 // 0001 1010 ^ 0000 1111 = 0001 0101 = 21
    printf("Line 3 - c 的值是 %d\n", c);

    c = ~a;                    // ~0001 1010 = 1001 1011 = -27
    printf("Line 4 - c 的值是 %d\n", c);

    c = a << 2;                // 0001 1010 左移两位为 0110 1000 = 104
    printf("Line 5 - c 的值是 %d\n", c);

    c = a >> 2;                // 0011 1100 右移两位为 0000 0110 = 6
    printf("Line 6 - c 的值是 %d\n", c);
}
```

运行结果如图 1.5.5 所示。

图 1.5.5　案例 1.5.4 运行结果

案例解析：

本程序是使用位运算符&、|、^、~、>>、<< 实现 26 和 15 的各种位运算，位

运算符作用于位，并逐位执行操作，其中 &、|、^ 是二元位运算符，在运算时将 26 和 15 转化成二进制数 00011010 和 00001111，然后将它们右对齐逐位按照逻辑运算规则进行运算。逻辑运算规则见表 1.5.4。

### 5. 赋值运算符

简单赋值运算的一般形式为

变量 = 表达式

其功能是将一个表达式的值赋给变量。如表达式：

a = b + c

该式读作将表达式 b+c 的值赋给 a。其本意是改写变量 a 的值，而不是判断 b + c 与 a 是否相等。这里需要注意的是：C 语言中的赋值运算符不能看作数学上的“等于运算符”。表 1.5.5 列出了 C 语言支持的赋值运算符。

**表 1.5.5　赋值运算符**

| 运算符 | 描　述 | 实　例 |
| --- | --- | --- |
| = | 简单的赋值运算符，把右边操作数的值赋给左边操作数 | C = A + B 表示将 A + B 的值赋给 C |
| += | 加且赋值运算符，把右边操作数加上左边操作数的结果赋值给左边操作数 | C += A 相当于 C = C + A |
| -= | 减且赋值运算符，把左边操作数减去右边操作数的结果赋值给左边操作数 | C -= A 相当于 C = C - A |
| *= | 乘且赋值运算符，把右边操作数乘以左边操作数的结果赋值给左边操作数 | C *= A 相当于 C = C * A |
| /= | 除且赋值运算符，把左边操作数除以右边操作数的结果赋值给左边操作数 | C /= A 相当于 C = C / A |
| %= | 求模且赋值运算符，求两个操作数的模赋值给左边操作数 | C %= A 相当于 C = C % A |
| <<= | 左移且赋值运算符 | C <<= 2 相当于 C = C << 2 |
| >>= | 右移且赋值运算符 | C >>= 2 相当于 C = C >> 2 |
| &= | 按位与且赋值运算符 | C &= 2 相当于 C = C & 2 |
| ^= | 按位异或且赋值运算符 | C ^= 2 相当于 C = C ^ 2 |
| \|= | 按位或且赋值运算符 | C \|= 2 相当于 C = C \| 2 |

**案例 1.5.5**　赋值运算。

编程检验各种赋值运算符号的功能。

程序代码如下：

```
/************************************************************
* 内容简述：简单赋值与复合赋值运算
********************** ************************************/
```

```
#include<stdio.h>
void main(void)
{
    int a = 21;
    int c;
    c = a;
    printf(" =  运算符实例，c 的值 = %d\n", c);
    c += a;                    // c = c + a
    printf(" += 运算符实例，c 的值 = %d\n", c);
    c -= a;                    // c = c - a
    printf(" -= 运算符实例，c 的值 = %d\n", c);
    c *= a;                    // c = c * a
    printf(" *= 运算符实例，c 的值 = %d\n", c);
    c /= a;                    // c =c / a
    printf(" /= 运算符实例，c 的值 = %d\n", c);
    c = 200;
    c %= a;                    // c = c % a
    printf(" %%= 运算符实例，c 的值 = %d\n", c);
    c <<= 2;                   // c = c << 2
    printf("<<= 运算符实例，c 的值 = %d\n", c);
    c >>= 2;                   // c = c >> 2
    printf(">>= 运算符实例，c 的值 = %d\n", c);
    c &= 2;                    // c = c & 2
    printf("&= 运算符实例，c 的值 = %d\n", c);
    c ^= 2;                    // c = c ^ 2
    printf(" ^= 运算符实例，c 的值 = %d\n", c);
    c |= 2;                    // c = c | 2
    printf(" |= 运算符实例，c 的值 = %d\n", c);
}
```

运行结果如图 1.5.6 所示。

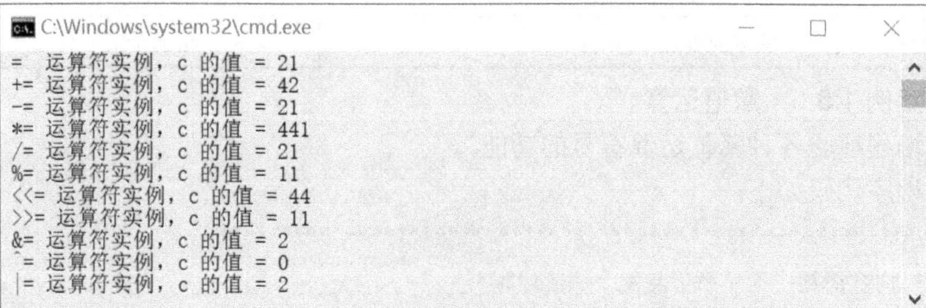

```
C:\Windows\system32\cmd.exe
=  运算符实例，c 的值 = 21
+= 运算符实例，c 的值 = 42
-= 运算符实例，c 的值 = 21
*= 运算符实例，c 的值 = 441
/= 运算符实例，c 的值 = 21
%= 运算符实例，c 的值 = 11
<<= 运算符实例，c 的值 = 44
>>= 运算符实例，c 的值 = 11
&= 运算符实例，c 的值 = 2
^= 运算符实例，c 的值 = 0
|= 运算符实例，c 的值 = 2
```

图 1.5.6　案例 1.5.5 运行结果

### 6. 运算符优先级

运算符具有一定的优先级别，当在一个运算表达式中出现同优先级别运算符的运算时，就需要按照一定的结合规则进行，有些是遵循从左到右依次进行的规则(即左结合规则)，有些是遵循从右到左依次进行的规则(即右结合规则)。当出现不同级别运算符进行运算时，按照优先级别从高到低的顺序进行。

在数学中四则运算顺序：先乘除后加减，从左向右依次进行。例如 x = 3 + 4*5，在这里，x 被赋值为 23，而不是 35，因为运算符*具有比+更高的优先级，所以首先计算乘法 4*5，然后再上 3。

在 C 语言中的运算符优先级及其结合规则见表 1.5.6，具有较高优先级的运算符出现在表格的上面，具有较低优先级的运算符出现在表格的下面。

**表 1.5.6 运算符的优先级和结合规则**

<table>
<tr><th>优先级</th><th>优先级数</th><th>运 算 符</th><th>结合规则</th></tr>
<tr><td rowspan="15">高<br>↓<br>低</td><td>1</td><td>() [] -> .</td><td>从左至右</td></tr>
<tr><td>2</td><td>! ~ ++ -- - * & sizeof (type)</td><td>从右至左</td></tr>
<tr><td>3</td><td>* / %</td><td>从左至右</td></tr>
<tr><td>4</td><td>+ -</td><td>从左至右</td></tr>
<tr><td>5</td><td><<>></td><td>从左至右</td></tr>
<tr><td>6</td><td><<= >= ></td><td>从左至右</td></tr>
<tr><td>7</td><td>== !=</td><td>从左至右</td></tr>
<tr><td>8</td><td>&</td><td>从左至右</td></tr>
<tr><td>9</td><td>^</td><td>从左至右</td></tr>
<tr><td>10</td><td>|</td><td>从左至右</td></tr>
<tr><td>11</td><td>&&</td><td>从左至右</td></tr>
<tr><td>12</td><td>||</td><td>从左至右</td></tr>
<tr><td>13</td><td>?：</td><td>从右至左</td></tr>
<tr><td>14</td><td>= += -= *= /= %= &= ^= |= >>= <<=</td><td>从右至左</td></tr>
<tr><td>15</td><td>,</td><td>从左至右</td></tr>
</table>

当由多个不同运算符和运算数组成较为复杂的表达式时，其运算符计算顺序按如下规则执行：

(1) 不同级别的运算符按运算符的优先级别确定计算顺序，优先级别高(优先级别数小)的运算符先计算，优先级别低(优先级别数大)的运算符后计算；

(2) 相同级别的运算符按结合规则确定计算顺序。

如表达式 3 + 4*(17 − 5)/(1 + 2)的计算顺序为：① 左边括号运算(17−5)，值为 12；② 右边括号运算(1+2)，值为 3；③ 左边乘法运算 4*12，值为 48；④ 右边除法运算 48/3，值为 16；⑤ 加法运算 3+16，值为 19。

**案例 1.5.6**　运算优先级。

输入两组整数，求出两组输入整数中较大整数的和。

程序代码如下：

```
/*******************************************************
* 内容简述：求两组输入整数中较大整数的和
******************** ***********************************/
#include<stdio.h>

void main(void)
{
    int a,b,i,j,sum;

    printf("请输入第一组的两个整数：");
    scanf("%d%d",&a,&b);
    printf("请输入第二组的两个整数：");
    scanf("%d%d",&i,&j);
    sum = (a>b?a:b) + (i>j?i:j);
    printf("两个较大整数的和  sum = %d\n",sum);
}
```

运行结果如图 1.5.7 所示。

图 1.5.7　案例 1.5.6 运行结果

案例解析：

(1) scanf()的简介。

程序中使用了 C 语言自带的标准输入函数 scanf()，表示从键盘中输入数据保存到指定的变量中，小括号中的“&a,&b”就是指定的保存输入数据的变量地址，在输入时两个数之间以空格或回车隔开，并以回车结束输入。关于 scanf()的详细内容将在下一个任务中进行详细的讲解。

(2) 确定表达式“sum = (a>b?a:b) + (i>j?i:j)”的运算顺序。

在这个表达式中使用到“()”、“>”、“+”、“?:”、“=”共 5 种运算符，根据前面表 1.5.6 可知它们的优先级数分别是 1、6、4、13、14，优先级数越小优先级越高，因此，运算顺序为：先是()、然后是()中的>、?:、最后是+、=。

(3) 运算结果。

在运算(a>b?a:b)时，先运算“a>b”的条件，由于本案例输入的 a=2,b=4,a>b 条件不满足，所以再运算 a>b?a:b 时，根据条件运算符“?=”的运算规则选择 b 的值，

即选出 2 和 4 中的较大值 4。同理，在运算(i>j?i:j)时，输入的 i = 6,j = 3,i>j 满足，所以选出 i 的值，即选出 6 和 3 中的较大的值 6。

两个小括号()运算以后得到“sum = 4 + 6”，先算“+”得到 10，最后赋值给 sum，输出的结果为 10。

## 三、技能点拓展

### 1. 杂项运算符

C 语言支持的其他一些重要的运算符包括 sizeof()、&、*、?:，其中 sizeof() 获取的是变量的大小，变量之前加“&”表示获取该变量的实际物理地址，变量之前加“*”表示获取该变量数据对应地址的另外一个变量值。这两个内容在指针任务中将详细讲解。“?:”是条件运算符。设 a 为整型变量，则相关运算符含义见表 1.5.7。

表 1.5.7　杂项运算符

| 运算符 | 描　述 | 实　例 |
|---|---|---|
| sizeof() | 返回变量的大小 | sizeof(a)将返回 4，其中 a 是整数 |
| & | 返回变量的地址 | &a 将给出变量的实际地址 |
| * | 指向一个变量 | *a 将指向一个变量 |
| ? : | 条件表达式 | 设表达式为？X:Y，如果条件为真，则表达式值为 X，否则值为 Y |

1) sizeof 运算符

sizeof 表示计算变量或表达式占用的存储空间大小，即字节数。

sizeof 计算类型占用字节数的形式为 sizeof(类型)。

sizeof 计算变量占用字节数的形式有两种：sizeof(变量)或 sizeof 变量。

如对于 int a,b; ，则

```
sizeof (int)
sizeof a
sizeof (a)
```

都是合法的表达式，其值都为 4。

2) & 和 * 运算符

&是地址运算符，表示获取变量实际地址的操作，程序中“ptr = &a;”执行的操作是取变量 a 的地址并赋给指针变量 ptr。

*是指针运算符，只对一个变量操作。在定义变量时，*用于标记该变量是存放地址的指针变量，如程序中的“int *ptr;”语句，在非定义变量的语句中，表示指向指针变量中存放的地址所对应的变量。

3) ?: 运算符

“?:”是 C 语言中唯一的一个三元运算符，它带有 3 个操作数，其书写一般

形式为

a ?b:c

其计算方法是先计算 a，若 a 非 0，则选择 b 作为表达式值，否则选择 c 作为表达式值，因此，条件运算又称为选择运算。

例如：程序代码中有定义“int a = 3,b = 5,c;”，则执行代码“c = a>b?a:b;”后的结果为 c = 5。

**案例 1.5.7** 杂项运算。

编程检验各种赋值运算符号的功能。

程序代码如下：

```
/********************************************************
* 内容简述：杂项运算符的使用
******************** ************************************/
#include<stdio.h>

void main(void)
{
    int a = 4;
    short b;
    double c;
    int *ptr;
    /* sizeof 运算符实例 */
    printf("整型变量 a 的大小 = %lu\n", sizeof(a));
    printf("短整型变量 b 的大小 = %lu\n", sizeof(b));
    printf("双精度实型变量 c 的大小 = %lu\n", sizeof(c));

    /* & 和 * 运算符实例 */
    ptr = &a; // 'ptr' 现在包含 'a' 的地址
    printf("a 的值是 %d\n", a);
    printf("*ptr 是 %d\n", *ptr);

    /* 三元运算符实例 */
    a = 10;
    b = (a == 1) ? 20 : 30;
    printf("b 的值是 %d\n", b);
    b = (a == 10) ? 20 : 30;
    printf("b 的值是 %d\n", b);
}
```

运行结果如图 1.5.8 所示。

图 1.5.8　案例 1.5.7 运行结果

案例解析：

本程序中通过运算符 sizeof()得到整型变量 a、短整型变量 b 和双精度实型变量 c 占内存的字节数。

由于程序中的“b = (a == 1) ? 20 : 30;”之前有赋值语句“a=10;”，所以条件 a == 1 不成立，a 为 0 值，因此，表达式(a == 10) ? 20 : 30 的值取后面的值 30，则 b 的值是 30。同理，执行“b = (a == 1) ? 20 : 30;”语句后，b 的值是 20。

程序中“printf("*ptr 是 %d\n", *ptr);”语句中的*ptr 表示指向 ptr 中的地址(即变量 a 的地址)所对应的变量 a，所以*ptr 的值就是变量 a 的值，*ptr 的值是 4。

### 2. 逗号运算符

逗号运算符是 C 语言中级别最低的运算符，位于第 15 级，结合规则为左结合。其一般形式如下：

e1，e2，e3，…，en

其功能为先计算表达式 e1，然后计算表达式 e2，再计算表达式 e3……最后计算表达式 en，其中表达式 en 的值为整个表达式的值。

**案例 1.5.8**　逗号运算符。

在如下程序中通过执行表达式 d = (c = a++, c++, b* = a*c, b/ = a*c)获取各变量的值。

```
#include<stdio.h>

void main(void)
{
    int a=5,b=3,c,d;

    d=(c=a++,c++,b*=a*c,b/=a*c);

    printf("%d\n",d);
    printf("a=%d b=%d c=%d\n",a,b,c);
}
```

在程序中的逗号表达式 c = a++,c++,b* = a*c,b/ = a*c 中，计算第一个表达式 c = a++得出 c 值为 5，a 值为 6，计算第二个表达式 c++后 c 值为 6，计算第三个表达式 b* = a*c 后 b 值为 108，计算第四个表达式 b/ = a*c 后 b 值为 3。整个括号内表达式值为 3 赋给变量 d，因此，最后输出结果如图 1.5.9 所示。

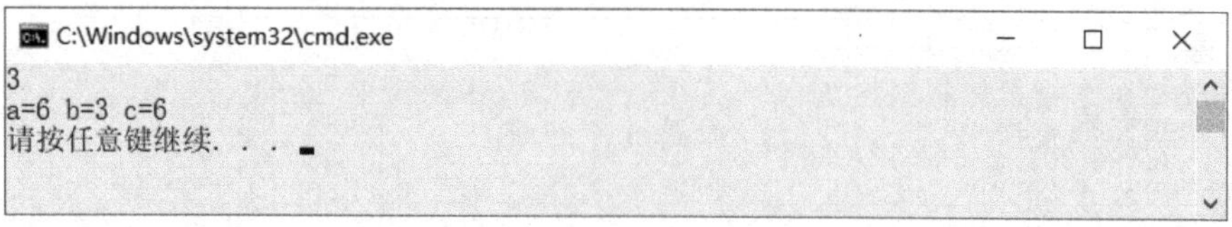

```
C:\Windows\system32\cmd.exe
3
a=6 b=3 c=6
请按任意键继续. . .
```

图 1.5.9　案例 1.5.8 运行结果

## 四、技能点检测

### 1. 单选题

(1) 语句 int i=3;k = (i++)+(i++)+(i++); 执行后 k 的值为(　　)，i 的值为(　　)。

A. 9，6　　B. 12，5　　C. 18，6　　D. 15，5

(2) 语句 int i=3;k = (i++) + (++i) + (i++);执行后 k 的值为(　　),i 的值为(　　)。

A. 9，5　　B. 12，6　　C. 18，6　　D. 15，5

(3) 语句 int i=3;k=(++i)+(++i)+(i++);执行后 k 的值为(　　)，i 的值为(　　)。

A. 9，6　　B. 12，5　　C. 18，6　　D. 15，5

(4) 如果 int i=3，则 printf("%d",−i++)的结果为(　　)，i 的值为(　　)。

A. −3，4　　B. −4，4　　C. −4，3　　D. −3，3

(5) 下面程序的输出结果是(　　)。

```
#include<stdio.h>
void main()
{   int x;
    x=-3+4*5-6; printf("%d", x);
    x=3+4%5-6; printf("%d", x);
    x=-3*4%-6/5; printf("%d", x);
    x=(7+6)%5/2; printf("%d", x);
}
```

A. 11 1 0 1　　B. 11 -3 2 1　　C. 12 -3 2 1　　D. 11 1 2 1

(6) 下面程序的输出结果是(　　)。

```
#include<stdio.h>
void main()
{
    int x=2,y=0,z;
    x*=3+2; printf("%d", x);
    x*=y=z=4; printf("%d", x);
}
```

A. 8 40　　B. 10 40　　C. 10 4　　D. 8 4

(7) C 语言中，要求运算对象只能为整数的运算符是(　　)。

A. %　　B. /　　C. >　　D. *

(8) 设整型变量 a 值为 9，则下列表达式中使 b 的值不为 4 的表达式为(　　)。

A. b = a/2　　B. b = a%2　　C. b = 8-(3,a-5)　　D. b = a>5?4:2

(9) 若 x 和 y 都为 float 型变量，且 x = 3.6, y = 5.8，则执行下列语句后输出结果为(　　)。

```
printf("%f", (x,y));
```

A. 3.600000　　B. 5.800000

C. 3.600000,5.800000　　D. 输出符号不够，输出不正确值

(10) 若有定义 int　a = 2,b = 3; float　x = 3.5,y = 2.5;，则表达式(float)(a+b)/2+(int)x%(int)y 的值是(　　)。

A. 2.500000　　B. 3.500000　　C. 4.500000　　D. 5.000000

(11) 已知 int a = 2,b = 3,c;，则执行表达式“a = a>b”后变量的值为(　　)。

A. 0　　B. 1　　C. 2　　D. 3

(12) 已知 int a = 2,b = 3,c = 5;，则执行表达式(!(a + b) + c - 1)&&(b + c/2)后变量的值为(　　)。

A. 0　　B. 1　　C. 5　　D. 6

(13) 算术运算符、赋值运算符和关系运算符的运算优先级按从高到低依次为(　　)。

A. 算术运算符、赋值运算符、关系运算符

B. 算术运算符、关系运算符、赋值运算符

C. 关系运算符、赋值运算符、算术运算符

D. 关系运算符、算术运算符、赋值运算符

(14) 表达式!x||a == b 等效于(　　)。

A. !((x||a) == b)　　B. !(x||a) == b　　C. !(x||(a == b))　　D. (!x)||(a == b)

(15) 在以下运算符中，优先级最低的运算符是(　　)。

A. *　　B. !=　　C. +　　D. =

(16) 增一和减一运算只能作用于(　　)。

A. 常量　　B. 变量　　C. 表达式　　D. 函数

**2. 填空题**

(1) C 语言中的逻辑值“真”是用________表示的，逻辑值“假”是用______表示的。

(2) 设 float x = 2.7,y = 4.5;int a = 8;，则表达式 x + a%3*(int)(x + y)%2/4 的值为______。

(3) 判断变量 a、b 的值均不为 0 的逻辑表达式为__________。

(4) 已知 x = 3;y = 4;z = 5;，则 x>y 的值是__________，x>y&&y>z 的值是__________。

**3. 编程题**

编写一个程序从键盘输入长方体的长 L，宽 W，高 H，计算其表面积和体积。

分析：已知长 L，宽 W，高 H，依据长方体表面积的计算公式 S = 2(LW + LH + HW) 和长方体体积计算公式 V = LWH，可计算表面积 S 和体积 V。

不完整程序如下，应先在下画线位置填写正确的参数或表达式，再运行该程序：

```
#include<stdio.h>
void main( void )
{   float L,W,H,S,V;
    printf("请输入 L,W,H:");
    scanf("%f,______,______",&L, ______,______);        //键盘输入长，宽，高
    S=2*(L*W+L*H+W*H);                 //计算长方体表面积值
    V= W*L*H;                                  //计算长方体体积
    printf("长方体表面积= ________\t 长方体体积=________\n",S,V );
}
```

# 任务 1.6　输入输出语句

## 一、问题引入

人机互动技术是指通过计算机输入输出设备，以有效的方式实现人与计算机对话的技术。在程序的运行过程中，往往需要由用户输入一些数据，这些数据经机器处理后要输出反馈给用户。通过数据的输入输出可实现人与计算机之间的交互，所以在程序设计中，输入输出语句是一类必不可少的重要语句，在使用格式化语句的时候，需要遵循语言的规范性和标准性。

<table>
<tr><th colspan="2">学习目标</th><th colspan="2">技能点分析</th></tr>
<tr><td colspan="2">1. 了解 C 语言的输入输出语句。<br>2. 掌握输入输出语句的格式化控制符。</td><td colspan="2">1. C 语言中最基本的输入输出函数有哪些？这些函数的作用是什么？<br>2. 写出 printf()函数和 scanf()函数的一般格式。<br>3. 在程序中使用 printf()函数应注意哪些问题？</td></tr>
<tr><td colspan="4">技 能 微 课</td></tr>
<tr><td>单字符的输入输出函数的应用</td><td>格式输出函数的应用</td><td>格式输入函数的应用</td><td>printf()函数的重写</td></tr>
</table>

## 二、技能点详解

所谓的输入输出是以计算机主机为主体而言的。从计算机向外部输出设备输出数据称为“输出”，从输入设备向计算机输入数据称为“输入”。在 C 语言函数库中有一批标准输入输出函数，它们是以标准的输入输出设备为输入输出对象的，其

中包含 putchar(输出字符)、getchar(输入字符)、printf(格式输出)、scanf(格式输入)、puts(输出字符串)、gets(输入字符串)。

### 1. putchar()函数

putchar()函数的作用是向终端输出一个字符。其基本格式是

    putchar(ch);

或　　putchar(i);

其中，ch 可以是一个字符变量或字符常量，也可以是一个转义字符。当参数为整数 i 时，将输出 i 作为十进制 ASCII 码所对应的字符。

在程序中使用 putchar()函数时需注意以下两点：

(1) putchar()函数只能用于单个字符的输出，且一次只能输出一个字符。

(2) 在程序(或文件)的开头加上编译预处理命令，即 #include "stdio.h" 或 #include <stdio.h>，表示要使用的函数包含在标准输入输出头文件“stdio.h”中。

### 2. getchar()函数

getchar 函数的作用是从终端(或系统隐含指定的输入设备)输入一个字符。getchar 函数没有参数，其一般形式为

    getchar();

函数的值就是从输入设备得到的字符。

在程序中使用 getchar()函数时需注意以下两点：

(1) getchar()函数只能用于单个字符的输入，一次输入一个字符。

(2) 程序中要使用 getchar()函数，必须在程序(或文件)的开头加上编译预处理命令 #include "stdio.h" 或 #include <stdio.h>，表示要使用的函数包含在标准输入输出头文件“stdio.h”中。

**案例 1.6.1**　getchar()与 putchar()函数的使用。

编写程序，要求实现从键盘输入一个大写英文字母，然后在屏幕上输出它的小写形式。(提示：小写字母 ASCII 码值 = 大写字母 ASCII 码值 +32)

程序代码如下：

```
/************************************************
* 内容简述：在屏幕中输入输出任意一个字符。
************************************************/
#include<stdio.h>              //包含标准输入输出函数的头文件

void main( void )
{
    char ch;

    printf( "请输入大写字母:");
    ch = getchar();              //从键盘中获取输入的第一个大写字母并赋值给 ch
    printf( "读取到的大写字母是: ");
```

```
    putchar( ch );          //输出读取到的大写字母
    printf( "\n");
    printf( "对应的小写字母是: ");
    putchar( ch+32 );       //输出一个小写字母
    printf( "\n");
}
```

运行结果如图 1.6.1 所示。

```
C:\Windows\system32\cmd.exe
请输入大写字母:ABC
读取到的大写字母是: A
对应的小写字母是: a
请按任意键继续. . .
```

图 1.6.1　案例 1.6.1 运行结果

案例解析：

(1) stdio.h 头文件。

stdio.h 是一个头文件(标准输入输出头文件)，本程序用到的 printf()、getchar()、putchar()等函数在 stdio.h 头文件中声明。#include 是一个预处理命令，用来引入头文件。当编译器遇到 printf()函数时，如果没有找到 stdio.h 头文件，则会发生编译错误。

(2) printf()函数。

printf()函数的双引号中，内容没有输出格式控制前缀“%”和转义字符前缀“\”时，执行后双引号中内容原样输出到屏幕中，如程序中“printf( "请输入大写字母:");”执行后在屏幕中原样输出“请输入大写字母:”，在这里提示用户下一步如何操作，起到用户与程序交互的作用。而代码“printf( "\n");”中"\n"是转义字符，表示换行。

(3) getchar()函数。

getchar()函数的作用是从终端(或系统隐含指定的输入设备)输入一个字符。这个函数在同一个时间内只会读取单个字符。当上面的代码被编译和执行时，它会等待用户输入一些文本，当用户输入一个文本并按下回车键时，程序会继续并只会读取第一个字符。

(4) putchar()函数。

putchar()函数的作用是向终端输出一个字符变量或常量。这个函数在同一个时间内只会输出单个字符。可以重复使用这个方法，以便在屏幕上输出多个字符。

### 3. printf()函数

printf()函数的作用是向计算机系统默认的输出设备(一般指终端或显示器)输出一个或多个任意类型的数据。printf()函数的一般格式如下：

printf("格式字符串" [, 输出项表]);

1) 格式字符串

“格式字符串”也称“格式控制字符串”，可以包含三种字符：格式指示符、

转义字符和普通字符。

(1) 格式指示符。

格式指示符由“%”和格式字符组成，如%c、%d 等，它的作用是将输出的数据转换为指定的格式输出。格式说明总是由“%”字符开始的。常用的格式字符及其含义如表 1.6.1 所示。

**表 1.6.1　printf 函数格式字符表**

| 格式字符 | 含　义 | 格式字符 | 含　义 |
|---|---|---|---|
| c | 字符 | s | 字符串 |
| d | 带符号十进制整数 | u | 无符号十进制整数 |
| i | 带符号十进制整数 | x | 无符号十六进制整数(小写 x) |
| f | 十进制浮点数 | X | 无符号十六进制整数(大写 X) |
| e | 科学表示(用 e 表示指数部分) | o | 无符号八进制整数 |
| E | 科学表示(用 E 表示指数部分) | p | 指针 |
| g | e 或 f 中选择短格式 | n | 已输出的字符数 |
| G | E 或 f 中选择短格式 | % | 输出%号 |

➢ 格式字符 d——以带符号的十进制形式输出整数。

%d 表示以实际长度输出整数；%5d 表示输出数据宽度为 5，数据的实际长度小于指定宽度时则输出数据左补空格，若指定宽度小于实际数据宽度，以数据的实际宽度输出；%-5d 表示输出数据宽度为 5，- 表示左对齐，数据的实际长度小于指定宽度时在输出数据右补空格；%ld 表示以实际长度输出长整型数据；%8ld 表示输出数据宽度为 8，数据的实际长度小于指定宽度时则输出数据左补空格，指定宽度小于实际数据宽度时以数据的实际宽度输出。

对于整数，还可用八进制无符号形式(%o(小写字母 o))和十六进制无符号形式(%x)输出。对于 unsigned 型数据，也可用%u 格式符，以十进制、无符号形式输出。所谓无符号形式，是指不论正数还是负数，系统一律当作无符号整数来输出。

例如，语句“printf("%d,%o,%x\n",-1,-1,-1);”的输出结果是“-1,177777，OXFFFF”，“-1”在内存里是按照“1”的补码(反码加 1)存储，因此二进制存储为“1111 1111 1111 1111”，对应的十六进制数为 0XFFFF，对应的八进制数是 177777，对应的十进制数是“−1”。

➢ 格式字符 c——输出一个字符。

%c 表示输出一个字符型数据，输出数据占一列宽度；%4c 表示输出的字符型数据占 4 列宽度，其中左侧为 3 个空格，第 4 列为指定字符。

需要强调的是：在 C 语言中，整数可以用字符形式输出，字符型数据也可以用整数形式输出。将整数用字符形式输出时，系统将整数作为 ASCII 码，转换成相应的字符输出。

➢ 格式字符 s——输出一个字符串。

类型转换字符 s 表示输出一个字符串。

%-m.ns 的含义如下：m 表示输出字符串的宽度，n 表示截取字符串左侧的 n 个字符，若 m、n 省略，则表示以实际形式输出字符串；若 m 小于字符串宽度，则 m 不起作用，以实际宽度输出字符串；若 m 大于字符串宽度，则输出数据右对齐，左补空格；若 m 小于 n，则 m 不起作用，输出字符串左侧的 n 位字符；格式中“-”表示若 m 大于字符串宽度，则输出字符串左对齐，右补空格。

注意：系统输出字符和字符串时，不输出单引号和双引号。

➢ 格式字符 f——以小数形式、按系统默认的宽度，输出单精度和双精度实数。

%f 表示将数据以小数形式，按系统默认的宽度(小数点后保留 6 位)输出单精度实数；%10f 表示将数据以小数形式，按指定的宽度(输出数据宽度为 10，小数点后 6 位)输出单精度实数，若数据实际宽度小于指定宽度，则在左侧补空格；%10.3f 表示将数据以小数形式，按指定的宽度(输出数据宽度为 10，小数点后 3 位)输出单精度实数，若数据实际宽度小于指定宽度，则在左侧补空格；%-12.2f 表示将数据以小数形式，按指定的宽度(输出数据宽度为 12，小数点后 2 位)输出单精度实数，- 表示输出数据左对齐，宽度不够则在输出数据右侧补空格；%.2f 则表示小数部分占 2 位，整数部分保持默认宽度输出。

对于实数，也可使用格式符%e，以标准指数形式输出：尾数中的整数部分大于等于 1、小于 10，小数点占一位，尾数中的小数部分占 6 位；e 占 1 位，指数符号占 1 位，指数部分占 3 位，共计 13 位。也可使用格式符%g，让系统根据数值的大小，自动选择%f 或%e 格式，且不输出无意义的零。

(2) 转义字符。

有一些特定的字符，当它们前面有反斜杠时，它们就具有特殊的含义，不同于字符原有的意义，故称“转义”字符。例如，在 printf 函数的格式串中用到的“\n”就是一个转义字符，其意义是“换行”。表 1.4.1 列出了常用转义字符及其含义，如 printf()函数中的 '\n' 就是转义字符，输出时产生一个“换行”操作。

(3) 普通字符。

除格式指示符和转义字符之外的其他字符是普通字符。格式字符串中的普通字符原样输出。

2) 输出项表

输出项表是可选的。如果要输出的数据不止一个，则相邻两个数据之间用逗号分开。下面的 printf()函数都是合法的：

```
printf("I am a student.\n");
printf("%d",3+2);
printf("a=%f     b=%5d\n", a, a+3);
```

在程序中使用 printf()函数时需注意以下几点：

(1) printf()可以输出常量、变量和表达式的值。从功能角度来看，printf()函数可以完全代替 putchar()函数。

(2) 格式字符 x、e、g 可以用小写字母，也可以用大写字母。使用大写字母时，输出数据中包含的字母也大写。除了 x、e、g 格式字符外，其他格式字符必须用小

写字母，例如，%f 不能写成%F。

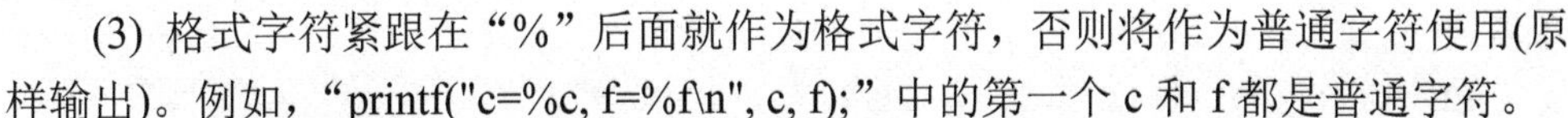

(3) 格式字符紧跟在“%”后面就作为格式字符，否则将作为普通字符使用(原样输出)。例如，“printf("c=%c, f=%f\n", c, f);”中的第一个 c 和 f 都是普通字符。

### 4. scanf()函数

scanf()函数是用来从外部输入设备向计算机主机输入数据的。在程序中给计算机提供数据，可以用赋值语句，也可以用输入函数。可使用 scanf()函数，通过键盘输入，给计算机同时提供多个任意的数据。

scanf()函数的一般格式如下：

　　scanf("格式字符串", 输入项首地址表);

1) 格式字符串

格式字符串可以包含 3 种类型的字符：格式指示符、空白字符(空格、Tab 键和回车键)和普通字符。

scanf()函数的格式指示符与 printf()函数的相似，空白字符作为相邻两个输入数据的缺省分隔符，非空白字符在输入有效数据时，必须和原样一起输入。

2) 输入项首地址表

输入项首地址表由若干个输入项首地址组成，相邻两个输入项首地址之间用逗号分开。输入项首地址表中的地址可以是变量的首地址，也可以是字符数组名或指针变量。变量首地址的表示方法如下：

　　&变量名

其中，“&”是地址运算符。例如，“&a”是指变量 a 在内存中的首地址。

3) 使用 scanf()函数时应注意的问题

(1) scanf()函数中的“格式控制”后面应当是变量地址，而不是变量名。

例如：如果 a,b 是整型变量，则

```
scanf("%d, %d", a, b);          //错误
```

是不对的，应将“a, b”改为“&a, &b”。

(2) 如果在“格式控制”字符串中除了格式说明以外还有其他字符，则在输入数据时在对应位置应输入这些字符。例如：scanf("%d, %d", &a, &b);。

输入时应用以下形式：

```
3,4↙
```

如果是 scanf("%d□%d", &a, &b);，则输入时两个数据间应空一个或更多个空格字符。例如：

```
3□4↙或 3□□□□4↙
```

(3) 如果相邻两个格式指示符之间，不指定数据分隔符(如逗号、冒号等)，则应在输入第一个数后，至少用一个空格，或者 Tab 键，或者按回车，再输入下一个数。

例如：

```
scanf ("%d%d", &num1, &num2);
```

假设给 num1 输入 12，给 num2 输入 36，则正确的输入操作为

```
12□36↙
```

或者

```
12↙
36↙
```

(4) 在用“%c”格式输入字符时，空格字符和“转义字符”都作为有效字符输入。

例如：

```
scanf ("%c%c%c ",&c1,&c2,&c3);
```

如果从键盘输入

```
a□b□c↙
```

则字符 a 赋给 c1，字符□赋给 c2，字符 b 赋给 c3。因为%c 只要求读入一个字符，后面不需要用空格作为两个字符的间隔空格，因此空格作为下一个字符赋给 c2。

再如：

```
scanf ("num1 = %d,num2 = %d\n",&num1,&num2);
```

假设给 num1 输入 12，给 num2 输入 36，则正确的输入操作为

```
num1=12，num2=36\n↙
```

因为 scanf()函数中，对于格式字符串内的转义字符(如\n)，系统并不把它当作转义字符来解释，从而产生一个控制操作，而是将其视为普通字符，所以也要原样输入。

**案例 1.6.2**　scanf()与 printf()函数的使用。

编写一个程序从键盘输入圆柱体的半径 r 和高度 h，计算其底面积和体积。(结果保留 2 位小数)

分析：已知半径 r 和高度 h，依据底面积的计算公式 S = π*r*r 和圆柱体体积计算公式 V = π*r*r*h，可计算其底面积 S 和体积 V。

程序代码如下：

```
/***************************************************************
* 内容简述：从键盘输入圆柱体的半径 r 和高度 h，计算其底面积和体积。
***************************************************************/
#include<stdio.h>

void main( void )
{
    float pi=3.1415926;
    float r,h,S,V;

    printf("请输入 r,h:");
    scanf("%f,%f",&r,&h );          //键盘输入圆半径 r 和高度
    S = pi*r*r;                     //计算底面圆的面积 S 的值
    V = S*h;                        //计算圆柱体体积 V 的值
```

```
    printf("底面积=%.2f\t  圆柱体积=%.2f\n",S,V );
}
```

运行结果如图 1.6.2 所示。

图 1.6.2　案例 1.6.2 运行结果

案例解析：

(1) printf()函数的一般格式为

printf("格式字符串" [，输出项表]);

如上一案例解析，格式字符串中“%”是格式指示符前缀，“\”是转义字符前缀，无“%”和“\”前缀的字符原样输出，如上面程序代码中的%.2f 则表示输出的格式是：小数部分占 2 位、整数部分保持默认宽度的单精度实数；“\t”表示水平制表操作，“\n”表示换行操作。

(2) scanf()函数的一般格式为

scanf("格式字符串", 输入项首地址表);

scanf()函数的格式字符串与 printf()函数的类似，在本案例中需要输入两个 float 型变量 r 和 h 的值，所以在格式字符串中格式指示符为两个“%f”，并用逗号“,”隔开，即“%f, %f”。在输入项首地址表中，需要使用地址运算符“&”取出存放输入值的两个变量首地址，即&r 和&h，它们之间使用的间隔符号与前面两个格式指示符之间的间隔符号保持一致，也用逗号隔开，所以是“&r, &h”。

## 三、技能点拓展

### 1. gets()函数与 puts()函数

gets()是 C 语言标准库中的一个函数，用于从标准输入(通常是键盘)读取一行文本直到遇到换行符('\n')。然后，它将读取的字符串(不包括换行符)存储在传入的字符数组中。由于 gets()无法检查目标数组的大小，因此如果输入的字符串长度超过了数组的大小，就会导致缓冲区溢出(buffer overflow)，这是一种常见的安全隐患。

puts()函数是 C 语言标准库中用于输出字符串的函数，它将字符串输出到屏幕并在末尾自动添加换行符。

**案例 1.6.3**　gets()与 puts()函数的使用。

示例程序代码如下：

```
#include<stdio.h>

void main(void)
{
```

```
    char str[100];
    printf( "请你输入字符串:");
    gets( str );

    printf( "\n 你输入的是: ");
    puts( str );
}
```

运行结果如图 1.6.3 所示。

```
C:\Windows\system32\cmd.exe
请你输入字符串:Welcome to you!

你输入的是: Welcome to you!
请按任意键继续. . .
```

图 1.6.3　案例 1.6.3 运行结果

### 2. printf 函数的重定向

目前编写的 C 语言源程序都是通过开发环境编译生成后缀名为“.exe”的可执行文件后在计算机中运行的，而 C 语言中 printf 函数的默认输出设备是显示器，所以在编程中可以直接使用 printf 函数将需要的信息打印输出到计算机的显示器屏幕上，但如果编写的 C 程序运行的目标机不是计算机，而是其他的设备，如单片机，由于单片机上没有显示器的输出接口，所以这时就不能直接使用 printf 函数输出信息到显示器上，那么，这是否意味着就不能使用 printf 函数输出信息呢？

stdio.h 头文件中声明了 printf 函数，所以在 C 语言程序中调用 printf 函数时必须在程序头部包含 stdio.h 头文件，但 printf 函数的定义是根据参数字符串长度循环调用 fputc 函数用作逐个字符输出，而 fputc 函数输出的字符默认定向输出的标准设备是显示器，所以我们若想将 printf 函数输出到其他设备上，则必须重新定义 fputc 函数。

fputc 函数是带有 weak 弱类型关键字的弱定义函数，允许用户重新定义。在 MicroLib 的 stdio.h 中，fputc()函数的原型为

```
int fputc(int ch, FILE* stream)
```

如使用 printf 函数输出到某种单片机的串口，需要将 fputc 里面的输出指向串口，这一过程就称为重定向。单片机一般有多个串口，如果使用单片机的串口 1(USART1)输出字符，用户自定义的发送函数为 USART_SendChar()，则 printf 函数重定向的代码如下：

```
#include<stdio.h>
int fputc(int ch, FILE* stream)
{
    /*USART_SendChar()为串口发送字符函数 */
    USART_SendChar(USART1, (uint8_t)ch);
```

```
    return ch;
}
```

有些单片机的厂家定义了串口发送字符的标准库函数，如 HAL_UART_Transmit()，那么调用这个串口发送函数的 printf 函数重定向的代码就可写成：

```
#include<stdio.h>
int fputc(int ch, FILE *f)
{
    HAL_UART_Transmit(&huart1, (uint8_t *)&ch,1, 0xFFFF);
    return ch;
}
```

printf 函数重定向到串口以后，就可以像使用 printf 函数输出到显示器一样，单片机将需要输出的字符信息从串口输出，若将单片机的串口再连接到计算机的串口，通过计算机中的串口调试助手即可显示在计算机的屏幕上。

## 四、技能点检测

### 1. 单选题

(1) 下列说法中正确的是(　　)。

A. 输入项可以是一个实型常量，如 scanf("%f", 4.8);

B. 只有格式控制，没有输入项也能进行正确输入，如 scanf("a=%d, b=%d");

C. 当输入一个实型数据时，格式控制部分应规定小数点后的位数，如 scanf("%5.3f", &f);

D. 当输入数据时，必须指明变量的地址，如 scanf("%f", &f);

(2) 以下程序的输出结果为(　　)。

```
#include<stdio.h>
main()
{
    int a=2, b=5;
    printf("a=%d, b=%d\n", a, b);
}
```

A. a = %5, b = %10　　　　B. a = 5, b = 10

C. a = d, b = d　　　　D. a = %d, b = %d

(3) 在下列程序中，若想从键盘上输入数据，使变量 m 中的值为 2，n 中的值为 4，p 中的值为 6，则正确的输入是(　　)。

```
#include<stdio.h>
main()
{
    int m, n, p;
    scanf("m=%dn=%dp=%d", &m, &n, &p);
```

```
    printf("%d%d%d", m, n, p);
}
```

A. m = 2n = 4p = 6　　B. m = 2 n = 4 p = 6

C. m = 2, n = 4, p = 6　　D. 2 4 6

(4) 以下程序的输出结果为(　　)。

```
#include<stdio.h>
main()
{
    int i=3, j=5;
    printf("i=%%d, j=%%%d", i, j);
}
```

A. 3, 5　　B. i = %d, j = %d

C. i = %d, j = %3　　D. i = 3, j = 5

(5) 执行下面两个语句后，输出的结果为(　　)。

```
#include<stdio.h>
main()
{
    char c1=97, c2=98;
    printf("%d %c", c1, c2);
}
```

A. 97 98　　B. 97 b

C. a 98　　D. a b

(6) 下列函数中具有输入一个字符作用的是(　　)。

A. putchar()　　B. getchar()

C. scanf()　　D. puts()

(7) 若 x 和 y 都是 int 型变量，y = 200，且有以下程序段：

```
printf("%2d", y);
```

则输出结果是(　　)。

A. 100　　B. 200

C. 100 200　　D. 输出不定的值

(8) 设有 int a=65;，执行语句 printf("%x\n", a); 后的输出结果是(　　)。

A. x　　B. %x

C. 65　　D. 41

(9) 设有 int a = 0x2f;，执行语句 printf("%d\n", a); 后的输出结果是(　　)。

A. 0x2f　　B. 2f

C. 47　　D. 17

(10) 设有 int y=0; ，执行语句 y=5，y*2; 后变量 y 的值是(　　)。

A. 0　　B. 5

C. 10　　D. 20

### 2. 填空题

(1) 下列程序输出的结果是__________。

```
#include<stdio.h>
int main()
{
    printf("I'm C program!\n");
}
```

(2) 假设 a 为 float 类型变量，输出宽度为 6，保留 2 位小数，正确的 printf()函数语句是__________。

(3) 输入商品数量和价格，求应付款，将程序补充完整。

```
#include<stdio.h>
main()
{
    int num;
    float price, money;
    scanf("%d", &num);
    __________;
    money=price*num;
    printf("money=%.2f", ________);
}
```

### 3. 编程题

(1) 编程实现输入圆的半径，输出圆的周长和面积。(结果保留 4 位小数)

(2) 编程实现从键盘输入一个小写字母，用大写形式输出该字母。

(3) 编程实现从键盘上输入任意一个三位数，输出每位上的数字。

# 模块二　程序设计基础

## 任务 2.1　流程图的绘制

### 一、问题引入

流程图是人们对解决问题的方法、思路或算法的一种描述。社会的各行各业都会用到流程图，比如酒店有管理流程，企业有项目实施流程，物流系统有配送流程等。在绘制流程图时必须遵守严格的逻辑规则，这反映了做事的严谨态度和对规律的尊重。通过绘制准确无误的流程图的训练，可培养学生的逻辑思维能力和认真细致的工作态度。使用流程图可以形象直观地描述程序设计的思路，使各种操作一目了然、便于理解，并可以将其直接转化为程序。那么在 C 程序设计中如何绘制流程图呢？

<table>
<tr><th colspan="2">学习目标</th><th colspan="2">技能点分析</th></tr>
<tr><td colspan="2">1. 了解流程图的绘制规范。<br>2. 掌握流程图的绘制方法。<br>3. 能够使用 Visio 绘制流程图。</td><td colspan="2">1. 什么是流程图？其主要作用是什么？<br>2. 流程图有哪几种符号？分别表示什么含义？<br>3. 从结构化设计角度来看，有哪几种流程控制结构？<br>4. 常用的流程图绘制软件有哪几种？分别是哪些公司开发的？</td></tr>
<tr><td colspan="4">技 能 微 课</td></tr>
<tr><td>流程图的组成部分</td><td colspan="2">PPT 软件绘制流程图</td><td>Visio 软件绘制流程图</td></tr>
</table>

### 二、技能点详解

流程图可以简单地描述一个过程，是对过程、算法、流程的一种图像表示。规范的流程图可帮助项目组成员统一认识，便于项目的沟通和讨论，有助于项目的顺利推进。目前一个项目的流程图的作用是使技术人员在开发和自测或测试人员测试时更好地理解项目。

### 1. 流程图绘制规范

流程图的绘制规范如下：

(1) 流程图的组成符号统一。流程图由含义不同的符号组成。要画出规范的流程图，最基本的就是组成流程图的符号要统一，如表 2.1.1 所示。

**表 2.1.1　流程图标准符号**

| 符号 | 名称 | 含　义 |
|---|---|---|
| | 起止框 | 标识流程的开始与结束，每个流程图只有一个起点 |
| | 输入输出框 | 表示数据的输入/输出 |
| | 判断框 | 表示判断和分支 |
| | 处理框 | 表示要进行的处理操作 |
| | 流程线 | 表示程序执行的方向和顺序 |
| | 连接点 | 同一流程图中从一个进程到另一个进程的交叉引用 |

(2) 流程图的命名要使用主谓结构，如“设备购买流程”。操作描述用动宾结构，语言要简洁清晰，如“编制招聘计划”。

(3) 流程图的形状大小一致，字号统一。流程图从左到右、从上至下排列。流程处理关系为并行关系的，需要将流程放在同一高度。

(4) 起点必须有且只有一个，而终点可以省略不画或有多个。流程线从下往上或从右向左时，必须带箭头，除此以外，可以不画箭头。流程线的走向默认为从上向下或从左向右。

(5) 判断框和选择框上下端连接“真”线，左右端“假”流线入流出。连接线不要交叉。

### 2. 流程图的三大结构

流程图由三大结构构成，分别为顺序结构、选择结构和循环结构，这三个结构构成了流程执行的全过程。

1) 顺序结构

在顺序结构中，各个步骤是按先后顺序执行的，这是一种最简单的基本结构。如图 2.1.1 所示，A、B、C 是三个连续的步骤，它们是按顺序执行的，即完成上一个框中指定的操作才能再执行下一个动作。

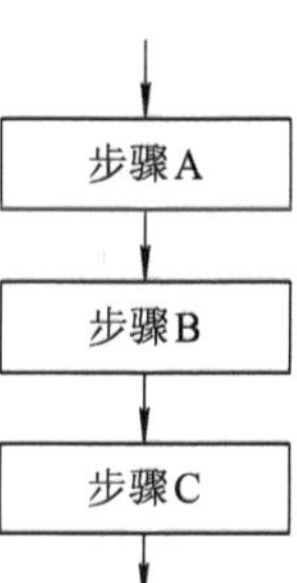

图 2.1.1　顺序结构流程图

**案例 2.1.1**　顺序结构流程图示例。

案例题目：计算 1 + 2 + 3 + 4 + 5 的和。

解题思路：

第一步：计算 1 + 2 的和赋值给 a；

第二步：计算 3 + 3 的和赋值给 a；

第三步：计算 6 + 4 的和赋值给 a；

第四步：计算 10 + 5 的和赋值给 a。

本案例流程图如图 2.1.2 所示。

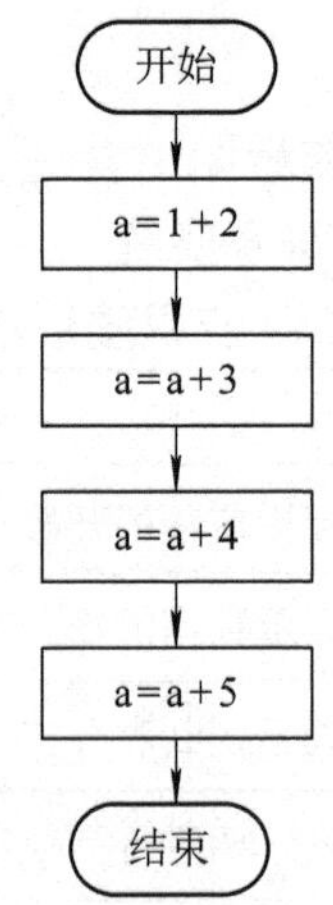


图 2.1.2　案例 2.1.1 流程图

2) 选择结构

选择结构又称为分支结构，用于判断给定的条件，根据判断的结果来控制程序的流程，如图 2.1.3 所示。在实际运用中，某一判定结果可以为空操作(如图 2.1.3(b)所示)。

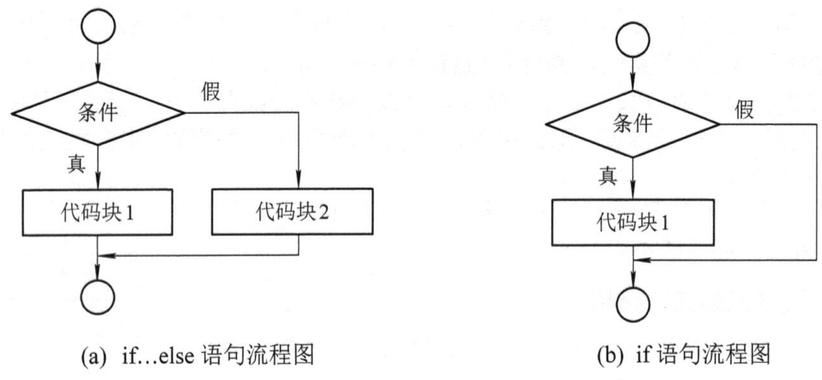


(a) if…else 语句流程图　　(b) if 语句流程图

图 2.1.3　选择结构流程图

**案例 2.1.2**　选择结构流程图示例。

案例题目：判断一个数能否同时被 3 和 5 整除。

解题思路：

第一步：先输入这个数(假定为变量 a)的值。

第二步：判断 a 是否可以同时被 3 和 5 整除。

第三步：如果可以，则输出“可以整除”；如果不可以，则输出“不可以整除”。

本案例流程图如图 2.1.4 所示。

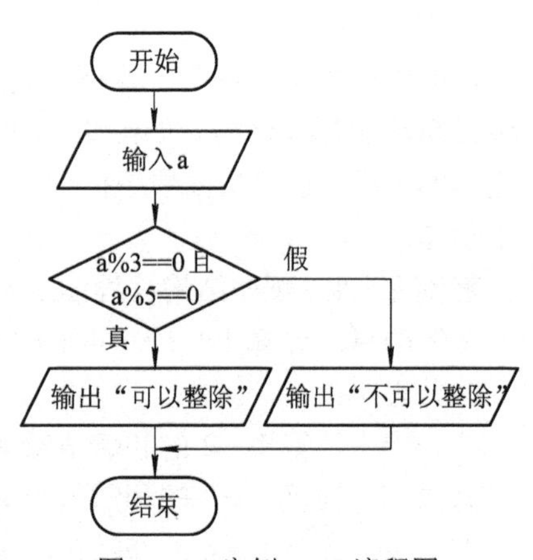


图 2.1.4　案例 2.1.2 流程图

3) 循环结构

循环结构又称为重复结构，是指在一定的条件下，反复执行某一操作的流程结构。循环结构可以看成是一个条件判断条件和一个向回转向条件的组合。循环结构包括三个要素：循环变量、循环体和循环终止条件。在流程图的表示中，判断框内写上条件，两个出口分别对应着条件成立和条件不成立时所执行的不同指令，其中一个要指向循环体，然后再从循环体回到判断框的入口处。

循环结构又可以分为当型结构和直到型结构。

当型结构：先判断所给条件 P 是否成立，若 P 成立，则执行步骤 A，再判断条件 P 是否成立；若 P 成立，则又执行 A，如此反复，直到某一次条件 P 不成立时为止，如图 2.1.5 所示。

直到型结构：先执行步骤 A，再判断所给条件 P 是否成立，若 P 成立，则再执行 A，如此反复，直到 P 不成立，该循环过程结束，如图 2.1.6 所示。

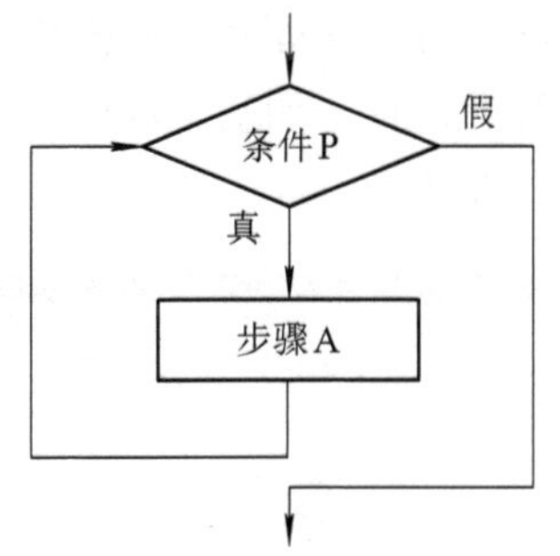


图 2.1.5　当型结构流程图

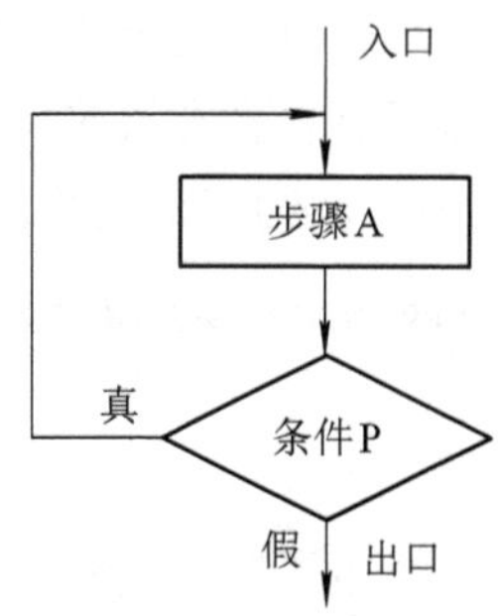


图 2.1.6　直到型结构流程图

**案例 2.1.3**　循环结构流程图示例。

循环结构流程图示例如图 2.1.7 所示。

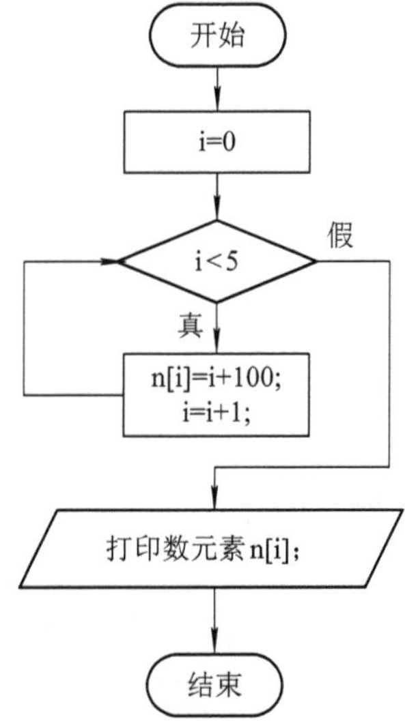


图 2.1.7　循环结构流程图示例

## 三、技能点拓展

### 1. 绘制流程图的工具

绘制流程图的主流工具有如下几种：

(1) Office Visio(微软制作流程图软件)。

(2) 亿图(国产流程图软件)。

(3) Xmind (涵盖 PC\Mac\IOS\安卓)。

(4) 网站 http://processon.com/ (在线制作流程图)。

本书主要使用 Office Visio 来绘制流程图。

### 2. Office Visio

Office Visio 是 Office 软件系列中用于绘制流程图和示意图的软件，是一款便于 IT 和商务人员就复杂信息、系统和流程进行可视化处理、分析和交流的软件。打开 Visio，即可以看到有很多类型的图形可供选择，如基本流程图、跨职能流程图、组织结构图、详细网络图等，如图 2.1.8 所示。

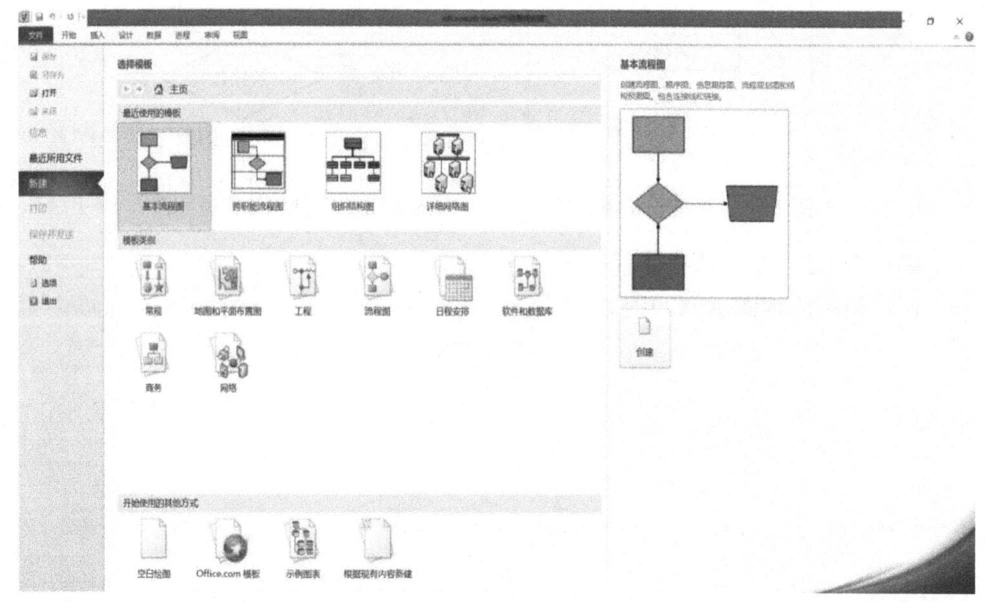

图 2.1.8 Visio 界面

后面的学习中我们基本上使用基本流程图就可以完成程序流程图的绘制了，下面就基本流程图的使用做一个简单的介绍。点击“创建”后进入的界面如图 2.1.9 所示。

可见其与 Word 的画风相似，绘图过程中用户需要做的便是将左边栏的各种形状用鼠标拖动到中间的绘图区中。拖动基本流程图形状区域的图形绘制而成的流程图如图 2.1.10 所示。

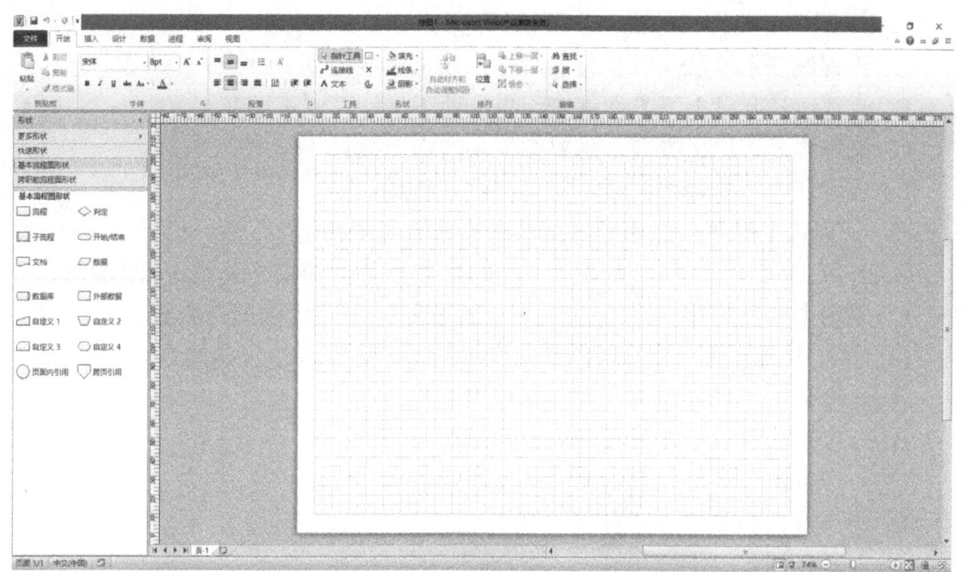

图 2.1.9　Visio 绘图界面

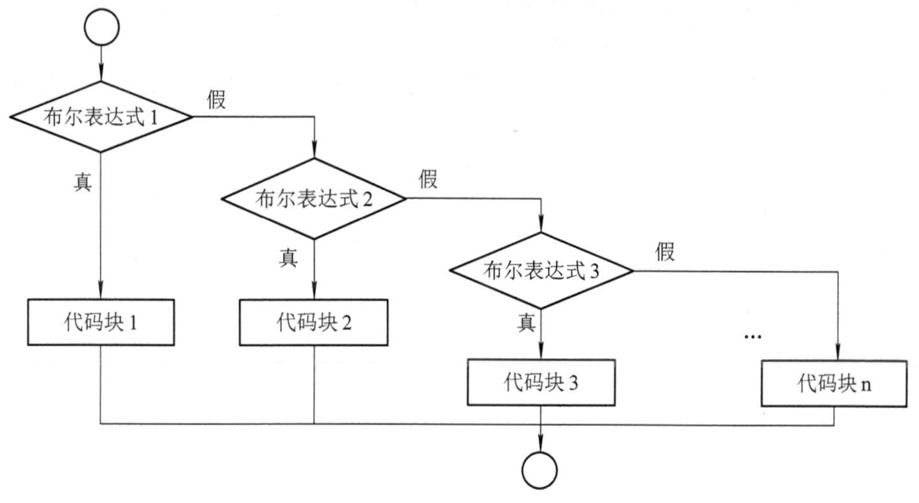


图 2.1.10　流程图示例

构成这个流程图的元素有：基本流程图形状、文字和流程线。文字的添加只需选择“工具”功能区的“文本”按钮即可实现，流程线的添加需要使用到工具功能区的“连接线”来实现。除此之外，我们还可以使用“形状”功能区的“填充”“线条”“阴影”来实现特殊效果的添加。

## 四、技能点检测

### 1. 选择题

(1) 下列图形符号中，属于判断框的是(　　)。

A.　　　B.　　　C.　　　D.

(2) 下列关于流程线的说法，正确的是(　　)。

A. 流程线表示算法步骤执行的顺序，用来连接图框

B. 流程线只要是上下方向就表示自上而下执行可以不要箭头

C. 流程线无论什么方向，总要按箭头的指向执行

D. 流程线是带有箭头的线，它可以画成折线

(3) 下列几个问题中能用顺序结构画出其流程图的是(　　)。

A. 计算 1 + 2 + 3 + ⋯ + 100　　　　B. 判断两数的大小关系，输出结果

C. 求两个整数的和　　　　　　　　D. 求 1～100 内的所有素数

(4) 算法中通常有三种不同的基本逻辑结构，下面说法正确的是(　　)。

A. 一个算法中只能包含一种基本逻辑结构

B. 一个算法可以包含三种基本逻辑结构的任意组合

C. 一个算法最多可以包含两种基本逻辑结构

D. 一个算法必须包含三种基本逻辑结构

**2. 填空题**

(1) 如图 2.1.11 所示的流程图中含有的基本结构是 __________。

(2) 运行如图 2.1.12 所示的流程图，输出的结果是 ________。

(3) 设流程图如图 2.1.13 所示，若输出的结果为 2，则①处的处理框内应填的是 ________。

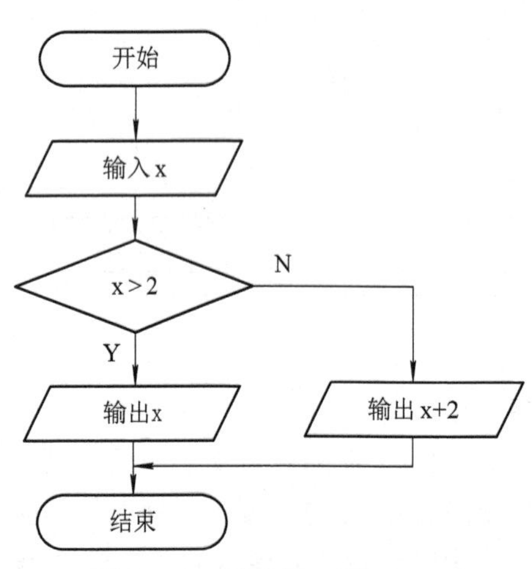


图 2.1.11　填空题(1)图

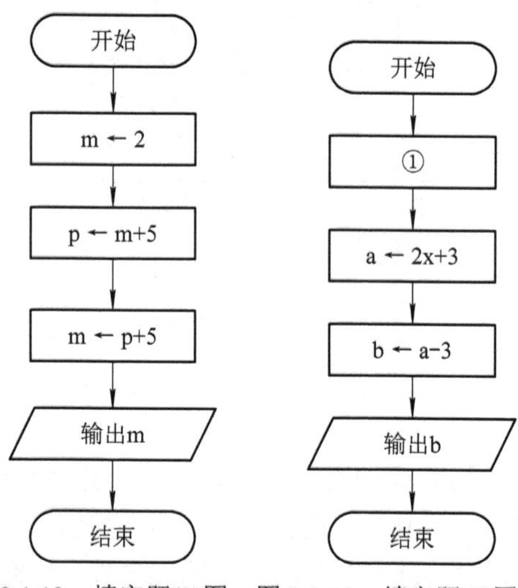


图 2.1.12　填空题(2)图　图 2.1.13　填空题(3)图

**3. 画流程图**

(1) 小明是一名初二年级的学生，他将暑期某天的学习活动安排如下：

7:30—8:00 晨读

8:00—10:00 写暑假作业

10:00—10:30 看电视

10:30—11:30 阅读名著

12:00—12:30 午餐

1:00—1:40 午睡

2:00—4:00 写暑假作业

4:00—5:30 户外锻炼

请根据小明一天的活动安排表画出流程图。

(2) 公司决定在下周二进行团建活动，但要根据当天的天气情况决定具体活动项目，如果天气晴好，便去大裂谷游玩，如果下雨，就去 K 歌。请画出流程图。

(3) 某市希望小学的暑期放假时间为 7 月 1 日至 8 月 31 日，要求学生在暑期的 7 月 20 日至 8 月 20 日每天朗读英语课文半小时，并在钉钉班级群中打卡。请画出流程图。

# 任务 2.2　顺序结构的使用

## 一、问题引入

世间万物都在遵循着规律各自运作——太阳总是先从东边升起，再从西边落下；大自然春夏秋冬，四季更迭；学习总是先有付出，才有收获……在 C 语言的编程世界里，也有一种结构有着自己的编写规律，这就是顺序结构。顺序结构中每一行代码的准确实现对于整个程序来说至关重要，这就要求我们要注重细节，做到精益求精。那么什么是顺序结构编程呢？它又有什么样的编程规律呢？

| 学习目标 | 技能点分析 |
|---|---|
| 1. 了解顺序结构的含义。<br>2. 掌握顺序结构编程的主要步骤。<br>3. 能够利用顺序结构解决简单问题。 | 1. 什么是顺序结构？它的特点是什么？<br>2. 顺序结构编程有哪些主要步骤？ |
| 技 能 微 课 | |
| 顺序结构的编程 | 交换两个数的算法设计 |

## 二、技能点详解

顺序结构是 C 语言的基本结构，人们平时写程序基本都会用到顺序结构。所谓“顺序”，是指程序中的语句要按照书写的先后顺序从前到后执行。顺序结构的执行特点如图 2.2.1 所示。

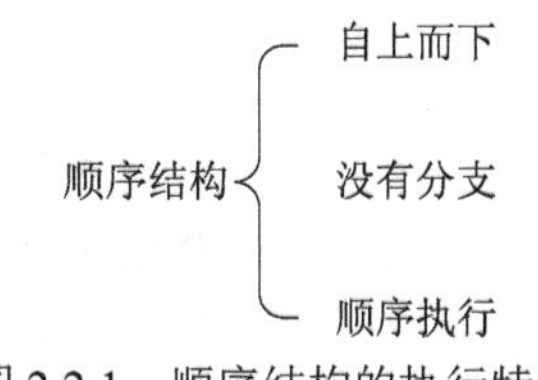


图 2.2.1　顺序结构的执行特点

顺序结构编程的主要步骤可分为三步：

(1) 输入数据；

(2) 对数据进行加工处理；

(3) 输出结果。

其中第一步可通过调用输入函数来实现，第二步可运用模块一中介绍的各种表达式和赋值语句组合完成，第三步调用输出函数即可，其流程图如图 2.2.2 所示。

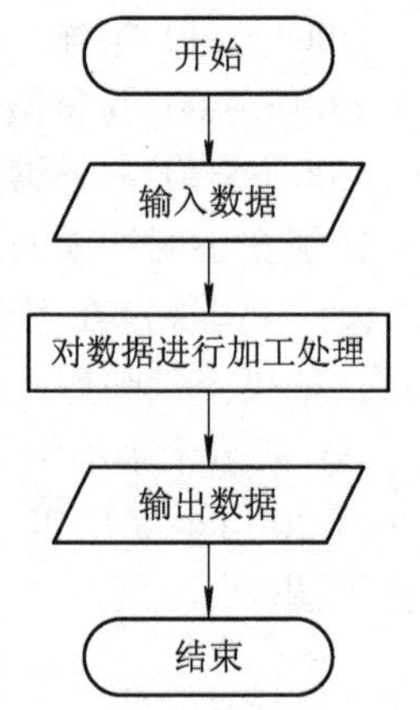


图 2.2.2　顺序结构执行流程图

**案例 2.2.1**　顺序结构程序示例。

案例题目：已知一圆的半径，求其面积(圆周率记 pi = 3.14)。

流程图如图 2.2.3 所示。

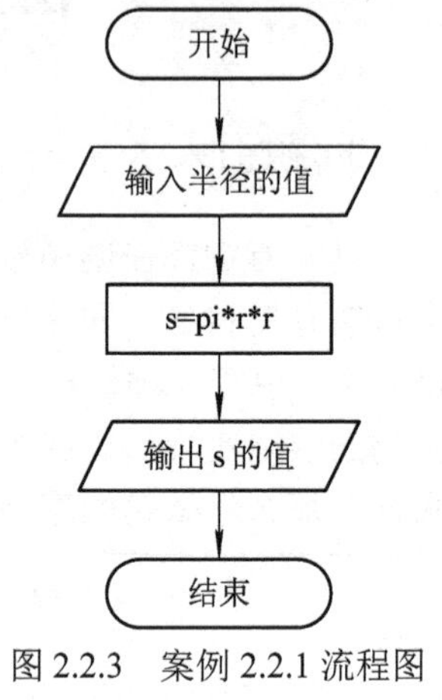


图 2.2.3　案例 2.2.1 流程图

程序代码如下：

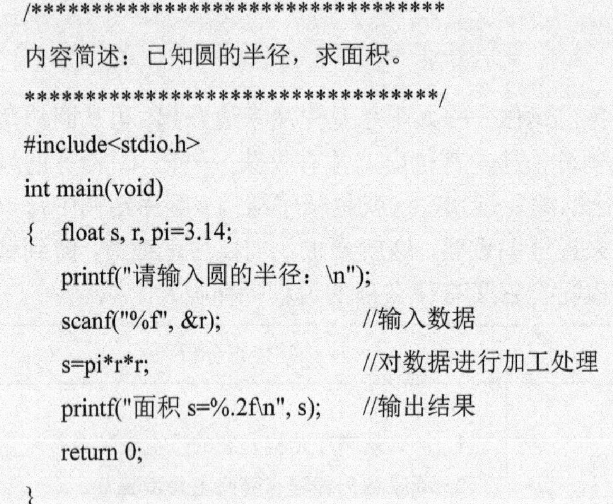

```
/************************************
内容简述：已知圆的半径，求面积。
************************************/
#include<stdio.h>
int main(void)
{   float s, r, pi=3.14;
    printf("请输入圆的半径：\n");
    scanf("%f", &r);                //输入数据
    s=pi*r*r;                       //对数据进行加工处理
    printf("面积 s=%.2f\n", s);     //输出结果
    return 0;
}
```

输出结果如图 2.2.4 所示。

图 2.2.4　案例 2.2.1 输出结果

## 三、技能点拓展

### 1. printf()函数的计算顺序

我们知道任何一个程序都要有输出结果，顺序结构也不例外。在 C 语言中，printf()函数的计算顺序是怎样的呢？

printf()函数对输出变量表里所列诸变量(或表达式)的计算顺序是自右向左进行的。因此，要注意右边的参数值是否会影响到左边的参数取值。

**案例 2.2.2**　printf()函数的计算顺序。

有如下程序，试分析该程序的输出结果。

```
/*******************************
内容简述：printf()函数计算顺序。
*******************************/
#include<stdio.h>
int main(void)
{   int x=4;
    printf("%d\t%d\t%d\t\n", x++, x++, x--);
    return 0;
}
```

输出结果如图 2.2.5 所示。

```
C:\Windows\system32\cmd.exe
4       3       4
请按任意键继续. . .
```

图 2.2.5　案例 2.2.2 的输出结果

案例解析：

要特别注意 printf()函数对输出变量表里所列诸变量(或表达式)的计算顺序是自右向左进行的。因此 printf()在输出前，应该先计算 x--，再计算中间的 x++，最后计算左边的 x++。但%d 与输出变量的对应关系仍然是从左往右一一对应的。所以，该程序执行后的输出是 4　3　4，而不是 4　5　4。

### 2. 复合语句

在 C 语言程序中，可以用一对花括号把若干条语句括起来，形成一个整体，这个整体就被称为“复合语句”。从语法上讲，复合语句只相当于一个语句。复合语句的一般格式如下：

```
{
    语句;
    语句;
     ⋮
}
```

关于复合语句，要注意：

(1) 复合语句中可以出现变量说明；

(2) 复合语句中的最后一条语句的语句结束符(分号)不能省略，否则会产生语法错误；

(3) 标识复合语句结束的右花括号的后面不能有语句结束符(分号)；

(4) 在选择结构和循环结构中，常会用复合语句作为程序中的一个语法成分。

**案例 2.2.3**　复合语句演示。

示例程序代码如下：

```
/******************************
内容简述：复合语句演示。
******************************/
#include<stdio.h>
int main(void)
{
    int x=10;
    printf("x is %d.\t", x);
    {                                   //复合语句开始
        int y=20;
        printf("y is %d.\n", y);
    }                                   //复合语句结束
    return 0;
}
```

输出结果如图 2.2.6 所示。

```
C:\Windows\system32\cmd.exe
x is 10.        y is 20.
请按任意键继续. . .
```

图 2.2.6　案例 2.2.3 输出结果

## 四、技能点检测

### 1. 选择题

(1) 根据下列程序中已给出的数据的输入和输出形式，程序中输入/输出语句格式正确的是(　　)。

```
void main(void)
{
    int a; float x;
    printf("input a, x:");
    输入语句
    输出语句
}
```

输入形式：input a, x:3　2.1

输出形式：a + x = 5.10

A. scanf("%d, %f", &a, &x);
   printf("\na+x=%4.2f", a+x);

B. scanf("%d %f", &a, &x);
   printf("\na+x=%4.2f", a+x);

C. scanf("%d %f", &a, &x);
   printf("\na+x=%6.1f", a+x);

D. scanf("%d %3.1f", &a, &x);
   printf("\na+x=%4.2f", a+x);

(2) 以下程序的输出结果是(　　)。

```
void main(void)
{
    int i=010, j=10, k=0x10;
    printf("%d, %d, %d\n", i, j, k);
}
```

A. 8, 10, 16　　B. 8, 10, 10　　C. 10, 10, 10　　D. 10, 10, 16

(3) 以下程序的输出结果是(　　)。

```
#include<stdio.h>
void main(void)
{
    printf("%d\n", NULL);
}
```

A. 不确定的值(因变量无定义)　　B. 0

C. −1　　D. 1

(4) 以下程序的输出结果是(　　)。

```
void main(void)
{
    char c1='6', c2='0';
    printf("%c, %c, %d, %d\n", c1, c2, c1-c2, c1+c2);
}
```

A. 因输出格式不合法，输出出错信息　　B. 6, 0, 6, 102

C. 6, 0, 7, 6　　D. 6, 0, 5, 7

(5) 设有如下定义：

```
int x=10, y=3, z;
```

则语句 printf("%d\n", z=(x%y, x/y));的输出结果是(　　)。

A. 3　　B. 0　　C. 4　　D. 1

(6) 以下程序的输出结果是(　　)。

```
void main(void)
{
    int x=10, y=10;
    printf("%d    %d\n", x--, --y);
}
```

A. 10　10　　B. 9　9　　C. 9　10　　D. 10　9

(7) 以下程序的输出结果是(　　)。

```
void main(void)
{
    int x, y, z;
    x=y=1;
```

```
    z=x++-1; printf("%d, %d\t", x, z);
    z+=-x++ +(++y); printf("%d, %d", x, z);
}
```

A. 2, 0　3, 0　　B. 2, 1　3, 0　　C. 2, 0　2, 1　　D. 2, 1　0, 1

(8) 设有如下定义和执行语句，其输出结果为(　　)。

```
int a=3, b=3;
a = --b + 1;
printf("%d   %d", a, b);
```

A. 3　2　　B. 4　2　　C. 2　2　　D. 2　3

(9) 以下程序的输出结果是(　　)。

```
void main(void)
{
    int   i=012, j=12, k=0x12;
    printf("%d, %d, %d\n", i, j, k );
}
```

A. 10, 12, 18　　B. 12, 12, 12

C. 10, 12, 12　　D. 12, 12, 18

(10) 以下程序的输出结果是(注：▂表示空格)(　　)。

```
void main(void)
{
    printf("\n*s1=%8s*", "china";
    printf("\n*s2=%-5s*", "chi") ;
}
```

A. *s1=china▂ ▂ ▂*
*s2=chi*

B. *s1=china▂ ▂ ▂*
*s2=chi▂ ▂*

C. *s1=▂ ▂ ▂china*
*s2=▂ ▂chi *

D. *s1=▂ ▂ ▂china*
*s2=chi▂ ▂*

## 2. 填空题

(1) C语言中的语句可分为5类，它们分为____________。

(2) C语言中的空语句就是____________。

(3) 复合语句是由一对____________括起来的若干条语句组成的。

(4) 以下程序的输出结果是________。

```
#include<stdio.h>
void main(void)
{   char a;
    a='A';
    printf("%d %c", a, a);
}
```

(5) 以下程序的输出结果是________。

```
void main(void)
{
    float   a=3.14, b=3.14159;
    printf("%f, %5.3f\n", a, b);
}
```

**3. 编程题**

(1) 请编写一个程序，能显示出以下两行文字。

I am a student.

I love China.

(2) 编程实现从键盘接收两个整数，将它们的和、差、积、商输出。

(3) 编程实现从键盘接收两个整数，将它们的值交换后再输出。

# 任务 2.3　选择结构的使用

## 一、问题引入

在特定的历史和社会背景下，人们的选择受到文化、经济、政治等多种因素的影响，这些因素共同作用使得某些选择成为当时情况下的必然结果。对于中华民族来说，每一次重大选择都伴随着机遇和挑战，中华民族在历史的长河中不断适应时代变迁，努力实现民族复兴和国家富强。这些选择不仅塑造了中国的过去和现在，也将影响中国和世界的未来。对于个人来说，每当我们站在人生的十字路口时，交警是我们自己，自己选择要去的方向，人生绽放光彩，总是在我们做出完美的选择时。在计算机的世界里，我们需要根据某些条件来选择执行指定的操作，这就需要选择结构。

<table>
<tr><th colspan="2">学习目标</th><th colspan="2">技能点分析</th></tr>
<tr><td colspan="2">1. 了解实现选择结构的两种语句：if 语句和 switch 语句。<br>2. 掌握 if 语句和 switch 语句的语法。<br>3. 能够使用这两种语句进行选择结构编程。</td><td colspan="2">1. 什么是选择结构？实现选择结构的语句有哪些？<br>2. if 语句的使用形式有哪些？<br>3. 什么情况下使用嵌套 if 语句？<br>4. switch 语句的使用注意事项有哪些？</td></tr>
<tr><td colspan="4">技 能 微 课</td></tr>
<tr><td><br>选择结构流程图的绘制</td><td><br>if 语句的用法</td><td><br>switch 语句的用法</td><td><br>选择语句的嵌套</td></tr>
</table>

## 二、技能点详解

选择结构要求程序员指定一个或多个要评估或测试的条件，以及条件为“真”时要执行的语句(必需的)和条件为“假”时要执行的语句(可选的)。C 语言把任何非零和非空的值假定为“真”，把零或 null 假定为“假”。图 2.3.1 是大多数编程语言中典型的选择语句的流程图。

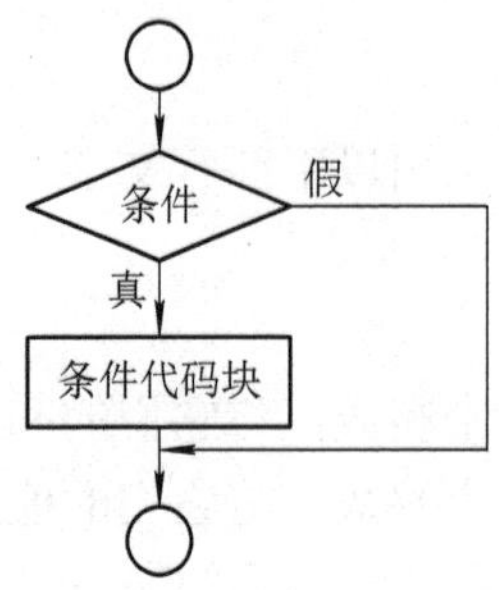


图 2.3.1 选择语句流程图

常用选择语句及其描述如表 2.3.1 所示。

**表 2.3.1 选择语句描述对照表**

| 关键词 | 语句 | 描 述 |
|---|---|---|
| if | if 语句 | 一个 if 语句由一个布尔表达式后跟一个或多个语句组成 |
| | if…else 语句 | 一个 if 语句后可跟一个可选的 else 语句，else 语句在布尔表达式为“假”时执行 |
| | 嵌套 if 语句 | 在一个 if 或 else if 语句内使用另一个 if 或 else if 语句 |
| switch | switch 语句 | 一个 switch 语句允许测试一个变量等于多个值时的情况 |
| | 嵌套 switch 语句 | 在一个 switch 语句内使用另一个 switch 语句 |

### 1. if 语句

一个 if 语句由一个布尔表达式后跟一个或多个语句组成，其语法格式如下：

```
if(布尔表达式)
{
    代码块
}
```

如果布尔表达式为“真”，则 if 语句内的代码块将被执行；如果布尔表达式为“假”，则 if 语句结束后的第一组代码将被执行。if 语句流程图如图 2.3.2 所示。

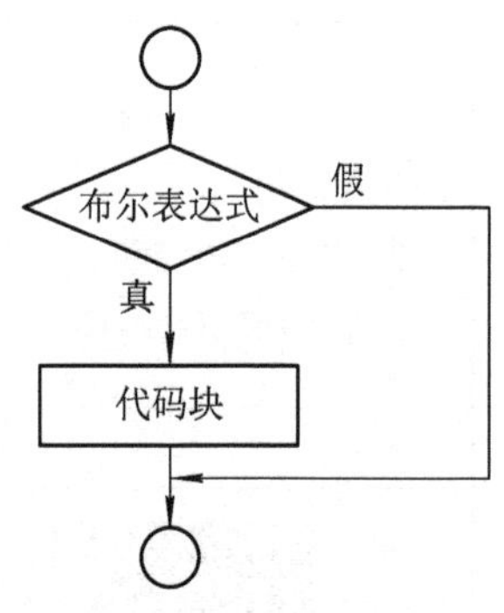


图 2.3.2 if 语句流程图

**案例 2.3.1** if 语句。

先定义一个整型变量，并对其赋值，然后判断其值是否小于 20，如果小于 20，则输出“a 小于 20”，再输出它的值。流程图如图 2.3.3 所示。

程序代码如下：

```
/*****************************************
*内容简述：判断输入的值是否小于 20。
*****************************************/
#include<stdio.h>                    //头函数
int main (void)
{   int a = 10;                      //变量赋值
    if(a < 20)                       //条件判断
    {
        printf("a 小于 20\n" );
    }
    printf("a 的值是%d\n", a);       //输出变量 a
    return 0;
}
```

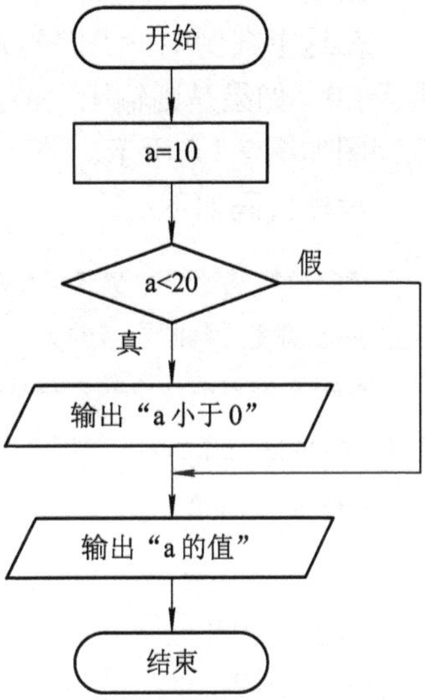

图 2.3.3　案例 2.3.1 流程图

输出结果如图 2.3.4 所示。

```
C:\Windows\system32\cmd.exe
a小于20
a的值是10
请按任意键继续. . .
```

图 2.3.4　案例 2.3.1 输出结果

案例解析：

因为变量 a 的值是 10，所以其判断条件是成立的，那么会执行 if 后的语句，if 语句执行完后将按顺序执行完程序中的其他语句：printf("a 的值是%d\n", a);。

### 2. if…else 语句

一个 if 语句后可跟一个可选的 else 语句，else 语句在布尔表达式为“假”时执行。C 语言中 if…else 语句的语法如下：

```
if(布尔表达式)
{
   代码块 1   //如果布尔表达式为“真”将执行的语句
}
else
{
   代码块 2 //如果布尔表达式为“假”将执行的语句
}
```

如果布尔表达式为“真”，则执行 if 块内的代码，如果布尔表达式为“假”，则执行 else 块内的代码。C 语言把任何非零和非空的值假定为“真”，把零或 null 假定为“假”。if…else 语句流程图如图 2.3.5 所示。

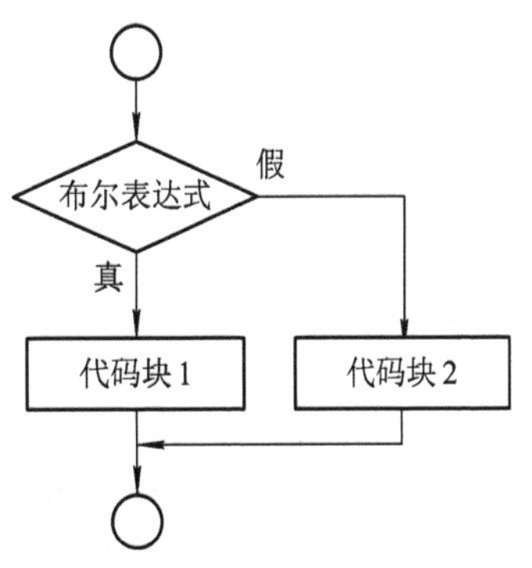


图 2.3.5　if…else 语句流程图

**案例 2.3.2**　if…else 语句。

在这个案例中，我们要先定义一个整型变量，并对其赋值，然后判断其值是否小于 20，如果是则输出“a 小于 20”，否则输出“a 大于 20”，然后再输出它的值。流程图如图 2.3.6 所示。

程序代码如下：

```
/***********************************
内容简述：判断 a 值的大小。
***********************************/
#include<stdio.h>                //头文件
int main (void)
{
    int a=100;                   //定义 a 值
    if(a<20)                     //小于 20
    {
        printf("a 小于 20\n" );
    }
    Else                         //不小于 20
    {
        printf("a 大于 20\n" );
    }
    printf("a 的值是%d\n", a);
    return 0;
}
```

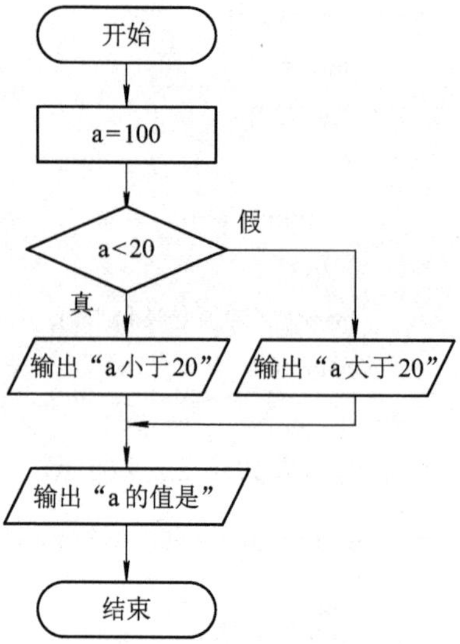

图 2.3.6　案例 2.3.2 流程图

输出结果如图 2.3.7 所示。

图 2.3.7　案例 2.3.2 输出结果

案例解析：

因为变量 a 的值是 100，所以在判断条件时是不成立的，那么会执行 else 后的语句，整个 if…else 语句执行完后将按顺序执行完程序中的其他语句：printf("a 的值是%d\n", a);。

### 3. if…else if…else 语句

一个 if 语句后可跟一个可选的 else if…else 语句，这可用于测试多种条件。

当使用 if…else if…else 语句时，需要注意：一个 if 后可跟零个或一个 else，else

必须在所有 else if 之后；一个 if 后可跟零个或多个 else if，else if 必须在 else 之前；一旦某个 else if 匹配成功，其他的 else if 或 else 将不会被测试。

C 语言中 if…else if…else 语句的语法如下：

```
if(布尔表达式 1)
{
    代码块 1            //当布尔表达式 1 为“真”时执行
}
else if(布尔表达式 2)
{
    代码块 2            //当布尔表达式 2 为“真”时执行
}
else if(布尔表达式 3)
{
    代码块 3            //当布尔表达式 3 为“真”时执行
}
…
else
{
    代码块 n            //当上面条件都不为“真”时执行
}
```

if…else if…else 语句流程图如图 2.3.8 所示。

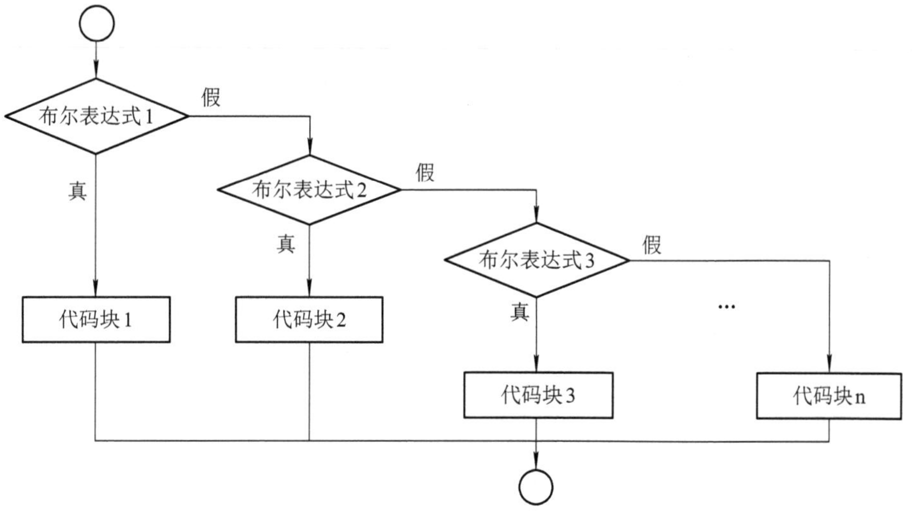


图 2.3.8　if…else if…else 语句流程图

**案例 2.3.3**　if…else if…else if…else 语句。

在这个案例中，我们要先定义一个整型变量，并对其赋值，然后判断其值是否

为 10、20 或 30，并输出相应的结果，如果都不是则输出“没有匹配的值”，最后再输出它的值。流程图如图 2.3.9 所示。

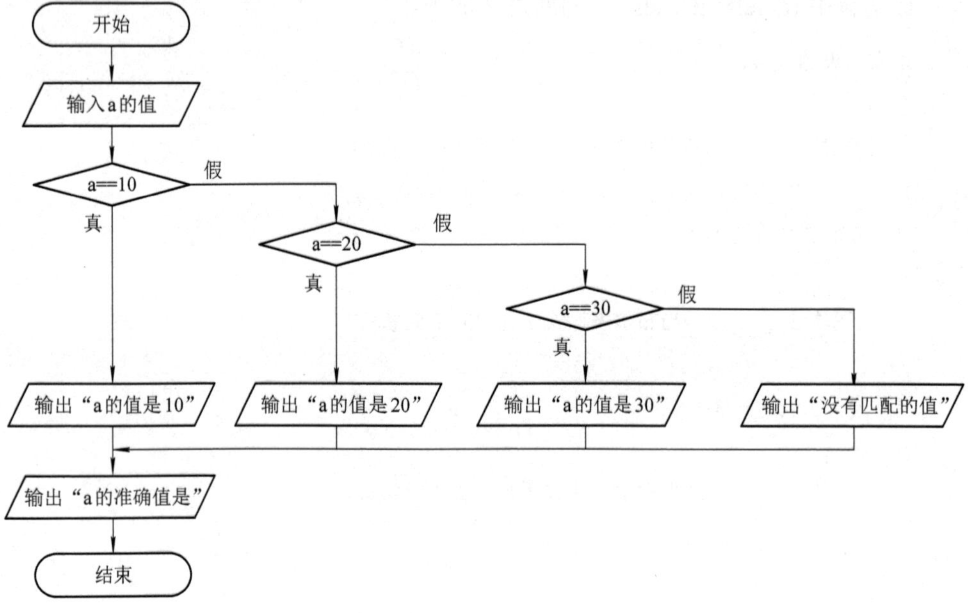


图 2.3.9　案例 2.3.3 流程图

程序代码如下：

```
/****************************************
内容简述：输入数值，与设定值进行数值匹配
****************************************/
#include<stdio.h>

int main(void)
{
    int a = 100;                //定义变量值
    scanf("%d", &a);            //键盘输入一个数字
    if(a == 10)                 //判断是否与 10 相等
    {
        printf("a 的值是 10\n" );
    }
    else if(a == 20)            //判断是否与 20 相等
    {
        printf("a 的值是 20\n" );
    }
    else if(a == 30)            //判断是否与 30 相等
    {
        printf("a 的值是 30\n" );
```

```
    }
    else                        //以上都不匹配
    {
        printf("没有匹配的值\n" );
    }
    printf("a 的准确值是%d\n", a );
    return 0;
}
```

输出结果如图 2.3.10 所示。

```
C:\Windows\system32\cmd.exe
没有匹配的值
a的准确值是100
请按任意键继续. . .
```

图 2.3.10　案例 2.3.3 结果

案例解析：

因为变量 a 的值是 100，所以在判断所有条件时都是不成立的，那么会执行 else 后的语句，整个 if...else if...else 语句执行完后将按顺序执行完程序中的其他语句：printf("a 的准确值是%d\n", a);。

### 4. C 嵌套 if 语句

在 C 语言中，嵌套 if...else 语句是合法的，这意味着用户可以在一个 if 或 else if 语句内使用另一个 if 或 else if 语句。

C 语言中嵌套 if 语句的语法如下：

```
if(当布尔表达式 1)
{
    代码块 1            //当布尔表达式 1 为“真”时执行
    if(当布尔表达式 2)
    {
        代码块 2        //当布尔表达式 2 为“真”时执行
    }
}
```

用户可以嵌套 else if...else，方式与嵌套 if 语句相似。

嵌套 if 语句流程图如图 2.3.11 所示。

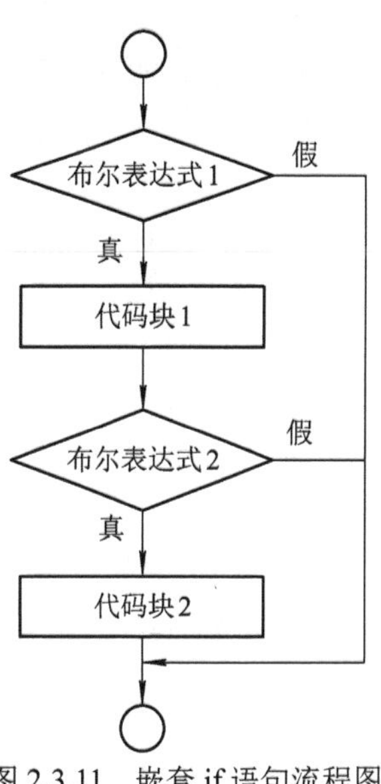


图 2.3.11　嵌套 if 语句流程图

**案例 2.3.4**　嵌套 if 语句。

在这个案例中，我们先定义两个整型变量，并对它们各自赋值，然后先判断第一个变量的值是否满足条件，在满足条件的情况下再去判断第二个变量的值是否也满足条件，如果两个变量的值都满足条件，则输出一句话，说明两个变量的值是多少，最后再输出这两个变量的值加以验证。流程图如图 2.3.12 所示。

程序代码如下：

```
/***************************************
内容简述：  判断两个条件都满足时候的条件
***************************************/
#include<stdio.h>//头文件


int main(void)
{
    scanf("%d, %d", &a, &b); //键盘输入两个数字
    if(a==100)         //条件 1 满足
    {
        if(b==200)  //条件 2 满足
        {
            printf("a 的值是 100 且 b 的值是 200\n" );
        }
    }
    printf("a 的准确值是%d\n", a);
    printf("b 的准确值是%d\n", b);
    return 0;
}
```

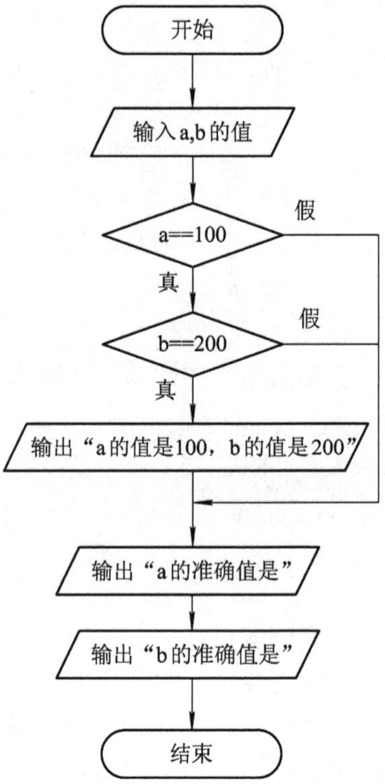

图 2.3.12　案例 2.3.4 流程图

输出结果如图 2.3.13 所示。

```
C:\Windows\system32\cmd.exe
a的值是100且b的值是200
a的准确值是100
b的准确值是200
请按任意键继续. . .
```

图 2.3.13　案例 2.3.4 输出结果

案例解析：

因为变量 a 的值是 100，变量 b 的值是 200，所以在进行第一次判断 a 的值时条件是成立的，那么就会进入嵌套的 if 语句里进行第二次判断 b 的值，条件也成立，所以输出了“a 的值是 100，且 b 的值是 200”，嵌套 if 语句执行完后将按顺序执行程序中剩下的其他语句：printf("a 的准确值是%d\n", a); printf("b 的准确值是%d\n", b);。

### 5. switch 语句

switch 语句是开关语句，常和 break 语句一起使用，构成多路分支选择结构。每个值称为一个 case，且被测试的变量会对每个 case 进行检查。C 语言中 switch 语句的语法如下：

```
switch(表达式){
    case 表达式值 1 :
        statement_1(s);    //处理函数 1;
```

```
        break;                  //可选的
    case 表达式值 2 :
        statement_2(s);         //处理函数 2;
        break;                  //可选的
    /* 您可以有任意数量的 case 语句 */
        default :               //可选的
        statement_n(s);         //处理函数 n;
}
```

switch 语句必须遵循下面的规则：

(1) switch 语句中的表达式是一个常量表达式，必须是整型、字符型或枚举类型。

(2) 在一个 switch 语言中可以有任意数量的 case 语句。每个 case 后跟一个要比较的值和一个冒号。case 后的常量必须与 switch 中的变量具有相同的数据类型，且必须是一个整数或字符常量。

(3) 当被测试的变量等于 case 中的常量时，case 后跟的语句将被执行，直到遇到 break 语句为止。当遇到 break 语句时，switch 终止，控制流将跳转到 switch 语句后的下一行。

(4) 不是每一个 case 都需要包含 break。如果 case 语句不包含 break，控制流将会继续后续的 case，直到遇到 break 为止。

(5) 一个 switch 语句可以有一个可选的 default case，出现在 switch 的结尾。default case 可用于在上面所有 case 都不为“真”时执行一个任务。default case 中的 break 语句不是必需的。

switch…case 语句流程图如图 2.3.14 所示。

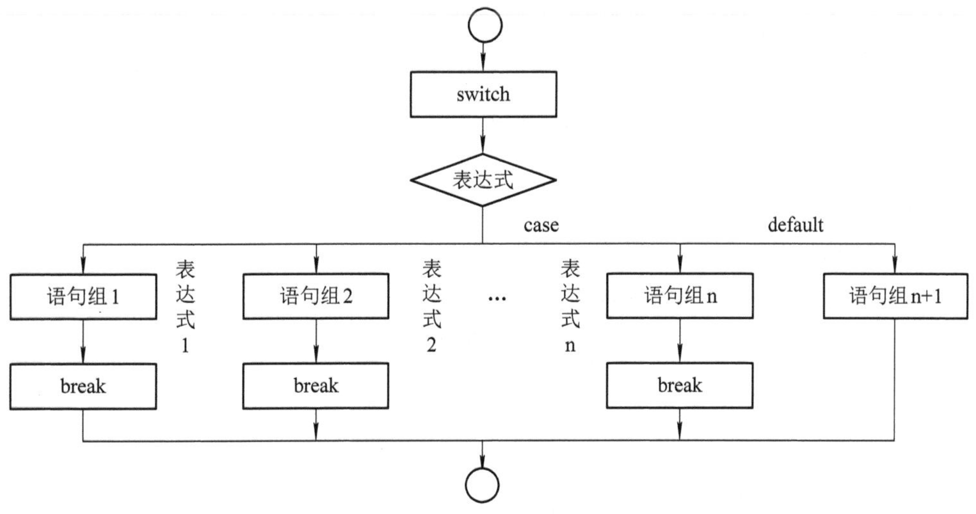


图 2.3.14　switch…case 语句流程图

**案例 2.3.5**　switch 语句。

我们要根据某学生考试所得成绩去输出相应的结果提示，最后再输出其成绩。

流程图如图 2.3.15 所示。

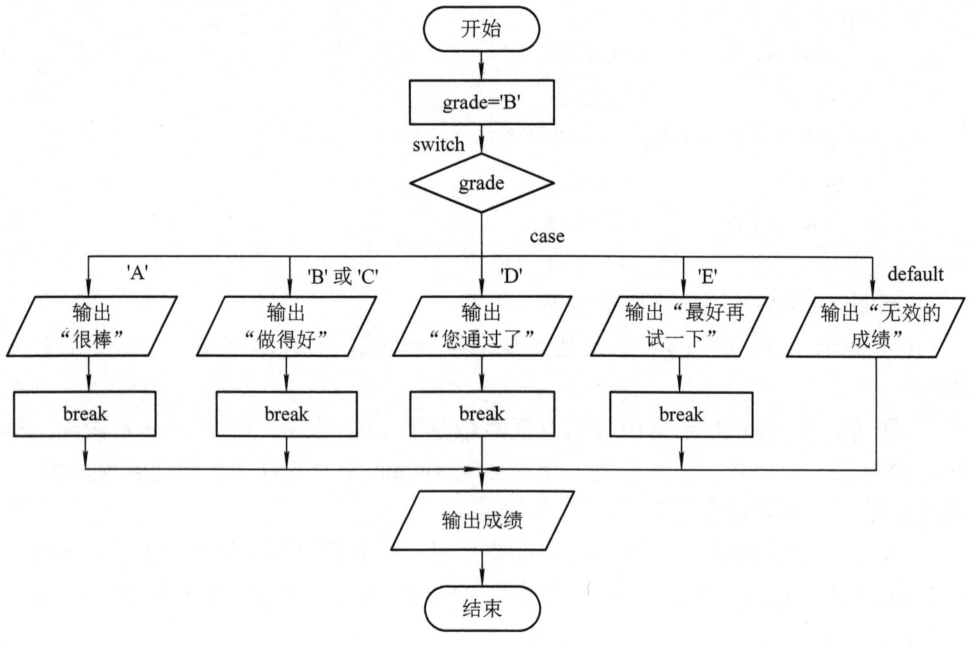


图 2.3.15 案例 2.3.5 流程图

程序代码如下：

```
/*****************************************************
内容简述：根据某学生考试所得成绩去输出相应的结果提示
*****************************************************/
#include<stdio.h>                 //头文件

int main(void)
{
    char grade = 'B';             //分数等级
    switch(grade)
    {
        case 'A':                 //如果是 A 等级
            printf("很棒\n"); break;
        case 'B':                 //如果是 B 等级
        case 'C':                 //如果是 C 等级
            printf("做得好\n" ); break;
        case 'D':                 //如果是 D 等级
            printf("您通过了\n"); break;
        case 'E':                 //如果是 E 等级
            printf("最好再试一下\n"); break;
        default:                  //以上等级都不是
```

```
            printf("无效的成绩\n");
        }
        printf("您的成绩是:%c\n", grade);
        return 0;
    }
```

输出结果如图 2.3.16 所示。

```
C:\Windows\system32\cmd.exe
做得好
您的成绩是:B
请按任意键继续. . .
```

图 2.3.16　案例 2.3.5 输出结果

案例解析：

因为该同学的成绩为 B，所以在 switch…case 结构中进入了 case 'B' 分支，由于 case 'B' 分支后没有相应的执行语句也没有 break 语句，故而会进入 case 'C' 分支，输出了“做得好”，接着执行 break 语句退出了整个 switch…case 结构，最后执行程序中剩下的语句：printf("您的成绩是:%c\n", grade);。

### 6. 嵌套 switch 语句

可以把一个 switch 作为一个外部 switch 的语句序列的一部分，即可以在一个 switch 语句内使用另一 switch 语句。即使内部和外部 switch 的 case 常量包含共同的值，也没有矛盾。C 语言中嵌套 switch 语句的语法如下：

```
switch(表达式 1) {
    case 表达式 1 的值 1:
        statement_11(s);              //处理函数 11
        switch(表达式 2)              //在表达式 1 值内的选择
        {
            case 表达式 2 的值 1:
                statement_21(s);      //处理函数 21
                break;
            case 表达式 2 的值 2:     //内部 case 代码
                statement_22(s);      //处理函数 22
                break;
        }
        break;
    case 表达式 1 的值 1:             //外部 case 代码
        statement_12(s);              //处理函数 12
        break;
}
```

注意：break 语句只能退出当前的 switch 结构。

**案例 2.3.6**　嵌套 switch 语句的应用。

先定义两个整型变量，并对它们各自赋值，然后先用一个 switch…case 语句去判断 a 的值，在此 case 分支内再去嵌套一个 switch…case 去判断 b 的值，最后再输出这两个变量的值加以验证。流程图如图 2.3.17 所示。

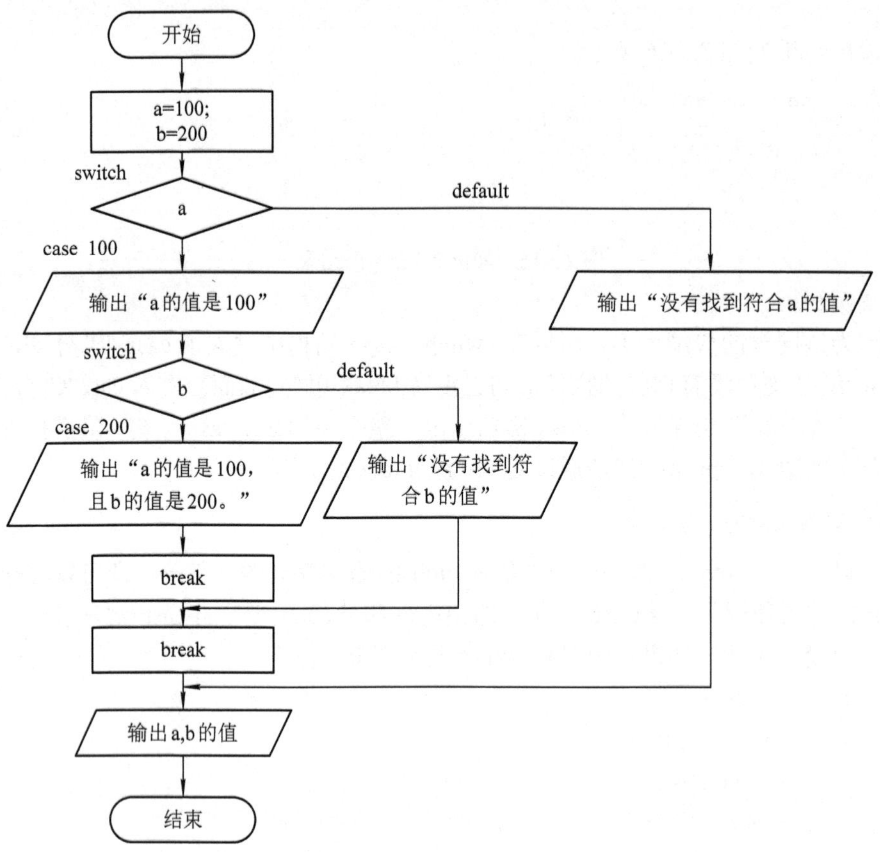


图 2.3.17　案例 2.3.6 流程图

程序代码如下：

```
/*****************************************************
内容简述： 根据某学生考试所得成绩去输出相应的结果提示
*****************************************************/
#include<stdio.h>
int main(void)
{
    int a=100;                //定义变量值
    int b=200;
    switch(a)                 //根据 a 的值进行选择
    {
        case 100:
            printf("a 的值是 100。\n");
```

```
        switch(b)            //根据 b 的值进行选择
        {
            case 200:
                printf("a 的值是 100，且 b 的值是 200。\n");break;
                default: printf("没有找到符合 b 的值。\n");
        }
        break;
        default: printf("没有找到符合 a 的值。\n");
    }
    printf("a 的准确值是%d\n", a );
    printf("b 的准确值是%d\n", b );
    return 0;
}
```

输出结果如图 2.3.18 所示。

```
C:\Windows\system32\cmd.exe
a的值是100。
a的值是100，且b的值是200。
a的准确值是100
b的准确值是200
请按任意键继续. . .
```

图 2.3.18　案例 2.3.6 输出结果

案例解析：

因为变量 a 的值是 100，所以在外层 switch…case 语句内进入了 case 100 分支，输出了“a 的值是 100。”，接着进入了内层 switch…case 语句，又因为 b 的值为 200，所以进入了 case 200 分支，输出了“a 的值是 100，且 b 的值是 200。”。整个嵌套 switch…case 语句执行完后将按顺序执行程序中剩下的其他语句：printf("的准确值是%d\n", a); printf("b 的准确值是%d\n", b);。

## 三、技能点拓展

### 1. ?：运算符(三元运算符)

前面的章节中介绍了条件运算符“? :”，其可以用来替代 if...else 语句。它的一般形式如下：

```
Exp1 ? Exp2 : Exp3;
```

其中，Exp1、Exp2 和 Exp3 是表达式。请注意冒号的使用和位置。

? 表达式的值是由 Exp1 决定的。如果 Exp1 为“真”，则计算 Exp2 的值，结果即为整个?表达式的值。如果 Exp1 为“假”，则计算 Exp3 的值，结果即为整个?表达式的值。其执行示意图如图 2.3.19 所示。

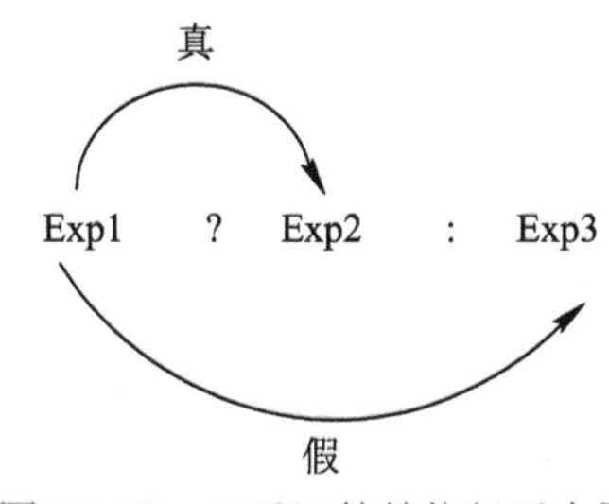


图 2.3.19　三元运算符执行示意图

**案例 2.3.7** 三元运算符判断奇偶数。

以下程序实例通过输入一个数字来判断它是否为奇数或偶数。

```
/************************************************
内容简述：根据某学生考试所得成绩去输出相应的结果提示
************************************************/
#include<stdio.h>            //头文件
int main(void)
{
    int num;                 //定义变量
    printf("输入一个数字: ");
    scanf("%d", &num);
    /*num 能整除 2，为偶数，否则为奇数 */
    (num%2==0)?printf("偶数\n"):printf("奇数\n");
    return 0;
}
```

输出结果如图 2.3.20 所示。

```
C:\windows\system32\cmd.exe
输入一个数字: 8
偶数
请按任意键继续. . . _
```

图 2.3.20 案例 2.3.7 输出结果

### 2. If 语句和 switch 语句的区别

if 语句和 switch 语句可以从使用的效率上来进行区别，也可以从实用性角度区分。从使用效率上来看，在对同一个变量做不同值的条件判断时，可以使用 switch 语句，也可以使用 if 语句，使用 switch 语句的效率更高一些，尤其是判断的分支越多越明显。

从语句的实用性角度来看，switch 语句肯定不如 if 条件语句。if 条件语句是应用最广泛和最实用的语句。

在程序开发的过程中，具体如何使用 if 和 switch 语句，应尽量做到物尽其用，不要因为 switch 语句的效率高就一味地使用，也不要因为 if 语句常用就不应用 switch 语句，而要根据实际情况，具体问题具体分析，使用最适合的条件语句。一般情况下，对于判断条件较少的，可以使用 if 条件语句，但是在实现一些多条件的判断中，就应该使用 switch 语句。

## 四、技能点检测

### 1. 选择题

(1) 以下 if 语句书写正确的是(　　)。

A. if(x=0；)
```
    printf("%f", x);
else  printf("%f", -x);
```
B. if(x>0)
```
    {x=x+1; printf("%f", x);}
else  printf("%f", -x);
```
C. if(x>0)；
```
    {x=x+1; printf("%f", x);}
else  printf("%f", -x);
```
D. if(x>0)
```
    {x=x+1; printf("%f", x) }
else  printf("%f", -x);
```

(2) 分析以下程序：

```
void main(void)
{
    int  x=5, a=0, b=0;
    if(x=a+b)      printf("** **\n");
    else           printf("## ##\n");
}
```

以上程序(　　)。

A. 有语法错，不能通过编译　　B. 通过编译，但不能连接

C. 输出** **　　D. 输出## ##

(3) 两次运行下面的程序，如果从键盘上分别输入 6 和 4，则输出结果是(　　)。

```
void main(void)
{
    int x;
    scanf("%d", &x);
    if(x++>5)  printf("%d", x);
    else    printf("%d\n", x--);
}
```

A. 7 和 5　　B. 6 和 3　　C. 7 和 4　　D. 6 和 4

(4) 下面程序的执行结果是(　　)。

```
void main(void)
{
    int  x, y=1;
    if(y!=0)      x=5;
        printf("%d\t", x);
    if(y==0)    x=3;
    else   x=5;
        printf("%d\t\n", x);
}
```

A. 1 3　　B. 1 5　　C. 5 3　　D. 5 5

(5) 下面程序的执行结果是(　　)。

```
void main(void)
{
```

```
    int x=1, y=1, z=0;
    if(z<0)
    if(y>0) x=3;
    else x=5;
        printf("%d\t", x);
    if(z=y<0) x=3;
    else if(y==0 ) x=5;
    else x=7;
        printf("%d\t", x);
    printf("%d\t", z);
}
```

A. 1 7 0　　　　B. 3 7 0　　　　C. 5 5 0　　　　D. 1 5 1

(6) 假定所有变量均已正确说明，下列程序段运行后 x 的值是(　　)。

```
a=b=c=0; x=35;
if(!a)
    x=-1;
else if(b);
if(c)
    x=3;
else
    x=4;
```

A. 34　　　　B. 4　　　　C. 35　　　　D. 3

(7) 下面程序的运行结果是(　　)。

```
void main(void)
{
    int   x, y=1, z;
    if(y!=0) x=5;
        printf("x+%d\t", x);
    if(y==0) x=3;
    else x=5;
        printf("x=%d\t\n", x);
        x=1;
    if(z<0)
    if(y>0)x=3;
    else x=5;
        printf("x=%d\t\n", x);
    if(z=y<0)x=5;
    else x=7;
        printf("x=%d\t", x);
```

```
    printf("%d\t\n", z);
    if(x=y=z)x=3;
        printf("x=%d\t", x);
    printf("z=%d\t\n", z);
}
```

A. x =5　x=5
　　x=1
　　x=7　　z=0
　　x=3　　z=1

B. x=5　x=5
　　x=1
　　x=5　　z=0
　　x=3　　z=0

C. x=5　x=5
　　x=5
　　x=7　　z=0
　　x=3　　z=1

D. x=5　x=5
　　x=1
　　x=7　　z=0
　　x=3　　z=0

(8) 能正确表示以下关系的程序段是(　　)。

```
x<0  →  y=2x
x>0  →  y=x
x=0  →  y=x+1
```

A.
```
y=2x;
if(x!=0)
if(x>0)y=x;
else y=x+1;
```

B.
```
y=2x;
if(x<=0)
if(x==0) y=x+1;
else   y=x;
```

C.
```
if(x>=0)
if(x>0)   y=x;
else      y=x+1;
else   y=2x;
```

D.
```
y=x+1;
if(x<=0)
if(x<0)   y=2x;
else      y=x;
```

(9) 若有以下变量定义：

```
float   x; int     a, b;
```

则正确的 switch 语句是(　　)。

A.
```
switch(x)
{
    case 1.0:printf("*\n");
    case 2.0:printf("* *\n");
}
```

B.
```
switch(x)
{
    case 1, 2:printf("*\n");
    case 3:printf("* *\n");
}
```

C.
```
switch(a+b)
{
    case 1:printf("*\n");
    case 2*a:printf("* *\n");
}
```

D.
```
switch(a+b)
{
    case 1:printf("*\n");
    case 1+2:printf("* *\n");
}
```

(10) 已知 int x=30, y=50, z=80，则以下语句执行后变量 x、y、z 的值分别为(　　)。

```
if (x>y||x<z&&y>z)
{
    z=x; x=y; y=z;
}
```

A. x=50, y=80, z=80　　　　B. x=50, y=30, z=30

C. x=30, y=50, z=80　　　　D. x=80, y=30, z=50

**2．填空题**

(1) 将以下两条 if 语句合并成一条 if 语句:

________________________________________________。

```
if(a<=b)     x=1;
else   y=2;
if(a>b)    printf("* * * * y=%d\n", y);
else     printf("# # # # x=%d\n", x);
```

(2) 输入一个字符，如果是大写字母，则将其变成小写字母；如果是小写字母，则将其变成大写字母；其他字符不变。请在(________)内填入缺省的内容。

```
void main(void)
{
    char    ch;
    scanf("%c", &ch);
    if(________)      ch=ch+32;
    else if(ch>='a'&&ch<='z') (________);
        printf("%c\n", ch);
}
```

(3) 以下程序将输入的 3 个整数按照从大到小的顺序输出，请填空。

```
void main(void)
{
    int x, y, z, c;
    scanf("%d %d %d", &x, &y, &z);
    if (________)                //空 1
    {c=y; y=z; z=c;}             //交换两数值
    if (________)                //空 2
    {c=x; x=z; z=c;}
    if (x<=y)
    {
        ________                 //空 3
    }
    printf(("%d, %d, %d\n", x, y, z);
}
```

(4) 以下程序的运行结果是________。

```
void main(void)
{
    int x;
    x=5;
    if (++x>5) printf("x=%d", x);
    else printf("x=%d", x--);
}
```

(5) 根据以下 if 语句写出与其功能相同的 switch 语句(x 的值在 0～100 之间)。

if 语句：

```
if(x<60)      m=1;
elseif(x<70)      m=2;
elseif(x<80)      m=3;
elseif(x<90)      m=4;
elseif(x<100)     m=5;
```

switch 语句：

```
switch(________)
{
    _________________________________:      m=1;break;
    case 6: m=2;break;
    case 7: m=3;break;
    case 8: m=4;break;
    _____: m=5;
}
```

3．编程题

(1) 编程实现个人所得税计算。若收入不超过 5000 元，则无须缴税，超过 5000 元则征收超出部分的 5%。

(2) 编程实现判断两数的大小关系。

(3) 编写一个简单的计算器，实现两个整数的四则运算。

# 任务 2.4　循环结构的使用

## 一、问题引入

早在公元三世纪，魏晋时期的数学家刘徽利用割圆术，用圆内接六边形起算，令边数加倍，以圆内接正 $3\times 2n$ 边形的面积为圆面积的近似值，从而进一步计算圆周率。南北朝时期，杰出的数学家祖冲之更是将圆周率精确到小数点后第 7 位。无论是刘徽还是祖冲之，他们都付出了常人难以想象的心血重复进行了大量的运算。

在科技发达的今天，我们可以运用计算机里的循环结构来帮助我们进行这些重复的操作，那么如何编写循环结构的程序呢？

| 学习目标 | 技能点分析 |
| --- | --- |
| 1. 了解循环的概念和意义。<br>2. 掌握 while 循环和 do…while 循环的语法和应用。<br>3. 掌握 for 循环的语法和应用。<br>4. 掌握循环嵌套的方法。<br>5. 能够使用循环结构解决实际问题。 | 1. 什么是循环结构？实现循环结构的语句有哪些？<br>2. while 循环和 do…while 循环的区别是什么？<br>3. f or 循环的变体形式有哪些？<br>4. 什么情况下需要使用嵌套循环？ |
| 技 能 微 课 | |
| 循环结构流程图的绘制<br>while 语句的用法<br>do…while 语句的用法<br>for 语句的用法 | |
| 循环语句的嵌套<br>break 与 continue 语句的用法<br>goto 语句的用法 | |

## 二、技能点详解

在一定的条件下重复执行一组语句，这样的语句结构称为“循环结构”，被重复执行的那组语句被称为“循环体”。循环结构在程序设计中的应用极为广泛，大多数编程语言中循环语句的流程都如图 2.4.1 所示。

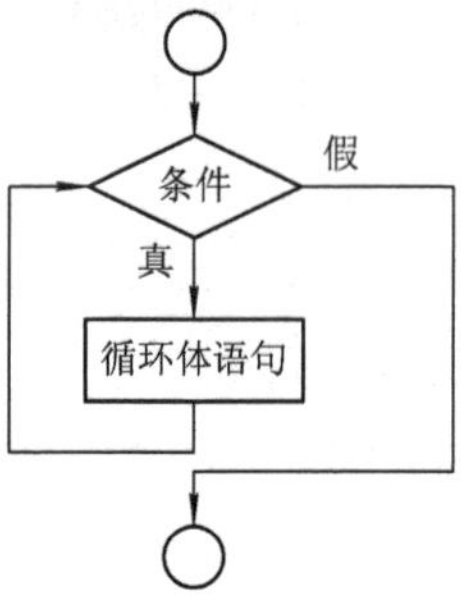

图 2.4.1　循环语句流程图

C 语言中的循环类型及描述如表 2.4.1 所示。

**表 2.4.1　循环类型及描述对照表**

| 循环类型 | 描　　述 |
| --- | --- |
| while 循环 | 当给定条件为真时，重复语句或语句组。该循环会在执行循环主体之前测试条件 |
| do…while 循环 | 除了是在循环主体结尾测试条件，其他与 while 语句类似 |
| for 循环 | 多次执行一个语句序列，简化管理循环变量的代码 |
| 嵌套循环 | 用户可以在 while、do…while 或 for 循环内使用一个或多个循环 |

### 1. while 循环

只要给定的条件为真，C 语言中的 while 循环语句就会重复执行一组目标语句。

C 语言中 while 循环的语法如下：

```
while(条件)
{
    循环体语句;
}
```

循环体语句可以是一个单独的语句，也可以是几个语句组成的代码块。条件可以是任意的表达式，当为任意非零值时都为 true(真)。当条件为 true 时执行循环体，为 false(假)时退出循环，程序流将继续执行紧接着循环的下一条语句。

while 循环语句流程图如图 2.4.2 所示。

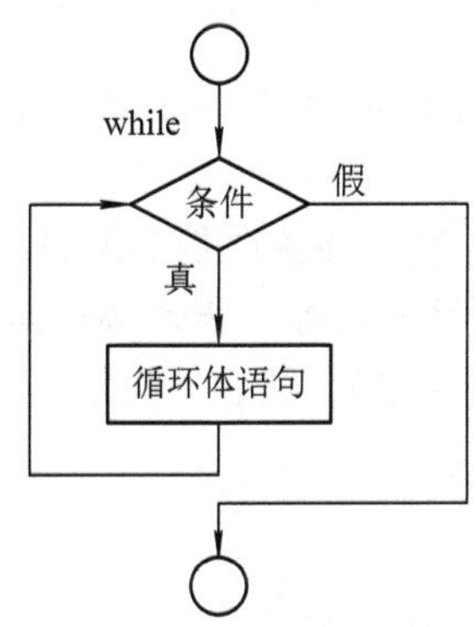


图 2.4.2　while 循环语句流程图

while 循环的关键点是循环可能一次都不会执行。当条件为 false 时，会跳过循环主体，直接执行紧接着 while 循环的下一条语句。

**案例 2.4.1**　while 循环。

在这个案例中，我们先定义一个整型变量，并对其赋值 10，然后通过 while 循环将其值增加到 20。流程图如图 2.4.3 所示。

程序代码如下：

```
/*************************************************
内容简述：通过 while 循环将变量的值由 10 增到 20。
*************************************************/
#include<stdio.h>

int main(void)
{
    int a=10;
    while(a<=20)
    {
        printf("a 的值：%d\n", a);
        a++;
    }
    printf("a 的值：%d\n", a);
```

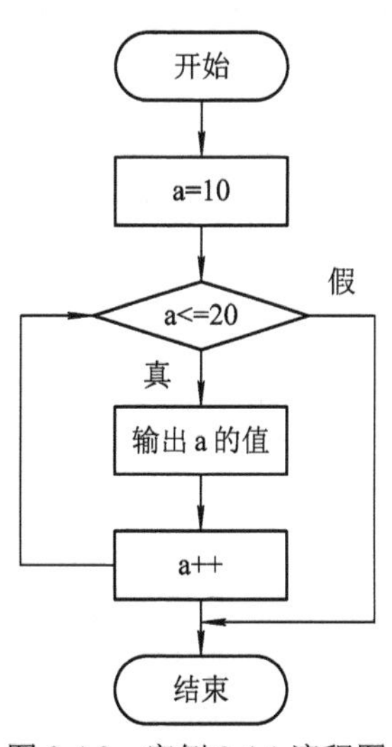


图 2.4.3　案例 2.4.1 流程图

```
    return 0;
}
```

输出结果如图 2.4.4 所示。

```
C:\Windows\system32\cmd.exe
a的值：10
a的值：11
a的值：12
a的值：13
a的值：14
a的值：15
a的值：16
a的值：17
a的值：18
a的值：19
a的值：20
请按任意键继续. . .
```

图 2.4.4　案例 2.4.1 输出结果

案例解析：

因为变量 a 的初值是 10，且循环条件是小于等于 20，所以 a 的值会从 10 增长到 20，每次循环自增 1。需要注意的是在循环体内是先输出 a 的值，再自增，所以最后一次进入循环体时，输出了 20，然后 a 自增为 21，但是再回去判断条件时已经不满足了，故 21 不会被输出。

### 2. do…while 循环

与 for 和 while 循环是在循环头部测试循环条件不同，do…while 循环是在循环的尾部检查它的条件。

do…while 循环与 while 循环类似，但是 do…while 循环会确保至少执行一次循环，其语法如下：

```
do
{
    循环体语句;
}while(条件);
```

由于条件表达式出现在循环的尾部，所以循环中的循环体语句会在条件被测试之前至少执行一次。如果条件为真，控制流会跳转回上面的 do，然后重新执行循环体语句。这个过程会不断重复，直到给定条件变为假为止。

do…while 循环语句流程图如图 2.4.5 所示。

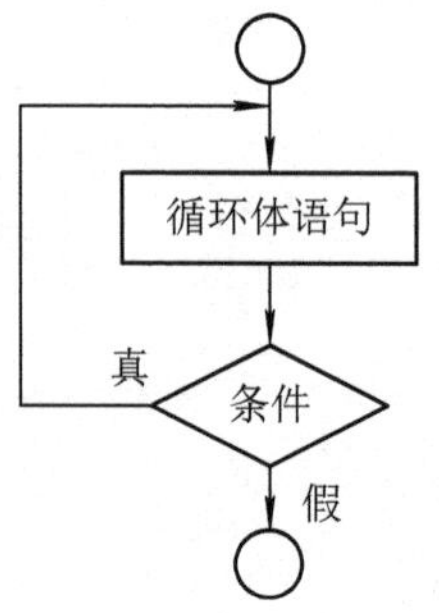


图 2.4.5　do…while 循环语句流程图

**案例 2.4.2**　do…while 循环。

在这个案例中，我们先定义一个整型变量，并对其赋值 10，然后通过 do…while 循环将其值增加到 20。流程图如图 2.4.6 所示。

程序代码如下：

```
/************************************************
内容简述：通过 do…while 循环将变量的值由 10 增到 20。
************************************************/
#include<stdio.h>

int main(void)
{
    int a=10;

    do
    {
        printf("a 的值：%d\n", a);
        a++;
    }
    while(a<=20);
    printf("a 的值：%d\n", a);
    return 0;
}
```

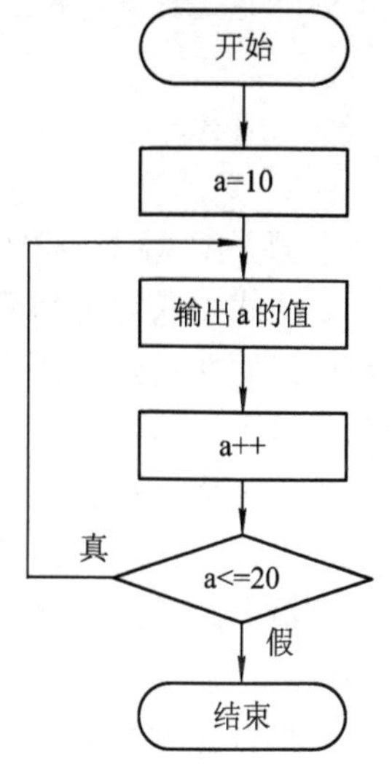


图 2.4.6　案例 2.4.2 流程图

输出结果如图 2.4.7 所示。

图 2.4.7　案例 2.4.2 输出结果

案例解析：

在 do…while 循环内是先执行循环体再判断条件，故变量 a 的初值 10 会无条件输出，再自增 1，但此后的每一次循环体执行都要依赖于循环条件的成立，所以就和 while 循环没有区别了。同样需要注意的是在最后一次进入循环体时，输出了 20，然后 a 自增为 21，但是再回去判断条件时已经不满足了，故 21 不会被输出。

### 3. for 循环

for 循环允许用户编写一个执行指定次数的循环控制结构，其语法如下：

```
for(表达式 1; 表达式 2; 表达式 3)
{
    循环体语句;
}
```

下面介绍 for 循环的控制流：

表达式 1 通常是为循环变量指定初值，会首先被执行，且只会执行一次。这一步允许声明并初始化任何循环控制变量。用户也可以在这里不写任何语句，只要有一个分号出现即可。

接下来会判断表达式 2，如果为真，则执行循环主体。如果为假，则不执行循环主体，且控制流会跳转到紧接着 for 循环的下一条语句。

在执行完 for 循环主体后，控制流会跳回上面的表达式 3 去执行。该语句允许用户更新循环控制变量。该语句可以留空，只要在条件后有一个分号出现即可。

条件再次被判断。如果为真，则执行循环，这个过程会不断重复(循环主体，然后增加步值，再重新判断条件)。当条件变为假时，for 循环终止。

for 循环语句流程图如图 2.4.8 所示。

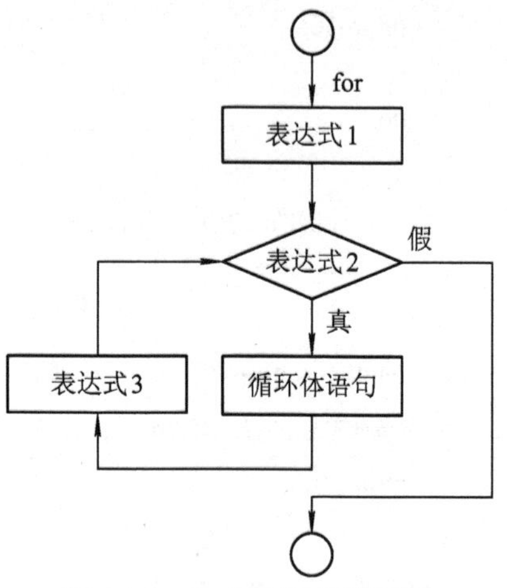


图 2.4.8　for 循环语句流程图

**案例 2.4.3**　for 循环。

在这个案例中，我们先定义一个整型变量，并对其赋值 10，然后通过 for 循环将其值增加到 20。流程图如图 2.4.9 所示。

程序代码如下：

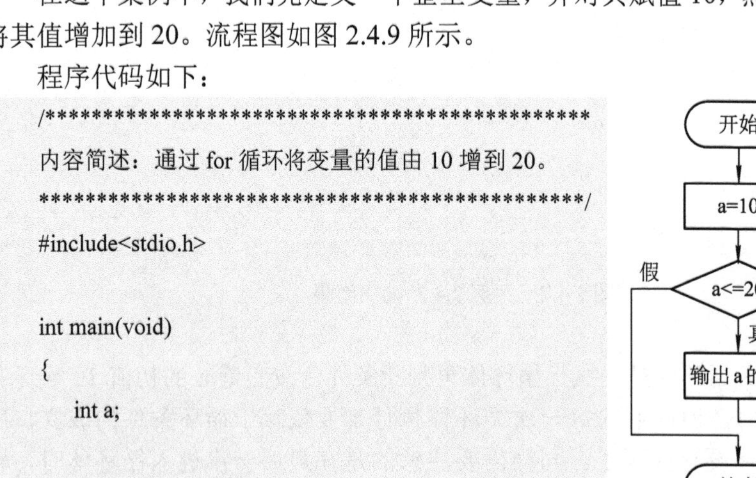

```
/*****************************************************
内容简述：通过 for 循环将变量的值由 10 增到 20。
*****************************************************/
#include<stdio.h>

int main(void)
{
    int a;

    for(a=10;a<=20;a++)
    {
```

图 2.4.9　案例 2.4.3 流程图

```
        printf("a 的值: %d\n", a);
    }

    return 0;
}
```

输出结果如图 2.4.10 所示。

```
C:\Windows\system32\cmd.exe
a的值: 10
a的值: 11
a的值: 12
a的值: 13
a的值: 14
a的值: 15
a的值: 16
a的值: 17
a的值: 18
a的值: 19
a的值: 20
请按任意键继续. . .
```

图 2.4.10　案例 2.4.3 输出结果

案例解析：

for 循环其实和 while 循环本质相同，它只不过是把 while 中的变量赋初值语句变成了 for 中的表达式 1，循环条件的判断变成了表达式 2，循环变量值的改变变成了表达式 3，所以执行结果自然一样。

### 4. 嵌套循环

C 语言允许在一个循环内使用另一个循环，下面从语法和流程图的角度对此进行说明。

1) C 语言中嵌套 for 循环语句的语法

语法格式如下：

```
for(表达式 1;表达式 2;表达式 3)
{
    循环体语句 1;
    for(表达式 21;表达式 22;表达式 23)
    {
        循环体语句 2;
    }
    …
}
```

嵌套 for 循环流程图如图 2.4.11 所示。

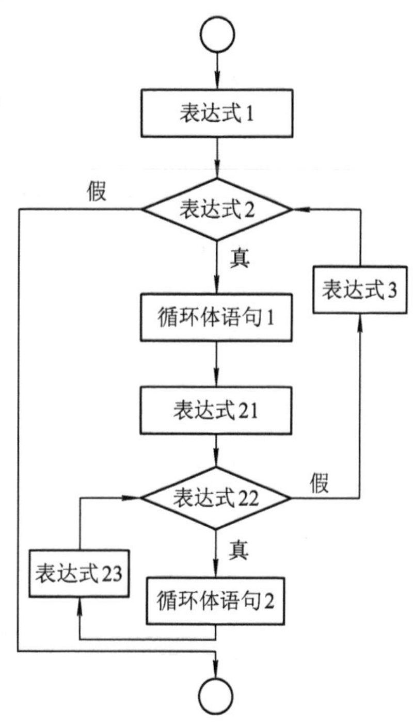


图 2.4.11　嵌套 for 循环流程图

**案例 2.4.4**　嵌套 for 循环。

利用嵌套 for 循环输出 2～50 内的所有质数。流程图如图 2.4.12 所示。

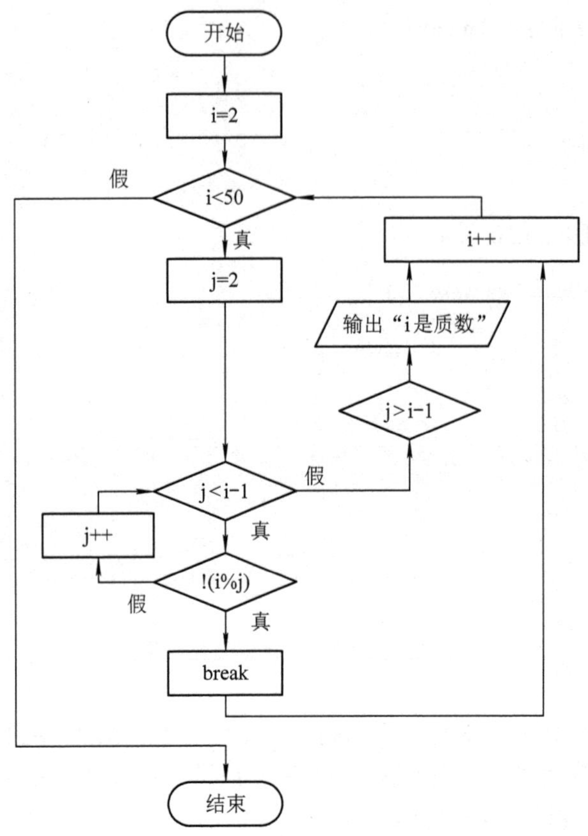


图 2.4.12　案例 2.4.4 流程图

程序代码如下：

```
/**************************************************
内容简述：利用嵌套 for 循环输出 2～50 内的所有质数。
**************************************************/
#include<stdio.h>

int main(void)
{
    int i, j;
    for(i=2; i<50; i++)
    {
        for(j=2; j<=i-1; j++)   //用 2 到 i - 1 作为除数去验证
        {
            if(!(i%j))          //如果 i 能被 j 整除，则不是质数，余下的循环就无须进行
                break;
        }
        if(j>i-1)               //在整个循环过程中 i 都没有被任何一个除数 j 整除，故是质数
            printf("%d 是质数\n", i);
```

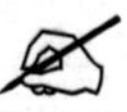

```
    }
    return 0;
}
```

输出结果如图 2.4.13 所示。

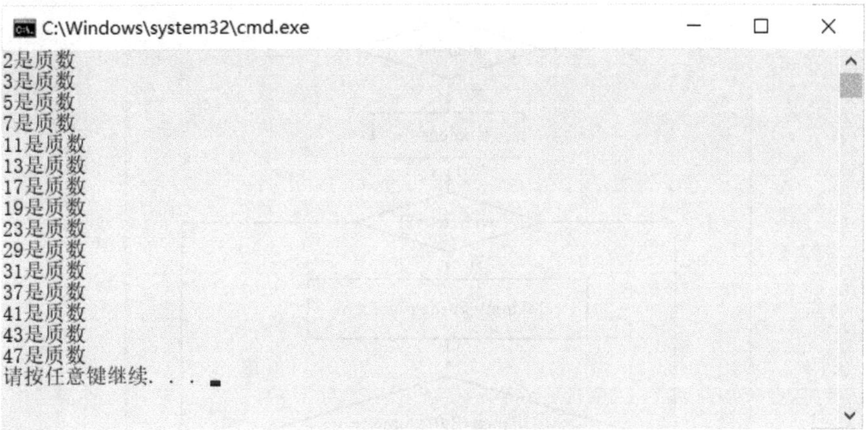

C:\Windows\system32\cmd.exe
2是质数
3是质数
5是质数
7是质数
11是质数
13是质数
17是质数
19是质数
23是质数
29是质数
31是质数
37是质数
41是质数
43是质数
47是质数
请按任意键继续. . .

图 2.4.13 案例 2.4.4 输出结果

案例解析：

本案例要求输出 2～50 内的所有质数，根据质数的概念，如果一个数只能被 1 和它自身整除，那这个数就是一个质数。我们的编程思路正是从这一概念出发，外层 for 循环控制被除数 i 的范围在 2 到 50 之间，内层 for 循环控制除数 j 的范围在 2 到 i－1 之间，如果在做除法的过程中有能被除尽的情况发生，那就可以断定此时的 i 不是一个质数，故剩下的内循环无须进行，用 break 语句退出内循环。如果在整个做除法的过程中，没有能被除尽的情况发生，也即 j 的值一直增加到了 i－1，所以如果 j > i－1，那就说明 i 肯定是一个质数。

2) C 语言中嵌套 while 循环语句的语法

语法格式如下：

```
while(条件 1)
{
    循环体语句 1;
    while(条件 2)
    {
        循环体语句 2;
    }
    …
}
```

假
条件1
真
循环体语句1
假
条件2
真
循环体语句2

图 2.4.14 嵌套 while 循环流程图

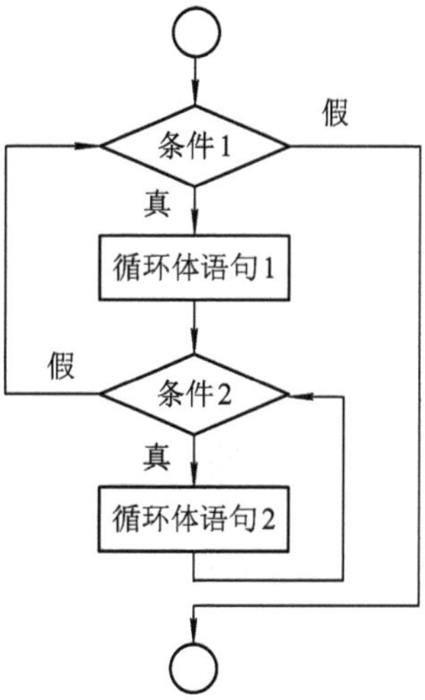

嵌套 while 循环流程图如图 2.4.14 所示。

**案例 2.4.5** 嵌套 while 循环。

36 块砖，36 人搬，男搬 4，女搬 3，两个小孩抬一砖。要求一次全搬完，问：

男、女、小孩各若干？流程图如图 2.4.15 所示。

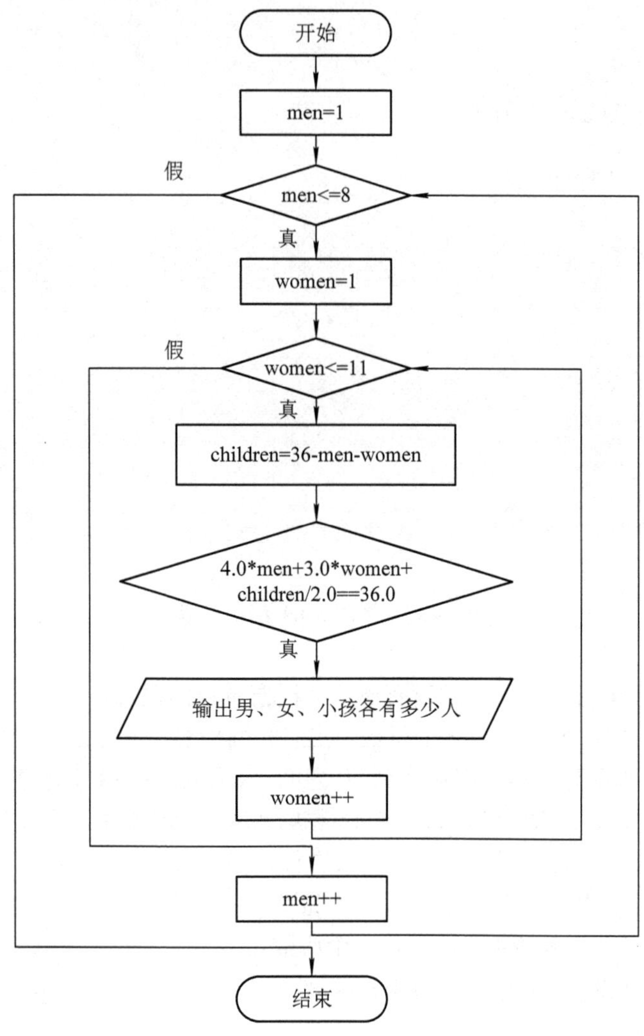


图 2.4.15　案例 2.4.5 流程图

程序代码如下：

```
/***************************
内容简述：搬砖问题。
***************************/
#include<stdio.h>

int main(void)
{
    int men=1, women, children;
    while(men<=8)              //男人的取值范围在 1 到 8 之间
    {
        women=1;
```

```
        while(women<=11)      //女人的取值范围在 1 到 11 之间
        {
            children=36-men-women;
            if(4.0*men+3.0*women+children/2.0==36.0) //利用 36 块砖 36 人一次全搬完列等式
              printf("男人有%d 个，女人有%d 个，小孩有\%d 个。\n", men, women, children);
            women++;
        }
        men++;
    }
    return 0;
}
```

输出结果如图 2.4.16 所示。

```
C:\Windows\system32\cmd.exe
男人有3个，女人有3个，小孩有30个。
请按任意键继续. . .
```

图 2.4.16　案例 2.4.5 输出结果

案例解析：

根据题意设男人、女人和小孩分别为 men、women 和 children，如果 36 块砖全是男人搬，那么需要 9 个男人，但题目中表明男、女、小孩都要有，所以男人的取值范围在 1 到 8 之间，同理女人的取值范围在 1 到 11 之间，这样小孩的人数就可以根据已经确定的总人数和男、女人数计算出来。接下来就可以根据 36 块砖 36 人一次全搬完来列等式了，在这里要注意小孩的人数肯定是偶数，所以在等式中要将两边的数值类型转换为浮点型数据。

3) C 语言中嵌套 do…while 循环语句的语法

语法格式如下：

```
do
{
    循环体语句 1;
    do
    {
        循环体语句 2;
    }while(条件 2);
    …
}while(条件 1);
```

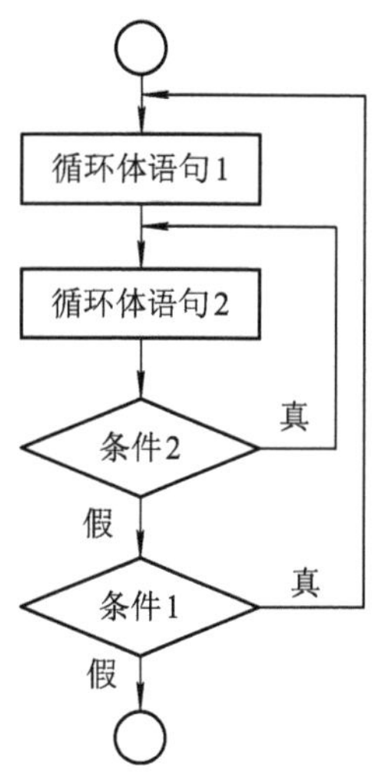


图 2.4.17　嵌套 do…while 循环流程图

嵌套 do…while 循环流程图如图 2.4.17 所示。

关于嵌套循环有一点值得注意，用户可以在

任何类型的循环内嵌套其他任何类型的循环。比如，一个 for 循环可以嵌套在一个 while 循环内，反之亦然。

**案例 2.4.6**　嵌套 do…while 循环。

案例题目：打印一个由*组成的 5 行的直角三角形。

流程图如图 2.4.18 所示。

程序代码如下：

```
/******************************************
内容简述：打印一个由*组成的 5 行的直角三角形。
******************************************/
#include<stdio.h>

int main(void)
{
    int i=1, j;

    do
    {
        j=1;
        do
        {
            printf("*");
            j++;
        }
        while(j<=i);   //内层 do…while 控制每一行的*个数
        printf("\n");     //每一行打印完后要换一行
        i++;
    }
    while(i<=5);      //外层 do…while 控制要打印的行数
    return 0;
}
```

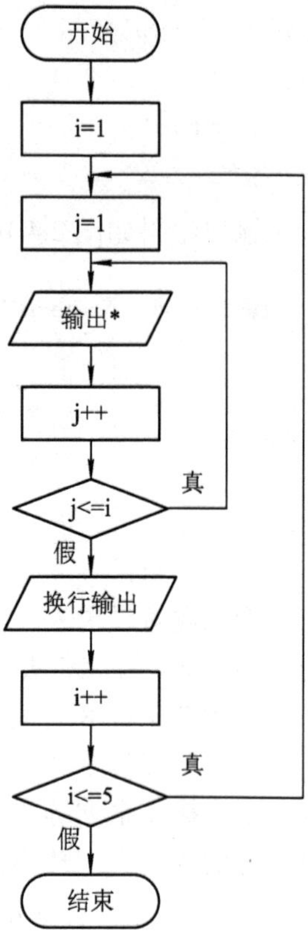

开始
i=1
j=1
输出*
j++
j<=i
真
假
换行输出
i++
i<=5
真
假
结束

图 2.4.18　案例 2.4.6 流程图

输出结果如图 2.4.19 所示。

图 2.4.19　案例 2.4.6 输出结果

案例解析：

这类图形由行和列共同构成，因而需要一个外循环控制行数，还需要内循环控制每一行的输出。外循环变量 i 的取值范围由行数决定，所以取值范围是从 1 到 5；从第一行开始对列进行遍历，我们发现每一行的*个数和行号是一致的，所以内循环变量 j(代表每一行的*个数)的取值范围是从 1 到 i，从而用嵌套 do…while 循环可解决。

### 5. 无限循环

如果条件永远不为假，则循环将变成无限循环。for 循环在传统意义上可用于实现无限循环。由于构成循环的三个表达式中任何一个都不是必需的，因此用户可以将某些条件表达式留空来构成一个无限循环。

**案例 2.4.7**　无限循环。

通过该案例演示一个无限循环。程序代码如下：

while 实现无限循环：

```
/******************************
内容简述：无限循环演示。
******************************/
#include<stdio.h>

int main(void)
{
    while(1)
    {
        printf("该循环会永远执行下去！\n");
    }
    return 0;
}
```

for 实现无限循环：

```
/******************************
内容简述：无限循环演示。
******************************/
#include<stdio.h>

int main(void)
{
    for( ; ; )
    {
        printf("该循环会永远执行下去！\n");
    }
```

```
    return 0;
}
```

输出结果如图 2.4.20 所示。

图 2.4.20　案例 2.4.7 输出结果

案例解析：

当 while(1)的表达式为 1 时，条件永远为真，实现无限循环。采用 for(;;)语句时，当表达式 2 也即条件表达式不存在时，条件被假设为真，使用 for(;;)结构来表示一个无限循环。通过按快捷键 Ctrl + C 可终止一个无限循环。

## 三、技能点拓展

循环控制语句能够改变代码的执行顺序，通过它可以实现代码的跳转。常用的循环控制语句如表 2.4.2 所示。

**表 2.4.2　循环控制语句描述对照表**

| 控制语句 | 描　　述 |
| --- | --- |
| break 语句 | 终止循环或跳出 switch 结构 |
| continue 语句 | 循环体停止本次循环迭代，重新开始下次循环迭代 |
| goto 语句 | 将控制转移到被标记的语句，但是不建议在程序中使用 goto 语句 |

### 1. break 语句

C 语言中 break 语句有以下两种用法：

(1) 当 break 语句出现在一个循环内时，循环会立即终止，且程序流将继续执行紧接着循环的下一条语句；

(2) 可用于终止 switch 语句中的一个 case。

如果使用的是嵌套循环(即一个循环内嵌套另一个循环)，那么 break 将会结束所在层的循环，跳到该循环的后续语句处去执行。

**案例 2.4.8**　break 语句用法。

程序代码如下：

```
/******************************
内容简述：break 语句用法。
******************************/
```

```
#include<stdio.h>

int main(void)
{
    int a=10;

    while(a<=20)
    {
        printf("a 的值：%d\n", a);
        a++;
        if(a==15)
            break;
    }
    return 0;
}
```

输出结果如图 2.4.21 所示。

```
C:\Windows\system32\cmd.exe
a的值：10
a的值：11
a的值：12
a的值：13
a的值：14
请按任意键继续. . .
```

图 2.4.21　案例 2.4.8 输出结果

案例解析：

这是在 while 循环中使用 break 的例子。按照 while 循环设定的循环次数，循环应进行 11 次，让 a 的值由 10 增长到 20，但当 a 的值增加到 15 时，满足了 break 语句的执行条件，故而强迫循环到此结束，后面的 6 次循环便不做了。

### 2. continue 语句

continue 语句与 break 语句类似，但它不是强制终止，continue 会跳过当前循环体中其后面的其他语句，提前结束本次循环，直接去判断循环条件，以决定是否进入下一次循环。注意，该语句只能用在 C 语言的循环结构中。

**案例 2.4.9**　continue 语句用法。

程序代码如下：

```
/*****************************
内容简述：continue 语句用法。
*****************************/
```

```
#include<stdio.h>

int main(void)
{
    int a=9;
    while(a<20)
    {
        a++;
        if(a==15)
            continue;
        printf("a 的值：%d\n", a);
    }
    return 0;
}
```

输出结果如图 2.4.22 所示。

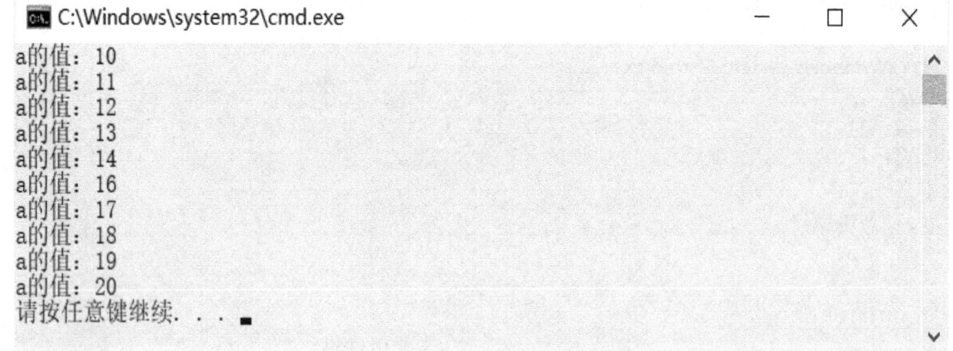


图 2.4.22　案例 2.4.9 输出结果

案例解析：

这是在 while 循环中使用 continue 的例子。按照 while 循环设定的循环次数，循环应进行 11 次，让 a 的值由 10 增长到 20，但当 a 的值增加到 15 时，满足了 continue 语句的执行条件，故而循环体内 continue 后的 printf("a 的值：%d\n", a);语句被屏蔽了，没有被执行，所以输出结果中没有 15 这个值，但是 continue 只能结束本次循环，所以接着又去判断循环条件了，若条件满足则接着循环，直到最后一次循环执行完。

### 3. goto 语句

goto 语句可将执行语句无条件地转移到同一函数内的被标记的语句上。在任何编程语言中，都不建议使用 goto 语句，因为它使得程序的控制流难以跟踪，使程序难以理解和修改。任何使用 goto 语句的程序可以改写成不需要使用 goto 语句的写法。goto 语句使用格式如下：

```
goto label;
…
…
label:
    代码块
```

在这里，label 可以是任何除 C 关键字以外的纯文本，它可以设置在 C 程序中 goto 语句的前面或者后面，如图 2.4.23 所示。

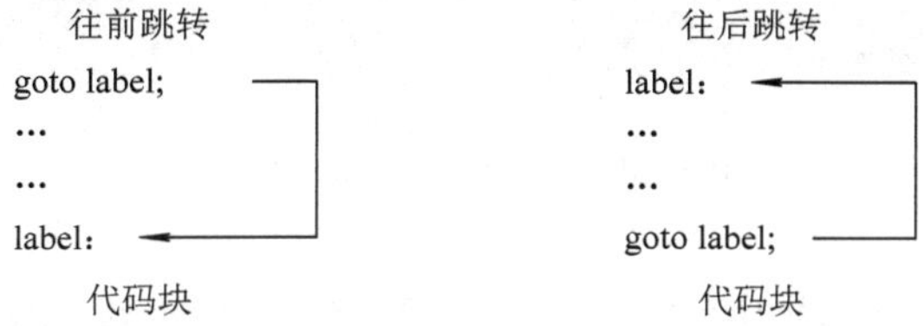

```
往前跳转                      往后跳转
goto label;  ──┐             label：  ◄──┐
…              │             …            │
…              │             …            │
label：  ◄─────┘             goto label; ─┘
代码块                        代码块
```

图 2.4.23　goto 语句执行示意图

**案例 2.4.10**　goto 语句用法。

程序代码如下：

```
/******************************
内容简述：goto 语句用法。
******************************/
#include<stdio.h>

int main(void)
{
    int a=10;

    Loop:do
    {
        if(a==15)
        {
            a=a+1;
            goto Loop;      / /a 为 15 时跳转到标记 Loop 处
        }
       printf("a 的值：%d\n", a);
       a++;
    }
    while(a<=20);
    return 0;
}
```

输出结果如图 2.4.24 所示。

```
C:\Windows\system32\cmd.exe
a的值：10
a的值：11
a的值：12
a的值：13
a的值：14
a的值：16
a的值：17
a的值：18
a的值：19
a的值：20
请按任意键继续. . .
```

图 2.4.4　案例 2.4.10 输出结果

案例解析：

这是在 do…while 循环中使用 goto 语句的例子。按照 do…while 循环设定的循环次数，循环应进行 11 次，让 a 的值由 10 增长到 20，但当 a 的值增加到 15 时，先自增了 1，然后就跳转到了标记 Loop 处，故而循环体内 goto 后的 printf("a 的值:%d\n", a); 以及 a++; 语句没有被执行，所以输出结果中没有 15 这个值，但是此后的循环过程中都没有触发 goto 语句，所以会按照循环条件的设定继续执行。

## 四、技能点检测

### 1. 选择题

(1) while 循环语句中，while 后一对圆括号中表达式的值决定了循环体是否进行，因此进入 while 循环后，一定有能使此表达式的值变为(　　)的操作，否则，循环将会无限制地进行下去。

A. 0　　B. 1　　C. 3　　D. 2

(2) 程序段如下：

```
int k=-20;
while(k=0)    k=k+1;
```

则以下说法中正确的是(　　)。

A. while 循环执行 20 次　　B. 循环是无限循环

C. 循环体语句一次也不执行　　D. 循环体语句执行一次

(3) 以下 for 循环(　　)。

```
for(a=0, b=0; (b!=123)&&(a<=4); a++)
```

A. 无限循环　　B. 循环次数不定　　C. 执行 4 次　　D. 执行 5 次

(4) 程序段如下：

```
int k=0; while(k++<=2)    printf("%d\n", k);
```

则执行结果是(　　)。

| A. | B. | C. | D. |
|---|---|---|---|
| 1 | 2 | 0 | 无结果 |
| 2 | 3 | 1 | |
| 3 | 4 | 2 | |

(5) 执行下面的程序后，a 的值为(　　)。

```
void main(void)
{
    int a, b;
    for(a=1,b=1; a<=100; a++)
    {
        if(b>=20)break;
        if(b%3==1)
        {   b+=3;
            continue;
        }
        b-=5;
    }
}
```

A. 7　　B. 8　　C. 9　　D. 10

(6) 以下程序的输出结果是(　　)。

```
void main(void)
{
    int x=3;
    do
    {printf("%3d", x-=2);
    }while(--x);
}
```

A. 1　　B. 30　3　　C. 1　−2　　D. 死循环

(7) 以下程序的输出结果是(　　)。

```
void main(void)
{
    int i;
    for(i=1;i<=5;i++)
    {   if(i%2)printf("#");
        else continue;
            printf("*");
    }
    printf("$\n");
}
```

A. *#*#*#$　　B. #*#*#*$　　C. *#*#$　　D. #*#*$

(8) 以下程序的输出结果是(　　)。

```
void main(void)
{
```

```
    int a=0, i;
    for(i=1;i<5;i++)
    {
        swich(i)
        {   case 0:
            case 3:a+=2;
            case 1:
            case2:a+=3;
            default:a+=5;
        }
    }
    printf("%d\n", a);
}
```

A. 31　　B. 13　　C. 10　　D. 20

(9) 当输入为“quert?”时，下面程序的执行结果是(　　)。

```
#include <stdio.h>
void main(void)
{
    char c;
    c=getchar();
    while((c=getchar())!='?')    putchar(++c);
}
```

A. Quert　　B. vfsu　　C. quert?　　D. rvfsu?

(10) 能正确计算 1 × 2 × 3 × ⋯ × 10 的程序段是(　　)。

A. do {i=1;s=1; s=s*i;　i++; }　while(i<=10);

B. do {i=1;s=0; s=s*i;　i++; }　while(i<=10);

C. i=1;s=1; do {s=s*i;　i++; }　while(i<=10);

D. i=1;s=0; do {s=s*i;　i++; }　while(i<=10);

**2. 填空题**

(1) 将 for(表达式 1；表达式 2；表达式 3)语句改写为 while 语句：________。

(2) 要使以下程序段输出 10 个整数，请填入一个整数。

```
for(i=0;i<=________;    printf("%d\n", i+=2));
```

(3) 在下面程序填空，使程序可求出 1～1000 的自然数中所有的完全数(因子和等于该数本身的数)。

```
void main(void)
{
    int   m, n, s;
    for(m=2; m<1000; m++)
```

```
    {    ____________________                     //空 1
        for(n=1; n<=m/2; n++)
            if(________) s+=n;                    //空 2
                if(________) printf("%d\n", m);   //空 3
    }
}
```

(4) 下面程序的输出结果是：________________。

```
void main(void)
{
    int s,i;
    for(s=0, i=1; i<3; i++, s+=i);
        printf("%d\n",s);
}
```

(5) 下面程序的运行结果是：

________________________________________。

```
#include<stdio.h>
void main(void)
{
    int i, j;
    for(i=4; i>=1; i--)
    {
        printf("*");
        for(j=1; j<=4-i; j++)
            printf("*");
        printf("\n");
    }
}
```

3. 编程题

(1) 猴子吃桃问题：猴子第一天摘下若干个桃子，当即吃了一半，还不过瘾，又多吃了一个。第二天早上又将第一天剩下的桃子吃掉一半，又多吃了一个。以后每天早上都吃了前一天剩下的一半零一个。到第 10 天早上想再吃时，发现只剩下一个桃子了。编写程序求猴子第一天摘了多少个桃子。

(2) 一个数如果恰好等于它的因子之和(除自身外)，则称该数为完全数，例如 6 = 1 + 2 + 3，6 就是完全数，请编写一程序，求出 1000 以内的整数中的所有完全数。其中 1000 由用户输入。

(3) 请编写一程序，将所有“水仙花数”打印出来，并打印出总数。“水仙花数”是指一个整数的每个位上的数字的 3 次幂的和等于该整数的三位数。

# 模块三　编程初级应用

## 任务 3.1　函 数 的 应 用

### 一、问题引入

一款游戏软件的开发，需要公司各部门各司其职、通力合作。策划部门负责主策划、剧情、文案、系统、版本等；美术部门负责场景、2D、3D、人物、原画、平面、视频等；程序部门负责主程序、客户端、引擎等。团队合作需要良好的沟通和协调，团队成员之间要有效地表达自己的想法，倾听他人的意见，并在此基础上寻求共识，增强团队的凝聚力。同样，一个较大规模程序的设计也需要化整为零，让各部分完成相对独立的功能，这些独立的部分就是函数。那么如何编写自定义函数并调用它们呢？

| 学习目标 | 技能点分析 | |
|---|---|---|
| 1. 了解函数的概念。<br>2. 掌握函数的定义与调用。<br>3. 能够使用自定义函数去解决规模较大的问题。 | 1. 什么是函数？为什么要使用函数？<br>2. 函数定义的一般格式是什么？<br>3. 什么是形参？什么是实参？<br>4. 函数调用的方法是什么？ | |
| 技 能 微 课 | | |
| 函数的定义与用法 | 函数的形参和实参 | 局域变量和全局变量 |

### 二、技能点详解

函数就是一段封装好的、可以重复使用的代码，它使得程序更加模块化，不需要编写大量重复的代码。函数可以提前保存起来，并给它起一个独一无二的名字，只要知道它的名字就能使用这段代码。函数还有很多叫法，比如方法、子例程或程序等。

#### 1. 库函数

C 语言在发布时已经封装好了很多函数，它们被分门别类地放到了不同的头文

件中，使用函数时引入对应的头文件即可。这些函数都是专家编写的，执行效率极高，并且考虑到了各种边界情况。这种函数称为库函数。库(Library)是编程中的一个基本概念，可以简单地认为它是一系列函数的集合，在磁盘上是一个文件夹。

C 语言自带的库称为标准库，其他公司或个人开发的库称为第三方库。C 标准库提供了大量的程序可以调用的内置函数。例如，函数 strcat()用来连接两个字符串，函数 memcpy()用来复制内存到另一个位置。用户自己编写的函数称为自定义函数，自定义函数和库函数在编写和使用方式上完全相同。

**2. 函数的定义**

每个 C 程序都至少有一个函数，即主函数 main()，所有简单的程序都可以定义其他额外的函数。函数定义的一般形式如下：

```
函数类型 函数名(形式参数表)
{
    函数体
}
```

在 C 语言中，函数由一个函数头和一个函数体组成。函数头又由函数类型、函数名、形式参数表组成。

· 函数类型：也即函数返回值类型。一个函数可以返回一个值，也可以执行所需的操作而不返回值(在这种情况下，函数类型是关键字 void)。

· 函数名：所定义函数的名称，它可以是 C 语言中任何合法的标识符。在一个程序中函数名必须是唯一的，别的函数都是通过函数名来调用该函数的。

· 形式参数表：由“<类型><参数名>”组成的参数表，每对之间用逗号隔开。被调函数就是通过这些形参，接收从调用函数传递过来的数据。定义的函数可以有参数，也可以没有参数，分别称为有参函数和无参函数。不过，即使是无参函数，其后面的圆括号也不能省略。

· 函数体：由一对花括号“{}”括起，包含一组定义函数执行任务的语句。

以下是 max()函数的源代码。该函数有两个形式参数 num1 和 num2，会返回这两个数中较大的那个数。

```
/********************************
函数返回两个数中较大的那个数。
********************************/
int max(int num1, int num2)
{
    int result;      //局部变量声明

    if (num1 > num2)
        result = num1;
    else
        result = num2;
```

```
    return result;
}
```

### 3. 函数声明

函数声明用来告诉编译器函数名称及如何调用函数。函数的实际主体可以单独定义。函数声明包括以下几个部分：

```
函数类型　函数名(形式参数表);
```

针对上面定义的函数 max()，以下是函数声明：

```
int max(int num1, int num2);
```

在函数声明中，参数的名称并不重要，只有参数的类型是必需的，因此下面也是有效的声明：

```
int max(int, int);
```

在一个源文件中定义函数且在另一个文件中调用函数时，函数声明是必需的。在这种情况下，应该在调用函数的文件顶部声明函数。

### 4. 函数的调用

当调用有参函数时，会发生参数值的传递，实参会把值传递给形参，被调函数接收了传递过来的实参后，就依据这些数据执行自己函数体里的语句。执行结束后，就返回到调用者发出函数调用的地方，继续它的执行。函数调用时，在实际参数表中，必须列出与被调函数定义的形参个数相等、类型相符、次序相同的实参，各实参之间仍以逗号分隔。比如：

```
max(a, b);          //调用 max()函数
```

调用 max()函数时，用实际参数 a 和 b 来取代形式参数 num1 和 num2。

根据一个函数是否有返回值，C 语言将以以下两种不同的方式对它们进行调用。

(1) 没有返回值的函数，是以函数调用语句的方式进行调用的，即

```
函数名(实际参数表);
```

(2) 有返回值的函数，是以函数表达式的方式调用的，即

```
函数名(实际参数表)
```

这两种调用方式的区别是：前者是一个语句，以分号结尾；后者是一个表达式，凡是一个表达式能出现的地方，它都可以出现。比如出现在赋值语句的右边或出现在一个算术表达式里参与计算等。比如：

```
ret = max(a, b);          //调用 max()函数
```

因为 int max(int, int); 函数有返回值，所以可以直接将其赋值给 ret 变量。

**案例 3.1.1**　函数的调用。

定义一个 max()函数来求两数中较大者，然后在主函数 main()中对其进行调用。

程序代码如下：

```
/*******************************************
内容简述：通过调用 max()函数求两数中的较大者。
*******************************************/
#include<stdio.h>
```

```
int max(int num1, int num2);                //函数声明

int main()
{
    int a = 100;
    int b = 200;
    int ret;
    ret = max(a, b);                        //调用 max()函数
    printf( "Max value is : %d\n", ret );
    return 0;
}

int max(int num1, int num2)                 //定义 max()函数返回两个数中较大的那个数
{
    int result;
    if (num1 > num2)
        result = num1;
    else
        result = num2;
    return result;
}
```

运行结果如图 3.1.1 所示。

```
C:\Windows\system32\cmd.exe
Max value is : 200
请按任意键继续. . .
```

图 3.1.1　案例 3.1.1 运行结果

案例解析：

在 ret = max(a, b);语句中发生函数调用时，实参 a、b 的值分别传递给形参 num1、num2，在 max 函数中求出了较大者，赋值给了 result，然后返回了变量 result 的值 200，所以在主函数中，max(a, b)就被 200 所取代，相当于变量 ret 被赋值为 200。

### 5. 函数的扇出

函数的扇出是指一个函数直接调用(控制)其他函数的数量。函数的扇出是衡量函数复杂度的重要指标之一，它直接影响代码的可维护性和可理解性。扇出过大意味着一个函数要控制过多的下级函数，这不仅增加了函数的复杂性，还可能导致功能过于集中，难以管理和修改。而扇出过小则可能意味着函数调用层次过多，影响程序的效率和结构清晰度。因而，保持适当的扇出数值，被认为是较为理想的设计选择。函数扇出的具体合理范围常在 3 到 5 之间，这样可以避免函数过于复杂或功能过于细分。

### 6. 函数的嵌套调用

函数的嵌套调用是指当前被调用的函数又调用了另一个函数，这就类似于在大盒子里装小盒子，小盒子里可以再装更小的盒子。例如：

```
func1()
{
    .
    ..
}

func2()
{
    .
    func1();
    ..
}

int main()
{
    .
    func2()
    ..
}
```

以上代码在主函数 main()中调用了 func2()函数，而在 func2()函数中又调用了 func1()函数，如此就构成了函数的嵌套调用。

**案例 3.1.2**　函数的嵌套调用。

案例题目：求任意 3 个整数的方差，方差公式为

$$s^2=\frac{(M-x_1)^2+(M-x_2)^2+(M-x_3)^2+\cdots+(M-x_n)^2}{n}$$

其中，$M$是这 $n$ 个数的平均值。

程序代码如下：

```
/********************************
内容简述：求任意 3 个整数的方差
********************************/
#include<stdio.h>
#include <math.h>

float avg(int a, int b, int c)          //定义求平均值函数 avg()
{
    float m;
    m=(a+b+c)/3.0;
```

```
    return m;
}
float var(int d, int e, int f)          //定义求方差函数 var()
{
    float ave, vai;

    ave=avg(d, e, f);                   //调用 avg()函数求出平均值赋给 ave
    vai=(pow((ave-d), 2)+pow((ave-e), 2)+pow((ave-f), 2))/3.0;      //求出方差

    return vai;
}

int main()
{
    int x, y, z;
    float w;

    printf("请输入 3 个整数：");
    scanf("%d, %d, %d", &x, &y, &z);
    w=var(x, y, z);                     //调用求方差函 var()
    printf("方差是:%f\n", w);

    return 0;
}
```

运行结果如图 3.1.2 所示。

```
C:\Windows\system32\cmd.exe
请输入3个整数：3, 4, 5
方差是:0.666667
请按任意键继续. . .
```

图 3.1.2　案例 3.1.2 运行结果

案例解析：

根据题意，要求出方差，必须先求出平均值，故先定义 avg()函数完成求平均值的功能，然后再定义求方差的函数 var()，并在 var()中调用 avg()函数，最后在主函数 main()中调用求方差函数 var()求出方差。

### 7. 函数中变量的作用域

作用域是程序中定义的变量所存在的区域，超出该区域变量就不能被访问。可在三个地方声明变量：在函数或代码块内部声明局部变量，在所有函数外部声明全局变量，在形式参数的函数参数定义中声明变量。

全局变量与局部变量在内存中的区别是全局变量保存在内存的全局存储区中，占用静态存储单元；局部变量保存在栈中，只有在所在函数被调用时才动态地被分

配存储单元。当局部变量被定义时，系统不会对其初始化，必须自行对其初始化。定义全局变量时，系统会自动对其初始化。全局变量数据类型及对应初始化默认值如表 3.3.1 所示。

**表 3.3.1　全局变量初始化默认值**

| 数据类型 | 初始化默认值 |
|---|---|
| int | 0 |
| char | '\0' |
| float | 0 |
| double | 0 |
| pointer | NULL |

正确地初始化变量是一个良好的编程习惯，否则有时候运行程序时可能会产生意想不到的结果，因为未初始化的变量会产生一些在内存位置中已经可用的垃圾值。

1) 局部变量

在某个函数或代码块的内部声明的变量称为局部变量，它们只能被该函数或该代码块内部的语句使用，在函数外部是不可知的。下面是使用局部变量的实例。在这里，所有的变量 a、b 和 c 是 main()函数的局部变量。

**案例 3.1.3**　局部变量。

程序代码如下：

```
#include<stdio.h>

int main()
{
    int a, b,c;          //局部变量声明
    a = 10;
    b = 20;
    c = a + b;
    printf ("value of a = %d, b = %d and c = %d\n", a, b, c);
    return 0;
}
```

2) 全局变量

全局变量定义在函数外部，通常是在程序的头部。全局变量在整个程序生命周期内都是有效的。在任意的函数内部都能访问全局变量。

全局变量可以被任何函数访问。也就是说，全局变量声明后在整个程序中都是可用的。下面是使用全局变量和局部变量的实例：

```
#include<stdio.h>

int g;          //全局变量声明
int main()
```

```
{
    int a, b;          //局部变量声明

    a = 10;
    b = 20;
    g = a + b;
    printf ("value of a = %d, b = %d and g = %d\n", a, b, g);

    return 0;
}
```

在程序中，局部变量和全局变量的名称可以相同，但是在函数内，如果两者名称相同，则会使用局部变量，而不会使用全局变量。

**案例 3.1.4**　全局变量。

程序代码如下：

```
#include<stdio.h>

int g = 20;               //全局变量声明

int main()
{
    int g = 10;           //局部变量声明
    printf ("value of g = %d\n", g);
    return 0;
}
```

运行结果如图 3.1.3 所示。

```
C:\Windows\system32\cmd.exe
value of g = 10
请按任意键继续. . .
```

图 3.1.3　案例 3.1.4 运行结果

## 三、技能点拓展

下面介绍函数调用中的参数传递。

1) 传值方式

通过传值方式调用函数时，调用者是把实参变量的值赋给被调用的形参变量。由于实参变量和形参变量占用的是内存中不同的存储区，被调函数对形参的加工是在形参变量自己的存储区里进行的，不会影响到实参变量，所以这种数据传递的方式是单向的。

**案例 3.1.5**　传值方式的参数传递。

定义一个 swap()函数用于交换两数值，swap()函数的参数是普通变量，然后在

主函数 main()中对其进行调用。

程序代码如下：

```
/******************************************
内容简述：查看调用 swap()函数是否能交换两数值。
******************************************/
#include<stdio.h>

void swap(int x, int y);                          //函数声明
int main()
{
    int a = 100;
    int b = 200;
    printf("交换前，a 的值：%d\n", a );
    printf("交换前，b 的值：%d\n", b );
    swap(a, b);                                   //调用 swap()函数
    printf("交换后，a 的值：%d\n", a );
    printf("交换后，b 的值：%d\n", b );
    return 0;
}

void swap(int x, int y)                           //定义 swap()函数
{
    int temp;
    temp = x;
    x = y;
    y = temp;
}
```

运行结果如图 3.1.4 所示。

图 3.1.4 案例 3.1.5 运行结果

案例解析：

swap()函数的作用是交换两数的值。在主函数中调用 swap()函数时，实参 a、b 的值分别传递给了形参 x、y，接着 x 和 y 在 swap()函数内实现了值的交换，但是这种值的交换并不能带回主函数中赋给 a 和 b，因为被调函数对形参的加工是在形参变量自己的存储区里进行的，并不会影响到实参变量，所以 a 和 b 的值仍然不变。

2) 引用方式

通过引用方式调用函数时，形参为指向实参的指针，对形参的操作将直接影响实参本身。传递指针可以让多个函数访问指针所引用的对象，而不用把对象声明为全局可访问。

**案例 3.1.6**　引用方式的参数传递。

定义一个 swap()函数用于交换两数值，swap()函数的参数是指针变量，然后在主函数 main()中对其进行调用。

程序代码如下：

```
/*******************************************
内容简述：查看调用 swap()函数是否能交换两数值。
*******************************************/
#include<stdio.h>

void swap(int *x, int *y);        //函数声明
int main()
{
    int a = 100;
    int b = 200;
    printf("交换前，a 的值：%d\n", a );
    printf("交换前，b 的值：%d\n", b );
    swap(&a, &b);     //调用 swap()函数，&a 为指向 a 的指针，&b 为指向 b 的指针
    printf("交换后，a 的值：%d\n", a );
    printf("交换后，b 的值：%d\n", b );
    return 0;
}

void swap(int *x, int *y)        //函数定义
{
    int temp;
    temp = *x;
    *x = *y;
    *y = temp;
}
```

运行结果如图 3.1.5 所示。

```
C:\Windows\system32\cmd.exe
交换前，a 的值：100
交换前，b 的值：200
交换后，a 的值：200
交换后，b 的值：100
请按任意键继续. . .
```

图 3.1.5　案例 3.1.6 运行结果

案例解析：

在这个案例中，swap()函数的参数是指针变量，在主函数中对其进行调用时，是把实参指针变量的值赋给被调用函数的形参指针变量，也就是指针变量 x 的值为&a，指针变量 y 的值为&b，这样，指针变量 x 就指向了变量 a，指针变量 y 就指向了变量 b，所以*x 就和 a 是等价的，*y 就和 b 是等价的，那么交换*x 和*y 的值就相当于交换了 a 和 b 的值。

3) *参数为数组的传递方式*

向函数中传递一个一维数组作为参数，可以用三种方式来声明函数形式参数，这三种声明方式的结果是一样的，因为每种方式都会告诉编译器将要接收一个整型指针。同样地，也可以传递一个多维数组作为形式参数。

方式 1：形式参数是一个已定义大小的数组。

```
void myFunction(intarray[10])
{
    …
}
```

方式 2：形式参数是一个非固定长度的数组。

```
void myFunction(intarray, int size)
{
    …
}
```

方式 3：形式参数是一个指针。

```
void myFunction(int *array)
{
    …
}
```

**案例 3.1.7** 参数为数组的传递方式。

定义一个 getAverage()函数用来求 5 个整数的平均值，getAverage()函数的参数是数组，然后在主函数 main()中对其进行调用。

程序代码如下：

```
/*******************************************************
内容简述：通过调用 getAverage()函数实现求 5 个整数的平均值。
*******************************************************/
#include<stdio.h>

double getAverage(int arr[ ], int size)        //函数定义
{
    int     i;
    double avg;
    double sum=0;
```

```
        for (i = 0; i < size; ++i){
            sum += arr[i];
        }
        avg = sum / size;
        return avg;
    }
    int main()
    {
        int balance[5] = {1000, 2, 3, 17, 50};
        double avge;
        avge = getAverage( balance, 5 ) ;       //函数调用，传递一个指向数组的指针作为参数
        printf( "平均值是：%f\n", avge );
        return 0;
    }
```

运行结果如图 3.1.6 所示。

```
C:\Windows\system32\cmd.exe
平均值是：214. 400000
请按任意键继续. . .
```

图 3.1.6　案例 3.1.7 运行结果

案例解析：

这个案例是以数组作为函数参数的，当发生函数调用时，实参 balance 将其值传递给形参 arr，而我们知道数组名本质上就是一个指针，所以 arr 和 balance 指向同一个存储区，故 arr 数组中 5 个元素的值和 balance 数组中的一样；在 getAverage() 函数中求出平均值赋给变量 avg 后，通过 return avg; 语句将值带回到主调函数中赋给变量 avge。

## 四、技能点检测

### 1. 选择题

(1) 以下函数定义正确的是(　　)。

A. double　fun(int x, int y)　　B. double　fun(int x;　int y)

C. double　fun(int x, int y) ;　　D. double　fun(int　x, y)

(2) C 语言规定，简单变量作实参，它与对应形参之间的数据传递方式是(　　)。

A. 地址传递　　B. 单向值传递

C. 双向值传递　　D. 由用户指定传递方式

(3) 以下关于 C 语言程序中函数的说法，正确的是(　　)。

A．函数的定义可以嵌套，但函数的调用不可以嵌套

B．函数的定义不可以嵌套，但函数的调用可以嵌套

C．函数的定义和调用均不可以嵌套

D．函数的定义和点用都可以嵌套

(4) 以下函数形式正确的是(　　)。

A. double fun(int x, int y)
{z=x+y; return z;}

B. fun (int x, y)
{int z; return z;}

C. fun(x, y)
{ int x, y;　double z;
z=x+y;　return　z;}

D. double fun(int x, int y)
{ double　z;
z=x+y;　return z;}

(5) 若用数组名作为函数调用的实参，则传递给形参的是(　　)。

A. 数组的首地址　　B. 数组第一个元素的值

C. 数组中全部元素的值　　D. 数组元素的个数

(6) 若使用一维数组名作为函数实参，则以下说法正确的是(　　)。

A. 必须在主调函数中说明此数组的大小

B. 实参数组类型与形参数组类型可以不匹配

C. 在被调函数中，不需要考虑形参数组的大小

D. 实参数组名与形参数组名必须一致

(7) 以下程序执行后输出的结果是(　　)。

```
int runc(int a, int b)
{
    return(a+b);
}
void main(void)
{
    int x=2, y=5, z=8, r;
    r=func(func(x, y), z);
    printf("%\d\n", r);
}
```

A. 12　　B. 13　　C. 14　　D. 15

(8) 以下程序执行后输出的结果是(　　)。

```
void f(int x, int y)
{
    int　t;
    if(x<y)
    {
        t=x;
        x=y;
        y=t;
    }
```

```
}
void main(void)
{
    int   a=4, b=3, c=5;
    f(a, b); f(a, c); f(b, c);
    printf("%d, %d, %d\n", a, b, c);
}
```

A. 3, 4, 5　　B. 5, 3, 4　　C. 5, 4, 3　　D. 4, 3, 5

(9) 以下程序执行后输出的结果是(　　)。

```
void main(void)
{
    char s[]="\n123\\";
    printf("%d, %d\n", strlen(s), sizeof(s));
}
```

A. 赋初值的字符串有错　　B. 6, 7

C. 5, 6　　D. 6, 6

(10) 以下对 C 语言函数的有关描述中，正确的是(　　)。

A. 在 C 语言中调用函数时，只能把实参的值传递给形参，形参的值不能传递给实参

B. C 函数既可以嵌套定义又可以递归调用

C. 函数必须有返回值，否则不能使用函数

D. C 程序中有调用关系的所有函数必须放在同一个源程序文件中

## 2. 填空题

(1) C 语言规定，可执行程序的开始执行点是 ____________。

(2) 在C语言中，一个函数一般由两个部分组成，它们是________和________。

(3) 返回语句的功能是从__________返回__________。

(4) 以下 Check 函数的功能是对 value 中的值进行四舍五入计算，若计算后的值与 ponse 值相等，则显示“WELL DONE!!”，否则显示计算后的值。已有函数调用语句“Check(ponse, value); ”，请填空。

```
viod    Check ( int ponse, float value)
{
    int val;    val=________________;              //空 1
    printf ("计算后的值: %d", val);
    if (val==ponse)
        printf("\n WELL DONE!! \n");
    else
    printf ("\nSorry the correct answer is %d\n", val);
}
```

(5) 函数 fun 的功能是使字符串 str 按逆序存放，请填空。

```
void fun (char str[])
{   char m; int i, j;
    for (i=0, j=strlen(str); i< _______; i++, j--)          //空 1
    {
        m = str[i];
        str[i] = ______;          //空 2
        str[j-1] = m;
    }
    printf("%s\n", str);
}
```

3. 编程题

(1) 已有函数调用语句“c=add (a, b);”，请编写 add 函数，计算两个实数 a 和 b 的和，并返回和值。

```
double   add (double x, double y)
{

}
```

(2) 已有变量定义语句“double a=5.0; int n=5;”和函数调用语句“mypow(a, n); ”，用以求 a 的 n 次方。请编写 double mypow (double x, int y)函数。

```
double mypow (double x, int y)
{

}
```

(3) 编写一个函数，计算任一输入的整数的各位数字之和。主函数包括输入、输出和调用该函数。

# 任务 3.2 多文件编程

## 一、问题引入

进入数字经济时代，开源技术的重要价值日渐凸显，已经成为数字经济的基础设施与底座。开源技术是一个巨大的知识宝库，是由无数前人的奉献积累而成的，我们在享用这个知识宝库的同时应当传承这种奉献精神。我们应将基于这个知识宝库研发出的新的智慧成果累加进这个知识宝库，为这个知识宝库的发展作出我们的贡献。那么如何使我们的 C 语言编程代码能够共享交流，实现开源技术的价值呢？这就需要我们掌握多文件编程的方法，该方法可使编程思路更清晰、程序结构更简单，更易于程序的读写和移植。

| 学习目标 | 技能点分析 |
| --- | --- |
| 1. 掌握头文件的编写方法。<br>2. 学会使用多文件编程模式编写程序。 | 1. 什么是多文件编程？多文件编程具有哪些优点？<br>2. 头文件一般包括哪些内容？<br>3. 头文件的引用格式有哪些？它们之间有哪些异同点？ |
| 技 能 微 课 | |
| 多文件项目的创建　　条件编译的应用 | |

## 二、技能点详解

功能简单的 C 语言程序代码只有几行到几十行，程序中只有一个源文件(以 .c 为扩展名的文件)。比较复杂的项目，程序代码量多达成千上万行，需要开发团队合作完成。如果把所有的代码写在一个源文件中则不便于团队合作，更不便于程序的调试、移植和维护。因此，为了提高程序的可读性、可维护性，程序员需要在一个程序项目中编写多个源文件及头文件。

多文件编程就是将程序中所用的变量、函数或宏定义等程序元素分散到两个以上的源文件中定义实现，并通过包含头文件的方式实现在多个源文件中共享。例如，如图 3.2.1 所示，将只有一个 test.c 源文件的程序分解为 a.h 头文件、b.h 头文件、a.c 源文件、b.c 源文件和 main.c 源文件共 5 个文件的程序，在 a.c 和 b.c 源文件中分别对 func1()函数和 func2()函数进行定义，在 a.h、b.h 头文件中分别对 func1()函数和 func2()函数进行声明，在 main.c 源文件的 main()函数中对 func1()函数和 func2()函数进行调用。

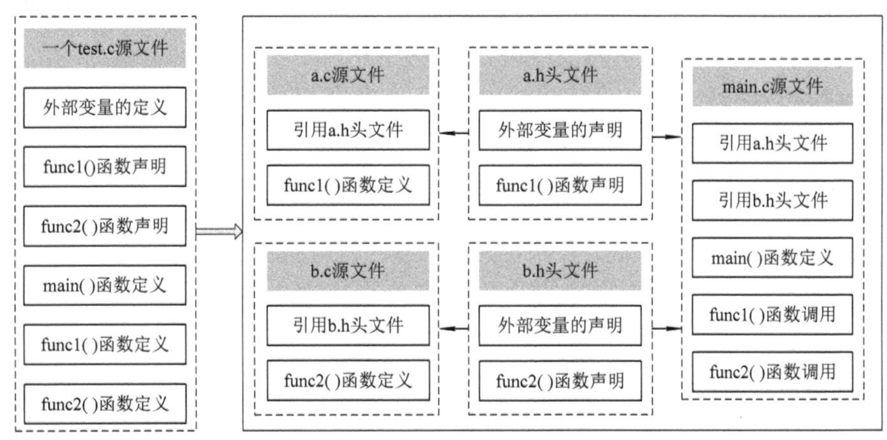


图 3.2.1　多文件编程的示意图

多文件编程将用户自定义函数 func1()和 func2()分散到两个不同的源文件 a.c 和 b.c 中，这只是其中的一种方案，如果这两个函数所实现的功能类似，可以采用第二种方案，即将 func1()和 func2()这两个函数放到一个源文件中。在实际应用中需要根据函数实现的功能进行归类划分，将同类或实现同一功能的函数放在同一个源文件中。

1. 头文件

头文件是扩展名为 .h 的文件，有两种类型：程序员编写的头文件和编译器自带的头文件。前面的程序中多次使用到的 stdio.h 头文件是编译器自带的头文件。头文件一般包含全局变量的声明、函数的声明、宏定义、结构体定义等。如 stdio.h 头文件中包含 putchar()、getchar()、printf()、scanf()等标准输入输出函数的声明。

1) 头文件的引用格式

使用预处理命令 #include 即可引用用户自编和系统自带的头文件。它的格式有以下两种：

格式一：#include <文件名>

本命令格式的特点是将文件名用尖括号括起来，文件名可以带路径。预处理时将只在所指定的标准目录(即 C 系统安装后形成的 include 子目录，该子目录中有系统提供的头文件)中查找包含文件。

格式二：#include "文件名"

本命令格式的特点是将文件名用双引号括起来。其中，文件名代表待包含进来的文件，且可以带路径。若文件名带路径，则预处理时将在指定的路径下去查找。若查找不到，再到系统指定的标准目录中查找。找到文件后，用文件内容替换该命令。

因此格式二的查找功能包含了格式一的查找功能。另外，两种格式的 include 后可以不带空格。

2) 头文件的引用操作

如果文件 A 中有一条文件包含预处理命令：

#include <B>

则该命令将指定文件 B 的内容替换掉文件 A 中的“#include <B>”命令，共同组成一个程序文件，即在文件 A 中产生文件 B 的一个副本。例如，如果一个程序中有一个头文件 header.h，包含的代码如下：

```
char *test (void);
```

和一个使用了头文件的主程序 program.c，包含的代码如下：

```
int x;
#include "header.h"


int main (void)
{
    puts (test());
}
```

则在预处理时，将会用"header.h"头文件中的内容替换掉#include "header.h"，此时编译器会看到如下的代码信息：

```
int x;
char *test(void);

int main(void)
{
    puts (test());
}
```

3) 头文件的编写结构

如果一个头文件被引用两次，则编译器会将头文件的内容处理两次，这将产生错误。为了防止出现这种情况，标准的做法是把文件的整个内容放在条件编译语句中，一般结构如下：

```
#ifndef _HEADER_H_
#define _HEADER_H_
...
#endif
```

这种结构就是通常所说的包装器 #ifndef。"_HEADER_H_"通常以下画线"_"作为开头和结尾，下画线之间的字符串通常是大写的头文件名，并且"#ifndef"后的标识符和"#define"后的标识符完全相同，但不同的头文件中的标识符是不同的。当再次引用头文件时，条件为假，因为 _HEADER_H_ 已定义。此时，预处理器会跳过文件的整个内容，编译器会忽略它，这样头文件就不会被重复引用了。

### 2. 多文件编程

下面通过一个简单的实例来讲解多文件编程具体是如何实现的。假如现在需要编程实现将从键盘输入的两个整数中的最大值和最小值输出的功能，首先编写一个只含有一个源文件 test.c 的程序，代码如下：

```
#include<stdio.h>
int max(int x, int y);          // max 函数声明
int min(int x, int y);          // min 函数声明

void main(void)
{
    int a, b, m, n;
    printf("请输入第一个数：");
    scanf("%d", &a);
    printf("请输入第二个数：");
    scanf("%d", &b);
    m = max(a, b);              // max 函数调用
    n = min(a, b);              // min 函数调用
    printf("max = %d\n", m);
```

```
    printf("min = %d\n", n);
}

int max(int x, int y)              // max 函数定义
{
    int m;
    m = x>y?x:y;
    return m;
}

int min(int x, int y)              // min 函数定义
{
    int n;
    n = x<y?x:y;
    return n;
}
```

根据前面所说的多文件编程的基本思路，下面把上面的程序改写为多文件编程的形式，文件的结构如图 3.2.2 所示。在各个文件中，一个源文件对应一个头文件，且文件主名相同，如 maxmin.c 源文件对应 maxmin.h，但通常主程序 main.c 无须有对应的 main.h。

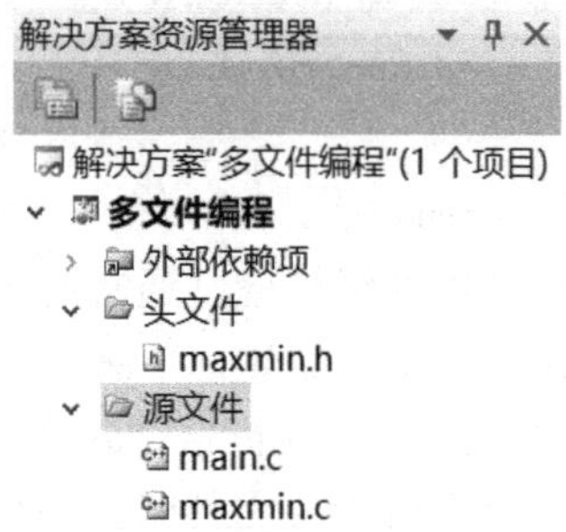

图 3.2.2　项目的文件结构

**案例 3.2.1**　求最大值和最小值。

各部分程序代码如下：

头文件 maxmin.h：

```
#ifndef _MAXMIN_H_
#define _MAXMIN_H_
int max(int x, int y);              //函数声明
int min(int x, int y);              //函数声明
#endif
```

子程序 maxmin.c：

```
#include "maxmin.h"

int max(int x, int y)              // max 函数定义，比较出最大值
{
    int m;
    m = x>y?x:y;
    return m;
}

int min(int x, int y)              // min 函数定义，比较出最小值
{
```

```
    int n;
    n = x<y?x:y;
    return n;
}
```

主程序 main.c：

```
#include<stdio.h>
#include "maxmin.h"

void main(void)
{
    int a, b, m, n;

    printf("请输入第一个数：");
    scanf("%d", &a);
    printf("请输入第二个数：");
    scanf("%d", &b);
    m = max(a, b);
    n = min(a, b);
    printf("max = %d\n", m);
    printf("min = %d\n", n);
}
```

运行结果如图 3.2.3 所示。

```
C:\Windows\system32\cmd.exe
请输入第一个数：5
请输入第二个数：10
max = 10
min = 5
请按任意键继续. . .
```

图 3.2.3　案例 3.2.1 运行结果

**案例 3.2.2**　计算器。

采用多文件编程方式编写一个简单计算器的程序，可以实现对输入的两个整数进行加、减、乘、除运算，并输出计算的结果。

程序代码如下：

```
/***********************************************************************
* 内容简述：对两个整数实现加、减、乘、除运算的简单计算器。
***********************************************************************/
counter.h 头文件:
#ifndef _COUNTER_H_
#define _COUNTER_H_

int add(int x, int y);              //加法函数的声明
int sub(int x, int y);              //减法函数的声明
```

```
int mul(int x, int y);                //乘法函数的声明
float div(int x, int y);              //除法函数的声明

#endif
```

display.h 头文件：

```
#ifndef _DISPLAY_H_
#define _DISPLAY_H_

#include<stdio.h>

void disp_result(int x, int y);       //打印输出结果的函数声明

#endif
```

getnum.h 头文件：

```
#ifndef _GETNUM_H_
#define _GETNUM_H_

#include<stdio.h>

int getnum1(void);                    //输入第一个整数的函数声明
int getnum2(void);                    //输入第二个整数的函数声明

#endif
```

counter.c 源文件：

```
int add(int x, int y)           //加法函数的定义
{
    return x+y;
}

int sub(int x, int y)           //减法函数的定义
{
    return x-y;
}

int mul(int x, int y)           //乘法函数的定义
{
    return x*y;
}

float div(int x, int y)         //除法函数的定义
{
    return (float)x/y;
}
```

display.c 源文件：

```
#include "counter.h"
#include "display.h"

void disp_result(int x, int y)
{
    int s;
    float t;

    s = add(x, y);              //加法运算的结果
    printf("%d+%d=%d\n", x, y, s);
    s = sub(x, y);              //减法运算的结果
    printf("%d-%d=%d\n", x, y, s);
    s = mul(x, y);              //乘法运算的结果
    printf("%d*%d=%d\n", x, y, s);
    t = div(x, y);              //除法运算的结果
    printf("%d/%d=%.2f\n", x, y, t);
}
```

getnum.c 源文件：

```
#include "getnum.h"

int getnum1()                   //输入第一个整数
{
    int a;
    printf("请输入第一个整数：");
    scanf("%d", &a);
    return a;
}

int getnum2()                   //输入第二个整数
{
    int a;
    printf("请输入第二个整数：");
    scanf("%d", &a);
    return a;
}
```

main.c 源文件：

```
#include "getnum.h"
#include "display.h"

void main(void)
{
```

```
    int a, b;
    a = getnum1();          //调用函数 getnum1，获取第一个整数
    b = getnum2();          //调用函数 getnum2，获取第二个整数
    disp_result(a, b);      //显示运算结果
}
```

如果输入6↙ 4↙，则程序的运行结果如图3.2.4所示。

图3.2.4　案例3.2.2运行结果

案例解析：

本程序要实现的功能分为输入、运算、输出三个部分，每个部分都在一个子程序中实现，这样整个程序可分成一个主程序main.c和三个子程序getnum.c、counter.c、display.c。每个子程序对应一个头文件，文件结构及说明如图3.2.5所示。

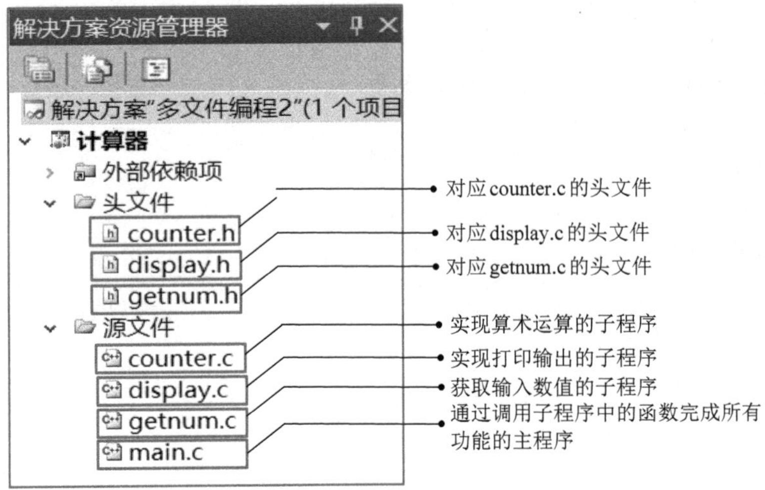


图3.2.5　简单计算器程序的文件结构及说明

(1) 算术运算子程序counter.c。

该子程序中定义了加、减、乘、除四个基本算术运算的函数，它们分别是add()、sub()、mul()、div()，并返回计算结果。

counter.h头文件中声明了加、减、乘、除四个函数，便于在display.c文件中调用。

(2) 输入数值子程序getnum.c。

该子程序中通过调用标准输入函数 scanf()定义了从键盘读取两个整数的函数getnum1()和getnum2()，并返回读取的值。

getnum.h头文件中声明了 getnum1()和 getnum2()两个函数，便于在main.c中

调用。

(3) 输出显示子程序 display.c。

该子程序中定义了 disp_result()函数，可以实现四个算术运算的结果。

display.h 头文件中声明了 disp_result()函数，便于在 main.c 中被调用。

(4) 主程序 main.c。

主程序根据输入运算值、计算、输出结果的计算过程按顺序执行上面三个子程序，实现整个程序的功能。

此案例程序是采用多文件编程完成的，这种多文件编程大大减少了 main.c 中的主函数 main()的代码量，其代码基本都是调用函数语句，显得简单明了，大大提高了可读性、可移植性和可维护性。

## 三、技能点拓展

一般情况下，源程序的所有语句都会参加编译。但有时若希望只对其中的部分满足条件的语句进行编译，就要用到条件编译。条件编译是指在对源程序编译之前的处理中，根据给定的条件，只编译其中的某一部分源程序，而不编译另外一部分源程序。

### 1. 控制条件为常量表达式的条件编译

控制条件为常量表达式的条件编译格式分为类单分支格式、类双分支格式和类多分支格式。

(1) 类单分支格式：

```
#if  常量表达式
   程序段
#endif
```

其功能是：如果常量表达式为真(即非 0 )，则程序段被编译；否则，程序段不被编译。

(2) 类双分支格式：

```
#if 常量表达式
     程序段 1
#else
     程序段 2
#endif
```

其功能是：如果常量表达式的值为真(即非 0)，则在程序编译时只对程序段 1 进行编译；否则，只对程序段 2 进行编译。

(3) 类多分支格式：

```
#if  常量表达式 1
   程序段 1
#elif  常量表达式 2
   程序段 2
#elif 常量表达式 n
```

```
    程序段 n
#else
    程序段 n+1
#endif
```

其中，elif 是 else if 的简化形式。之前的每一个#if 的结尾都要加一句#endif。

### 2. 控制条件为定义标识符的条件编译

控制条件为定义标识符的条件编译格式有两种。

(1) 格式 1：

```
#ifdef 标识符
    程序段 1
#else
    程序段 2
#endif
```

其功能是：如果标识符已经被#define 命令定义过，则在程序编译时只对程序段 1 进行编译，否则只对程序段 2 进行编译。其中的程序段可以是一条语句，也可以是一组语句。如果是一组语句，也不必像复合语句一样加上花括号。

(2) 格式 2：

```
#ifndef 标识符
    程序段 1
#else
    程序段 2
#endif
```

格式 2 与格式 1 的不同之处是将“ifdef”改成了“ifndef”。其功能是：如果标识符没有被#define 命令定义过，则在程序编译时只对程序段 1 进行编译，否则只对程序段 2 进行编译。这与格式 1 的功能恰好相反。

**案例 3.2.3** 条件编译。

程序代码如下：

```
#include<stdio.h>
#define   flag   1

void main(void)
{
    int     x;

    #ifdef    flag
        scanf("%d",    &x);
    #else
        x=0;
    #endif
```

```
    #if   flag
        printf("%d\n", x);
    #else
        printf("%d\n", -x);
    #endif
}
```

在以上代码中，标识符 flag 在第 2 行已定义，因此，编译时执行 scanf 语句。如果将第 2 行删除，则编译时执行 x=0。如果 flag 值为 1，是非零值，则编译时执行“printf("%d", x);”；如果 flag 值为 0，则编译时执行“printf("%d", -x);”。

所以预编译处理后，程序简化为

```
#include<stdio.h>
#define   flag   1

void main(void)
{
    int     x;
    scanf("%d", &x);
    printf("%d\n", x);
}
```

如果输入 6↙，则程序运行结果如图 3.2.6 所示。

图 3.2.6　案例 3.2.3 运行结果

## 四、技能点检测

### 1. 单选题

(1) 要想在程序中使用 scanf()库函数，必须在文件头部加(　　)语句。

A. #include <stdio.h>　　B. #include <math.h>

C. #include <stdlib.h>　　D. #include <string.h>

(2) 在一个源程序文件中定义的全局变量的有效范围为(　　)。

A. 一个 C 程序的所有源程序文件　　B. 该源程序文件的全部范围

C. 从定义处开始到该源程序文件结束　　D. 函数内全部范围

(3) 某 C 程序由一个主函数 main()和一个自定义函数 max()组成，则(　　)。

A. 该程序总是从 max()函数开始执行　B. 写在前面的函数先开始执行

C. 写在后面的函数先开始执行　　D. 该程序总是从 main()函数开始执行

(4) 宏定义的预处理指令是(　　)。

A. #include　　B. #define　　C. #ifndef　　D. #if

(5) 一个函数返回值的类型(　　)。

A. 取决于 return 语句中表达式的类型

B. 在调用函数时临时指定

C. 取决于定义函数时指定或缺省的函数类型

D. 取决于调用该函数的主调函数的类型

(6) 下面的叙述中，正确的是(　　)。

A. 函数的定义可以嵌套，但函数调用不能嵌套

B. 为了提高程序执行效率，编写程序时应该适当使用注释

C. 变量定义时若省去了存储类型，系统将默认其为静态型变量

D. 函数中定义的局部变量的作用域在函数内部

(7) 下列叙述中，正确的是(　　)。

A. 为了防止头文件被编译两次，可以把文件的整个内容放在条件编译语句中

B. 头文件中一般可以自定义函数

C. 一般可以在头文件中进行变量的定义

D. 以上都不正确

(8) 在头文件中声明全局变量须使用的关键字是(　　)。

A. static　　B. extern　　C. const　　D. void

(9) 某函数在定义时指明函数返回值类型为 int，但函数中 return 语句中返回值的类型为 char，若调用该函数，则正确的说法是(　　)。

A. 没有返回值　　B. 返回值类型为 int

C. 返回值类型为 char　　D. 返回一个不确定的值

(10) 下面的叙述中正确的是(　　)。

A. 在某源程序中，当不同函数的全局变量和局部变量重名时，都以全局变量的值为准

B. 函数中的形式参数是外部变量

C. 在函数内定义的变量在整个源程序都有效

D. 在函数内的复合语句中定义的变量只在这个复合语句中有效

**2. 填空题**

在下列程序的画线处填写正确的代码，使程序运行正确。

头文件 myheader.h：

```
#ifndef _MY_HEADER_H
#define ____①____

#include <stdio.h>
void mydisplay(void);

____②____
```

主程序 main.c：

```
______③______
void main(void)
{
    mydisplay();
}
void mydisplay(void)
{
    printf("Hello world!");
}
```

**3. 编程题**

采用多文件编程模式改写下面的程序。

```
#include<stdio.h>
#include<stdlib.h>
void func1();          //函数声明
void func2();          //函数声明
void func3();          //函数声明

void main(void)
{
    printf("hello world！ \n");
    func1();
    func2();
    func3();
    system("pause");
}
//函数实现
void func1()
{
    printf("我是函数 1\n");
}
void func2()
{
    printf("我是函数 2\n");
}
void func3()
{
    printf("我是函数 3\n");
}
```

运行结果如图 3.2.7 所示。

```
C:\Windows\system32\cmd.exe
hello world!
我是函数1
我是函数2
我是函数3
请按任意键继续. . .
```

图 3.2.7　编程题运行结果

# 任务 3.3　编 程 规 范

## 一、问题引入

大江东流，日月交替，大自然生生不息，用规则演绎着生命的轨迹。火车之所以能够奔驰千里，是因为两条铁轨延绵不息；风筝之所以能收放自如，是因为它总是情系着人们手中的线；宇宙中无数颗恒星都按照自己的轨道运行，亘古不变地灿烂。不以规矩，不能成方圆。我们要编写一个高质量的代码，就必须遵守一定的规范，这样才能保证代码的易读性和易维护性。那么规范化的编程有哪些要求呢？

| 学习目标 | 技能点分析 | |
|---|---|---|
| 1. 了解 C 语言编程的基本规范。<br>2. 能够使用简化版本对程序注释。<br>3. 能够使用编程规范编写代码。 | 1. 在编写程序的过程中，为什么需要注意代码的规范化？<br>2. 代码规范化主要体现在哪几个方面？<br>3. 文件注释的完整版本的规范写法是什么？<br>4. 函数注释的完整版本的规范写法是什么？ | |
| 技 能 微 课 | | |
| 程序排版的基本规范 | 程序注释的基本规范 | 命名的基本规范 |

## 二、技能点详解

C 语言的程序需要按照一定的规定书写，如果不遵守编译器的规定，编译器在编译时就会报错，使程序无法执行下去，这种规定称为规则。在代码编写的实践过程中，在遵守编译器的规定下，根据使用习惯制定一种代码编写规定，用来提高代码的统一性和可读性，这种规定称为规范。

代码规范化十分必要，无论是个人编程者还是团队成员，都要尽量使编写的

代码规范化，使其看起来整齐、舒服。如果不按照规范化的格式输入代码，则会使程序看起来没有层次、规律，阅读起来很吃力。尤其是若没有合理的注释，在一段时间后，代码将基本无法阅读。同时，代码规范化使得程序不容易出错，规范的代码即使出错了查错时也会很方便。代码格式虽然不会影响程序的功能，但会影响可读性。

代码规范化的原则是在遵守编译器要求的代码规范下，追求代码整体清晰、美观、易阅读、易排错，有利于团队程序开发。 一般来说，规范化主要从结构、排版、注释、命名四个方面入手。

### 1. 结构

每个 C 程序通常分为两个文件，一个文件用于保存程序的声明，称为头文件，另外一个文件用于保存程序的实现，称为定义文件。C 程序的头文件以 .h 为后缀，定义文件以 .c 为后缀。

在 C 程序文件中，一般按照函数声明、头文件包含、变量定义、子函数声明、主函数、子函数体的结构顺序组织。函数声明是按照文件名、版本、历史信息等内容对程序进行注释。头文件包含是指程序内相关函数引用位置，可以是系统自带的，也可以是自定义的。变量定义是指后续程序中需要用到的变量类型的定义，在此定义的变量为全局变量。子函数声明是指在主函数中使用自定义子函数时，将对应子函数体放在主函数之后，在主函数前进行声明，这样可确保主函数的可阅读。主函数在程序执行的入口位置。具体结构可参考以下代码格式：

```
/*************************************
*函数声明：文件名、版本、历史信息等
*************************************/
/*头文件包含*/
#include <xxxxx.h>
#include "xxxxx.h"

/*变量定义*/
int num_man ;

/*子函数声明*/
void sum_add(void);

/*主函数*/
void main(void)
{
    sum_add();   //子函数使用
}

/*************************************
*子函数体：文件名，函数版本等信息
```

```
*************************************/
void sum_add(void)     /*  子函数  */
{
                //子函数体
}
```

2. 排版

1) 空行

空行起着分隔程序段落的作用，空行得体将使程序的布局更加清晰。两个相对独立的程序块、定义变量后必须要加空行。比如上面几行代码完成的是一个功能，下面几行代码完成的是另一个功能，那么它们中间就要加空行，这样看起来更清晰。示例代码如下：

```
void DemoFunc(void)
{
    uint8_t i;
                //局部变量和语句间空一行
    /*  功能块  1 */
    for (i = 0; i < 10; i++)
    {
        //...
    }
                //不同的功能块间空一行
    /*  功能块  2 */
    for (i = 0; i < 20; i++)
    {
        //...
    }
}
```

2) 空格

对两个以上的关键字、变量、常量进行对等操作时，它们之间的操作符之前、之后或者前后要加空格；进行非对等操作时，如果是关系密切的立即操作符(如->)，则后面不应加空格。采用这种松散方式编写代码的目的是使代码更加清晰。示例代码如下：

(1) 逗号、分号只在后面加空格。

```
int a, b, c;
```

(2) 比较操作符，赋值操作符 =、+=，算术操作符 +、%，逻辑操作符&&、&，位域操作符 <<、^ 等双目操作符的前后加空格。

```
if (current_time >= MAX_TIME_VALUE)
a = b + c;
a *= 2;
```

```
a = b ^ 2;
```

(3) !、~、++、--、&(地址运算符)等单目操作符前后不加空格。

```
*p = 'a';                //内容操作“*”与内容之间
flag = !isEmpty;         //非操作“!”与内容之间
p = &mem;                //地址操作“&”与内容之间
i++;                     //“++”“—”与内容之间
```

(4) ->、. 前后不加空格。

```
p->id = pid;             //“->”指针前后不加空格
```

(5) if、for、while、switch 等与后面的括号间应加空格，使 if 等关键字更为突出、明显，函数名与其后的括号之间不加空格，以与保留字区别开。

```
if (a >= b && c > d)
```

3) 对齐

成对的符号一定要成对书写，如 ()、{}。不要写完左括号然后写内容最后再补右括号，这样很容易漏掉右括号，尤其是写嵌套程序的时候。{ 和 } 分别都要独占一行。互为一对的 { 和 } 要位于同一列，并且与引用它们的语句左对齐。就算只有一行代码也要加 {}，并且遵循对齐的原则，这样可以防止书写失误。{} 内的代码要向内缩进，且同一地位的要左对齐，地位不同的继续缩进。缩进是通过键盘上的 Tab 键实现的，可以使程序更有层次感。缩进的原则是：如果代码地位相等，则不需要缩进；如果属于某一个代码的内部代码，就需要缩进。示例代码如下：

```
#include<stdio.h>
int main(void)
{
    if (…)
        return 0;
}
```

4) 代码行

一行代码只做一件事情，如只定义一个变量，或只写一条语句。这样的代码容易阅读，并且便于写注释。if、else、for、while、do 等语句自占一行，执行语句不得紧跟其后。此外，非常重要的一点是，较长的语句(大于 80 字符)要分成多行书写，长表达式要在低优先操作符处划分新行，操作符放新行之首，划分出的新行要进行适当的缩进，使排版整齐、语句可读。循环、判断等语句中若有较长的表达式或语句，则要进行适当的划分，长表达式要在低优先级操作符处分新行，操作符放在新行之首。示例代码如下：

```
#include<stdio.h>

int main(void)
{
    if (…)
    {
```

```
        while (…)
    }
    return 0;
}
```

### 3. 注释

注释有助于对程序的阅读理解以及提供二次开发所需文档。注释应考虑程序易读及排版整齐，使用的语言若是中、英兼有的，建议多使用中文。

1) 行注释

一行注释采用//…，多行注释采用/*…*/。在一般情况下，源程序有效注释量必须在 20% 以上。说明性文件、函数接口必须充分注释说明，全局变量需要说明功能及取值范围。虽然注释有助于理解代码，但注意不可过多地使用注释。示例如下：

```
/*变量定义*/
int num_man ;   //班级男生人数   0～50 之间
```

注释的时候需要注意对代码的“提示”，而不能写成文档。程序中的注释不可喧宾夺主，注释太多会让人眼花缭乱。如果代码本来就是清楚的，则不必加注释，尤其是对表达式的复述，没有必要。示例如下：

```
a = a+1;          // a 自身加 1          (没有必要)
```

注释与代码编写同步进行，边写代码边注释，修改代码的同时要修改相应的注释，以保证注释与代码的一致性，不再有用的注释要删除。每一条宏定义的右边必须要有注释，以说明其作用。每一个全局变量必须有注释，以说明功能和取值范围。示例如下：

```
intnum_man ;    //班级男生人数 0～50 之间
```

2) 文本注释

针对整个文件的注释内容较多，便于阅读者快速了解文件的相关信息。整个文件的开始部分应该给出关于文件版权、内容简介、修改历史等项目的说明。在创建代码和每次更新代码时，都必须在文件的历史记录中标注版本号、日期、作者、更改说明等项目。其中版本号由两个数字字符中间加点号表示，点号前面的数字字符表示大的改变，点号后面的数字字符表示小的修改。如果有必要，还应该对其他的注释内容进行同步的更改。示例如下：

```
/*****************************************************************
* Copyright (C), 2021-2023, C 语言项目开发组
* 文件名: main.c
* 内容简述：实现小球沿着不同方向碰撞墙壁，并实现反弹。
* 文件历史：
* 版本        日期          作者        说明
* 1.0      2021-12-01     课题组      实现小球的碰撞转向
* 2.0      2022-06-12     课题组      采用函数，优化程序
*****************************************************************/
```

针对一些练习用的小函数，不需要填写全部信息，可以采用简化版本。示例如下：

```
/**************************************************************
* 内容简述：根据给定的年、月、日，计算当天是星期几。需要采用基姆拉尔森算法。
*         Weekday=(d+2*m+3*(m+1)/5+y+y/4-y/100+y/400)%7
**************************************************************/
```

3) 函数注释

针对一个函数的注释内容较多，便于阅读者快速了解函数的相关信息。在函数实现之前，应该给出和函数的实现相关的注释信息，内容包括本函数功能介绍，调用的变量、常量说明，形参说明，特别是全局变量。示例如下：

```
/**************************************************************
* 函数名 : void PositionBall(int x, int y)
* 功  能 : 在不同位置绘制小球
* 输  入 : 小球的 x 方向的坐标  window_left --   window_right
*          小球 y 方向的坐标    window_top   --   window_bottom
* 输  出 : 无
**************************************************************/
```

针对一些练习用的小程序，不需要如此严格，可以采用简化版本。示例如下：

```
/**************************************************************
* 功  能 : 根据输入年月日，计算星期
**************************************************************/
```

## 4. 命名

命名主要是对标识符的命名，命名要清晰、明了，有明确含义，同时使用完整的单词或大家基本可以理解的缩写，避免使人产生误解。命名中若使用了特殊约定或缩写，则要有注释说明。

标识符命名可以采用有意义的词语，较短的单词可通过去掉“元音”形成缩写；较长的单词可取单词的头几个字母形成缩写；一些单词有大家公认的缩写。如下单词的缩写能够被大家基本认可：

temp 可缩写为 tmp; flag 可缩写为 flg; message 可缩写为 msg;

statistic 可缩写为 stat; increment 可缩写为 inc。

命名中若使用特殊约定或缩写，则要有注释说明。除非必要，不要用数字或较奇怪的字符来定义标识符。示例如下：

```
unsignedchar dat01;             //修改 unsigned char liv_date;
void Set00 (unsignedchar c);    //修改 void SetName (unsigned char c);

int Class_width;                //局部整型变量，教室宽度
char Student_name;              //全局字符型变量，学生名字
```

函数命名时，单词词间首字母大写。示例如下：

```
void CommInit();
```

**案例 3.3.1**　简化规范。

根据给定的年、月、日，计算当天是星期几。需要采用基姆拉尔森算法，算法公式为 Weekday = (d + 2*m + 3*(m + 1)/5 + y + y/4−y/100 + y/400)%7。针对一些练习用的小程序，我们采用了简化规范，简化规范主要体现在注释上面。

程序代码如下：

```
/****************************************************************
* 内容简述：根据给定的年、月、日，计算当天是星期几。需要采用基姆拉尔森算法。
*          Weekday=(d+2*m+3*(m+1)/5+y+y/4-y/100+y/400)%7
****************************************************************/
#include<stdio.h>                    //头文件
#include<stdlib.h>
int wk_day;                          //星期几的变量

int WeekDay(int y, int m, int d);    //根据输入年月日，计算星期

void main(void)
{
    int y = 2022, m = 7, d = 9;      //定义局部变量

    wk_day = WeekDay(y,m,d);         //将计算结果赋值个星期几变量

    printf("这天是星期:%d\n", wk_day);
    system("pause");                 //使得运行系统暂停
}
/****************************************************************
* 功  能 : 根据输入年月日，计算星期
****************************************************************/
int WeekDay(int y, int m, int d)
{
    int w ;

    if(m == 1 || m == 2)          //如果不写 if 来判断 m==1 || m==2，会有误差
    {
        m += 12;
        y--;
    }
    w = (d+2*m+3*(m+1)/5+y+y/4-y/100+y/400)%7;    //基姆拉尔森算法
    return w+1;
}
```

程序运行结果如图 3.3.1 所示。

图 3.3.1　案例 3.3.1 运行结果

简化规范分析：

结构：C 程序的定义文件中包括函数注释、头文件包含、变量定义、子函数声明、主函数、子函数体。

排版：不同类型内容之间留有空行，运算符与变量之间留有空格，成对的符号实现对齐，一行代码只做一件事。

注释：采用“//”针对关键行注释，采用简化版本进行文件注释，只描述文件内容，采用简化版本对函数注释，只描述函数功能。

命名：针对变量标识符的命名，采用小写字母，如 wk_day。函数标识符的命名采用首字母大写，如 WeekDay()。

**案例 3.3.2**　标准规范。

针对一些练习用的小程序，进行简化的规范。

程序代码如下：

```
/****************************************************************
* Copyright (C), 2021-2023，C 语言项目开发组
* 文件名：main.c
* 内容简述：实现小球沿着不同方向碰撞墙壁，并实现反弹。
* 文件历史：
* 版本          日期            作者          说明
* 1.0        2021-12-01     课题组       实现小球的碰撞转向
* 2.0        2022-06-12     课题组       采用函数，优化程序
****************************************************************/
#include<stdio.h>//头文件
#include<stdlib.h>
#include<windows.h>

int position_x, position_y;                                  //小球在屏幕上的位置
int speed_x, speed_y;                                        //小球在两个方向上的速度
int window_left, window_right, window_top, window_bottom; //屏幕范围
void    InitData(void);                                      //初始化相关参数
void PositionBall(int x, int y);                             //在不同位置绘制小球
void main(void)
{
    InitData();                                              //初始化相关参数
    while (1)
```

```
    {
        system("cls");                          //清屏函数

        /* 通过速度参数，修改小球位置 */
        position_x = position_x + speed_x;

        position_y = position_y + speed_y;
        PositionBall(position_x, position_y);         //在不同位置绘制小球
        Sleep(50);   //等待若干毫秒

        /* 碰撞到四周边框后，修改小球移动方向 */
        if ((position_y == window_top)||(position_y == window_bottom))
        {
            speed_y = -speed_y;
        }
        if ((position_x == window_left)||(position_x == window_right))
        {
            speed_x = -speed_x;
        }
    }
}

/***************************************************************
* 函数名 : void   InitData(void)
* 功   能 : 初始化相关参数
* 输   入 : 无
* 输   出 : 无
***************************************************************/
void   InitData(void)
{
    position_x = 5;                   //小球位置设置
    position_y = 10;

    speed_x = 1;                      //小球速度设置
    speed_y = 1;

    window_left = 0;                  //小球运行边框设置
    window_right = 10;
    window_top = 0;
    window_bottom = 20;
}
```

```
/*************************************************************
* 函数名 : void PositionBall(int x, int y)
* 功  能 : 在不同位置绘制小球
* 输  入 : 小球 x 方向的坐标 window_left --   window_right
*          小球 y 方向的坐标   window_top   --   window_bottom
* 输  出 : 无
*************************************************************/
void PositionBall(int x, int y)
{
    int i, j;

    for(i = 0; i <= window_bottom; i++)             //纵坐标
    {
        for (j = 0; j <= window_right; j++)         //横坐标
        {
            if((i == y) && (j == x)){
                printf("o");                        //输出小球 o
            }
            else{
                printf(" ");
            }
        }
        printf("\n");
    }
}
```

程序运行结果如图 3.3.2 所示。

```
C:\Users\Administrator\Desktop\1122\Debug\1122.exe









   o
```

图 3.3.2　案例 3.3.2 运行结果

完整规范分析：

结构：C 程序文件中一般包括函数声明、头文件包含、变量定义、子函数声明、主函数、子函数体。

排版：不同类型内容之间留有空行，运算符与变量之间留有空格，成对的符号实现对齐，一行代码只做一件事。

注释：采用“//”对关键行进行注释，采用完整版本进行文件注释，含有文件内容、版本信息等，采用完整版本对函数注释，含有函数名、函数功能、输入输出变量等信息。

命名：针对变量标识符的命名，采用小写字母，如 position_x, position_y。函数标识符的命名采用首字母大写，如 void PositionBall(int x, int y)。

## 三、技能点拓展

对一个 C 文件的长度没有非常严格的要求，但应尽量避免文件过长。一般来说，文件长度应尽量保持在 1000 行之内。

### 1. 头文件路径

在引用头文件时，不要使用绝对路径。如果使用绝对路径，当需要移动目录时，则必须修改所有相关代码，繁琐且不安全；若使用相对路径，当需要移动目录时，则只需修改编译器的某个选项即可。示例如下：

```
#include "/project/inc/hello.h"          //不应使用绝对路径
#include "../inc/hello.h"                //可以使用相对路径
```

在引用头文件时，使用 <> 来引用预定义或者特定目录的头文件，使用“”来引用当前目录或者路径相对于当前目录的头文件。示例如下：

```
#include<stdio.h>                        //标准头文件
#include<projdefs.h>                     //工程指定目录头文件

#include "global.h"                      //当前目录头文件
#include "inc/config.h"                  //路径相对于当前目录的头文件
```

### 2. 头文件防重包含

为了防止头文件被重复引用，应当用 ifndef/define/endif 结构产生预处理块。示例如下：

```
#ifndef__DISP_H                          //文件名前面加两个下画线“_”，后面加“_H”
#define__DISP_H
…
…
#endif
```

头文件中只存放“声明”而不存放“定义”，通过这种方式可以避免重复定义。示例如下：

```
/* 模块 1 头文件：module1.h */
externint a = 5;                 //在模块 1 的 .h 文件中声明变量


/* 模块 1 实现文件：module1.c */
uint8_t g_ucPara;                //在模块 1 的 .h 文件中定义全局变量 g_ucPara
```

如果其他模块需要引用全局变量 g_ucPara，只需要在文件开头包含 module1.h。

示例如下：

```
/* 模块 2 实现文件：module2.c */
#include "module1.h" //在模块 2 中包含模块 1 的 .h 文件
…
g_ucPara = 0;
…
```

## 四、技能点检测

### 1. 选择题

(1) 程序块要采用缩进风格编写，缩进的空格数为几个？(　　)

A. 2　　B. 4　　C. 6　　D. 8

(2) 一般情况下，源程序有效注释量必须在多少比例以上(　　)。

A. 40%　　B. 30%　　C. 20%　　D. 10%

(3) 下面关于函数的描述不正确的是？(　　)

A. 一个函数仅完成一件功能。

B. 为简单功能要求，编写简单的函数代码。

C. 函数的规模尽量限制在 300 行以内。

D. 不要设计多用途面面俱到的函数。

(4) 设计函数时，函数的合理扇出应该(　　)。

A. 小于 7　　B. 小于 8　　C. 小于 9　　D. 小于 10

(5) 优化函数结构时，下面描述的原则哪个是不正确的？(　　)

A. 不能影响模块功能的实现

B. 仔细检查模块或函数的出错处理及模块的性能要求并进行完善

C. 通过分解或合并函数来改进软件结构

D. 提高函数间接口的复杂度

### 2. 填空题

(1) 为了提高代码的效率，通常要求循环体内工作量________，把多重循环中最忙的循环放在________。

(2) 代码质量保证优先原则中，应最优先保证________，然后依次是稳定性、安全性、________、规范/可读性、全局效率、局部效率、个人方便性。

(3) 命名主要是标识符的命名，命名要________，有________，同时使用完整的单词或大家基本可以理解的缩写，避免使人产生误解。

(4) 函数注释主要是对一个函数进行________，注释内容较多，便于阅读者快速了解函数的相关信息。

(5) C 程序的头文件以________为后缀，C 程序的定义文件以________为后缀。

### 3. 编程题

(1) 采用简约注释模式编写程序，要求根据输入的数据，打印 n*n 的乘法口诀。

(2) 采用“-”和“|”两种线型，绘制 10*10 的边框图案，采用完整版注释模式对程序进行注释。

# 任务 3.4　编程错误排查

## 一、问题引入

现实生活中有很多规则和措施，比如为了交通安全，十字路口会设定交通灯，汽车座椅会有安全带，测速系统会有超速警告，甚至还设置了摄像头对驾驶员进行疲劳驾驶监测。程序员要编写一个好的程序，就必须遵守代码规范，编程工具也会提供很多工具帮助程序员检查语法、调试程序，那么如何使用这些工具呢？

| 学习目标 | 技能点分析 |
| --- | --- |
| 1. 掌握程序编译流程。<br>2. 能够通过设置断点排查问题。<br>3. 能够使用单步执行命令。<br>4. 掌握使用数据提示检查变量的方法。 | 1. 程序的编译有哪些步骤？<br>2. 什么是程序的调试？<br>3. 调试程序时，设置断点的意义是什么？ |
| 技 能 微 课 | |
| 程序调试的操作 | 程序错误排查 |

## 二、技能点详解

C 语言中的调试是指通过多种方法从代码中删除 bug，例如可以通过扫描代码以查找拼写错误来进行调试，使用代码分析器进行调试，使用性能探查器进行调试代码，也可以使用调试器进行调试。

调试器是一种非常专业的开发人员工具，它可附加到正在运行的应用中，并允许用户检查代码。毫无疑问，软件开发人员编写的代码并不总是按照预期运行的，有时会执行一些完全不同的操作。调试意味着在 Visual Studio 等调试工具中逐步运行代码，以找到导致编程错误的确切位置。

有效地使用调试程序也是一项需要时间和实践来掌握的技能，但从根本上来说，这是每个软件开发人员的一项基本任务。

### 1. 如何启动调试

在创建完程序后，通过“调试”菜单的“启动调试”，或者按 F5 键启动调试功能，如图 3.4.1 所示。

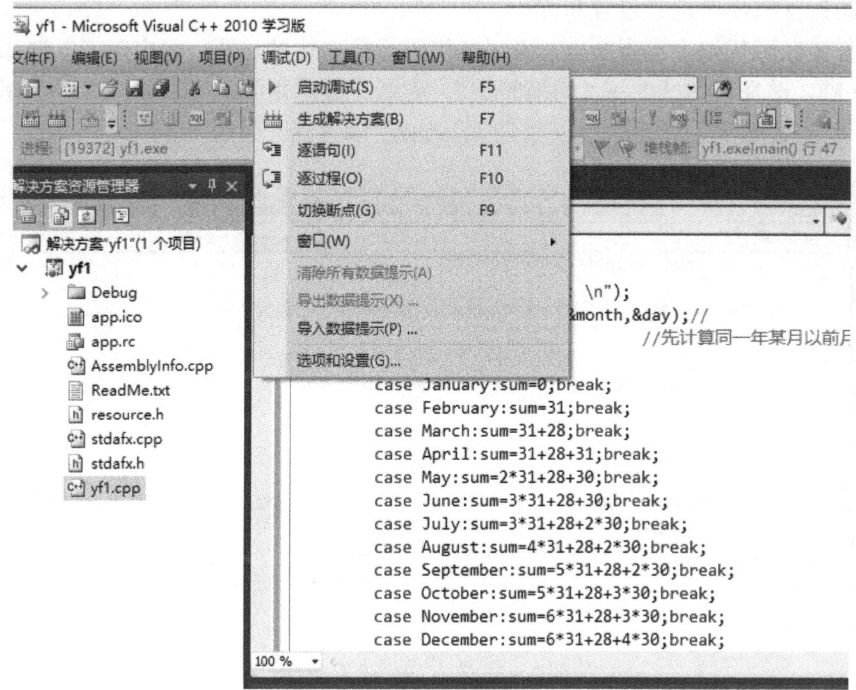


图 3.4.1　启动调试

调试完成后，在图 3.4.2 中会显示调试结果，如果有错会给出具体提示信息。

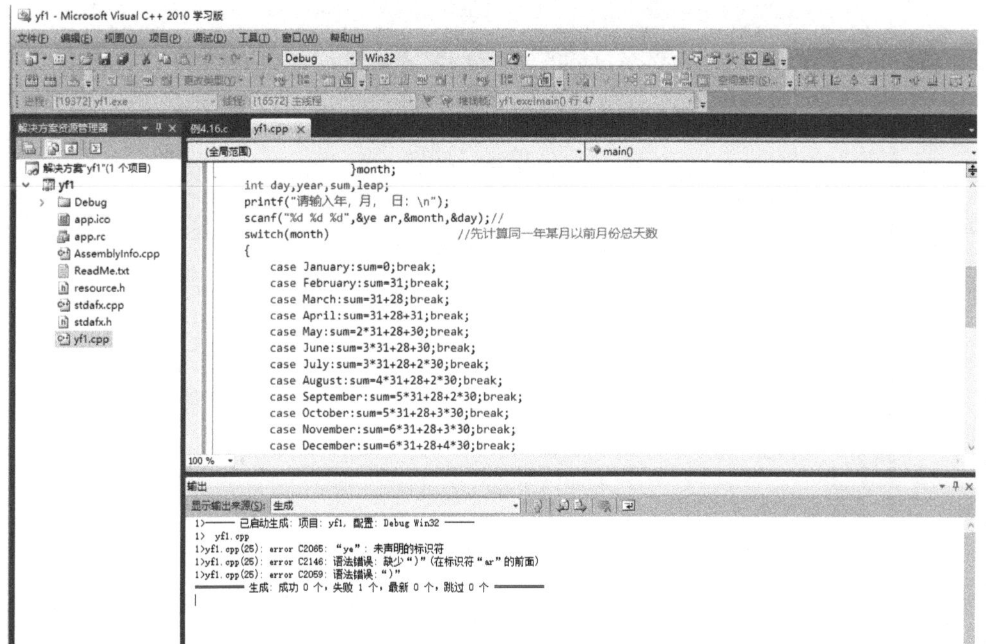


图 3.4.2　调试结果输出

## 2. 设置断点

在开发人员的工具箱中，断点是最重要的调试技术之一，用户可以在希望暂停

调试器执行的任何位置设置断点。

若要在源代码中设置断点，请单击代码行最左边的边距。用户还可以选择行并按 F9 键，选择“调试”→“切换断点”，或者右键单击并选择“断点”→“插入断点”。断点显示为左边距中的一个红点，如图 3.4.3 所示。

```
例4.16.c    yf1.cpp ×
(全局范围)                                    main()
        default:printf("data error");
    }
    /*判断这一年是不是闰年，如果不是润年二月是28天，否则就是29天*/
    sum=sum+day;
    {
        if(year%400==0||(year%4==0 && year%100!=0))
        leap=1;
        else
        leap=0;
    }
    if(leap==1 && month>2)   //如果是闰年且大于2月，天数增加一天
            sum++;
    printf("你输入的日期是那一年的第 %d 天!",sum);
    return 0;
}
```

红点

图 3.4.3　在代码中设置断点

调试时，在执行断点所在行上的代码之前，执行会在断点处暂停。 断点符号会显示一个箭头，如图 3.4.4 所示。

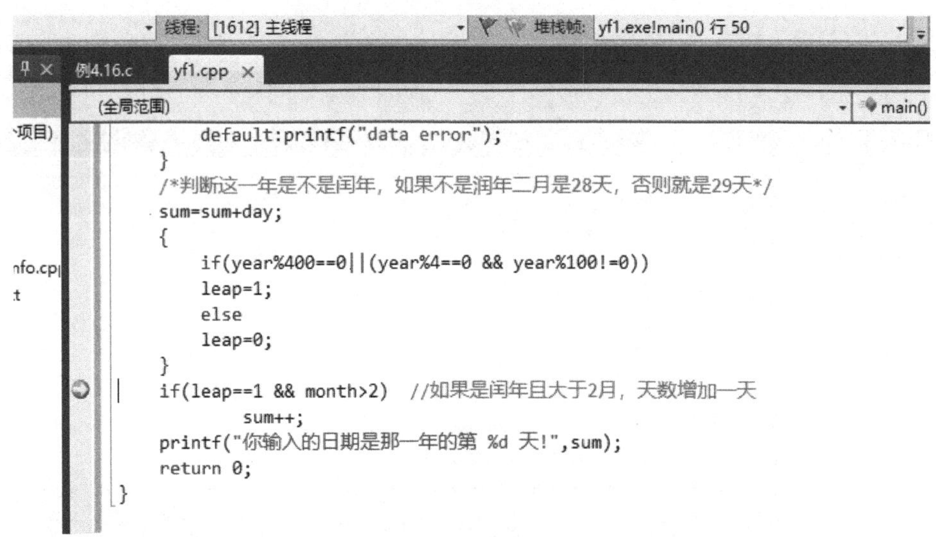


图 3.4.4　运行时断点符号

### 3. 在调试模式中单步调试代码以查找问题发生的位置

正常运行应用时，仅在代码运行后才能看到错误和不正确的结果，程序也可能会意外中止而不告知原因。此时可在调试程序中运行该应用(即进入调试模式)，这意味着调试程序会主动监视该应用运行时发生的所有事情。此外，调试程序允许在任何时候暂停应用以检查其状态，然后逐行单步调试代码以查看发生的每个细节。

通过按下 F5 键(或选择“调试”→“开始调试”菜单命令或点击调试工具栏中的“开始调试”按钮)进入调试模式。如果发生异常，则 Visual C++ 的异常帮助程序会找到发生异常的确切位置，并提供其他有用信息。

单击代码行旁边的左边距或将光标置于代码行并按 F9 键可快速设置断点。要在附加了调试器的情况下启动应用，请按 F11 键(或选择“调试”→“逐语句”)，即执行单步执行命令，如图 3.4.5 所示。每按一次 F1 键，应用就会执行下一个语句。使用 F11 键启动应用时，调试器会在执行的第一个语句上中断。

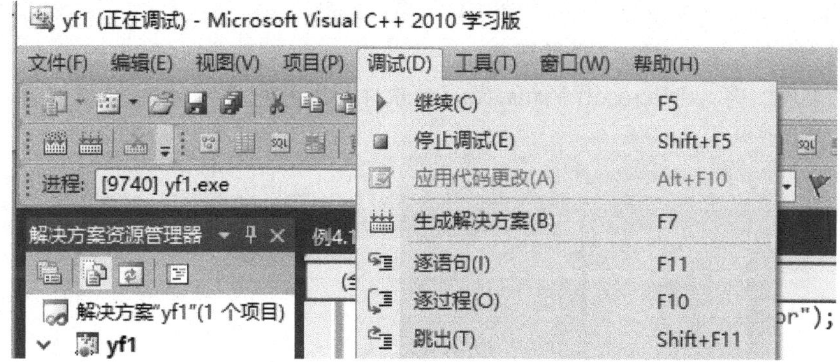


图 3.4.5　调试菜单

如果所在的代码行是函数或方法调用，则可以按 F10 键(或选择“调试”→“逐过程”)而不是按 F11 键。按 F10 键将使调试器前进，但不会单步执行应用代码中的函数或方法(代码仍将执行)，这样可跳过用户不感兴趣的代码，快速转到需调试的代码。

## 4. 使用数据提示检查变量

在调试过程中，如果希望查看变量的值，以便结合程序代码流程了解数据的变化过程是否符合设计预期，可以利用“自动窗口”和“局部变量”选项检查变量，如图 3.4.6 和图 3.4.7 中所示。“自动窗口”中可以实时查看到程序的变量名称和当前的值、类型信息，“局部变量”中可以实时查看到程序的局部变量名称和当前的值、类型信息。

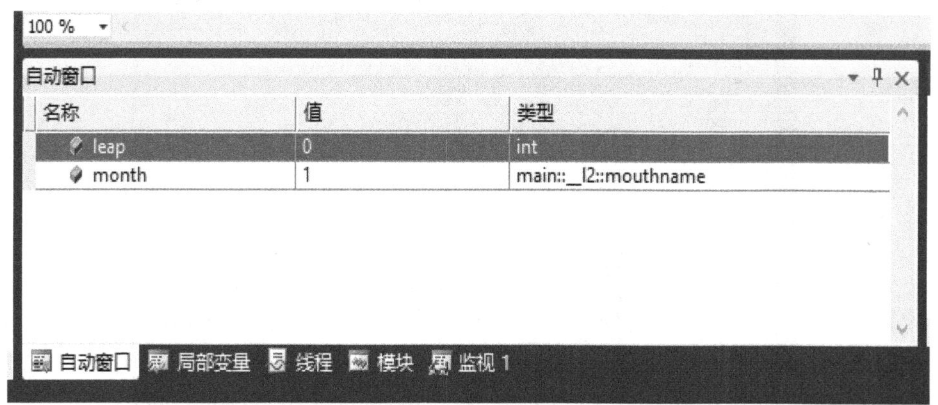


图 3.4.6　自动窗口

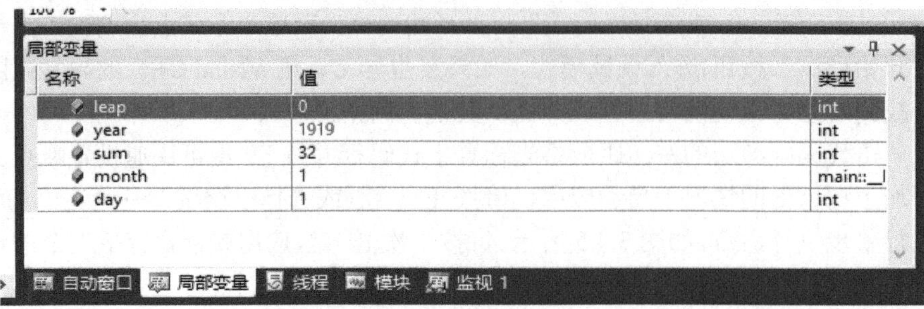


图 3.4.7　局部变量

**例 3.4.1**　程序调试与变量查看。

第一步：打开 Microsoft Visual Studio 软件，编写程序，如图 3.4.8 所示。

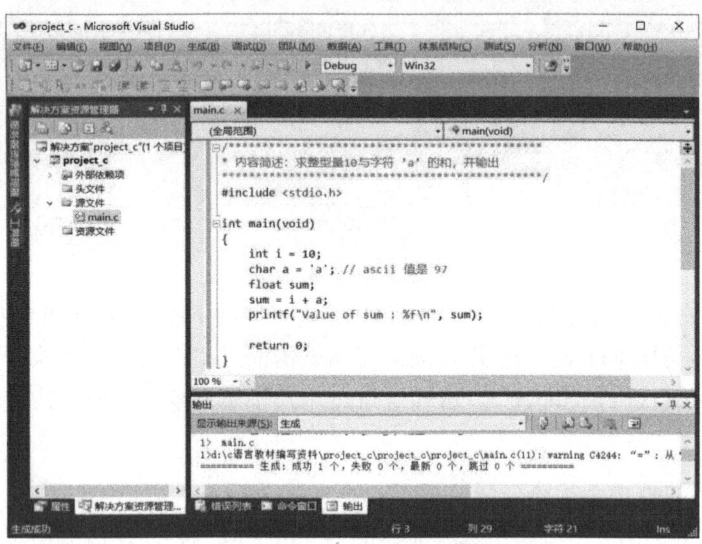


图 3.4.8　编程窗口

第二步：建立编译，看看是否有语法错误，如图 3.4.9 所示。

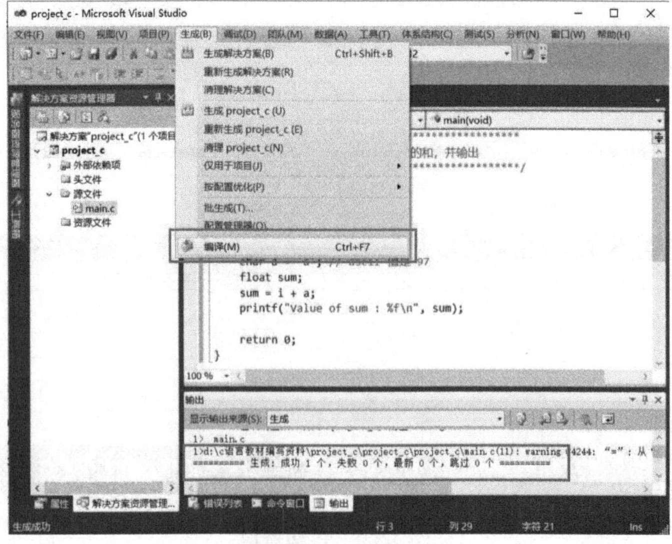


图 3.4.9　编译窗口

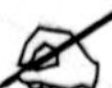

第三步：按 F5 键，启动程序，程序运行窗口如图 3.4.10 所示。

C:\Windows\system32\cmd.exe
Value of sum : 107.000000
请按任意键继续. . .

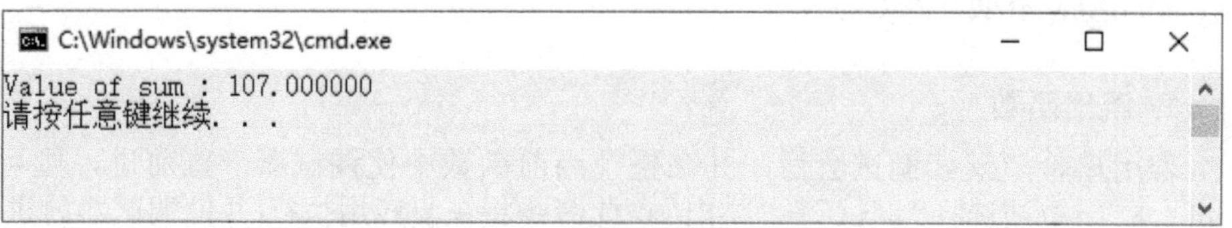

图 3.4.10　程序运行窗口

第四步：标记断点。通过光标定位到相应行，可通过单击代码行旁边的左边距或将光标置于代码行并按 F9 键来快速设置断点，如图 3.4.11 所示。

project_c (正在调试) - Microsoft Visual Studio
main.c
* 内容简述：求整型量10与字符 'a' 的和，并输出
#include <stdio.h>
int main(void)
{
int i = 10;
char a = 'a'; // ascii 值是 97
float sum;
sum = i + a;
printf("Value of sum : %f\n", sum);
自动窗口
调用堆栈
解决方案资源管理器

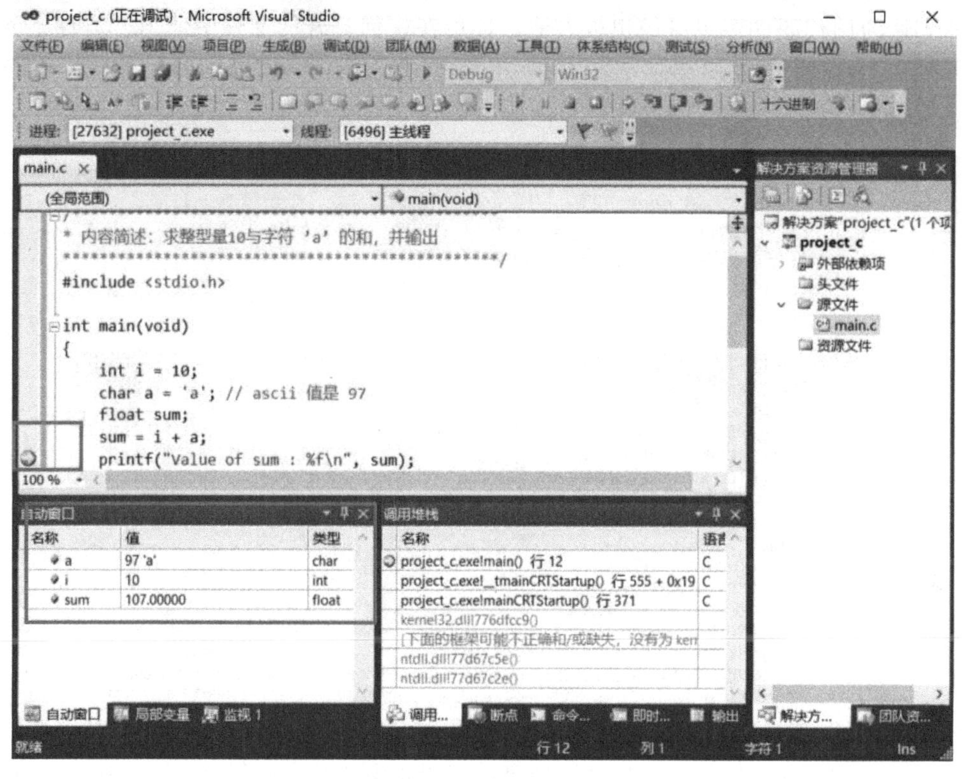

图 3.4.11　标记断点

第五步：按 F10 键不断分步调试，可查看变量的值和逻辑结果，如图 3.4.12 所示。

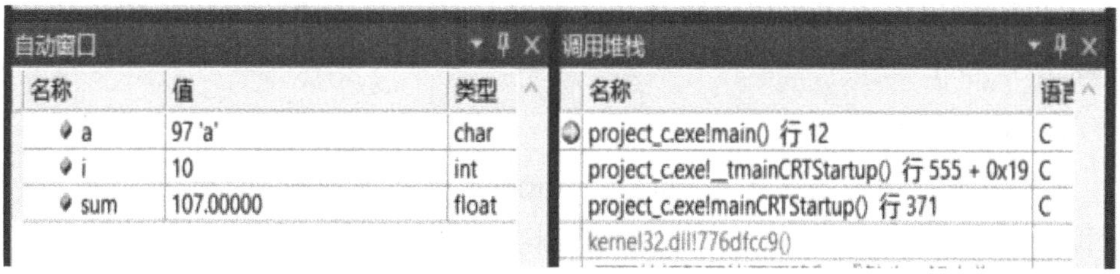

自动窗口
名称　值　类型
a　97 'a'　char
i　10　int
sum　107.00000　float
调用堆栈
名称　语言
project_c.exe!main() 行 12　C
project_c.exe!_tmainCRTStartup() 行 555 + 0x19　C
project_c.exe!mainCRTStartup() 行 371　C
kernel32.dll!776dfcc9()

图 3.4.12　查看局部变量

这里我们能看到变量 a、i、sum 的值分别为 97、10、107.00000，说明程序正确地读取了数据并存入变量中。

## 三、技能点拓展

### 1. 跳出函数

若用户希望继续调试会话，并在整个当前函数中使调试器一直前进，则可按 Shift + F11 键(或选择“调试”→“跳出”)，此命令将恢复应用执行(并使调试器前进)，直到当前函数返回。

### 2. 使用鼠标快速运行到代码中的某个点

“运行到光标处”选项类似于设置临时断点，如图 3.4.13 所示。此命令对于快速到达应用代码的可见区域也很方便。你可在任何打开的文件中使用“运行到光标处”。有关此功能和类似导航功能的更多详细信息，请参阅运行到代码中的特定位置。

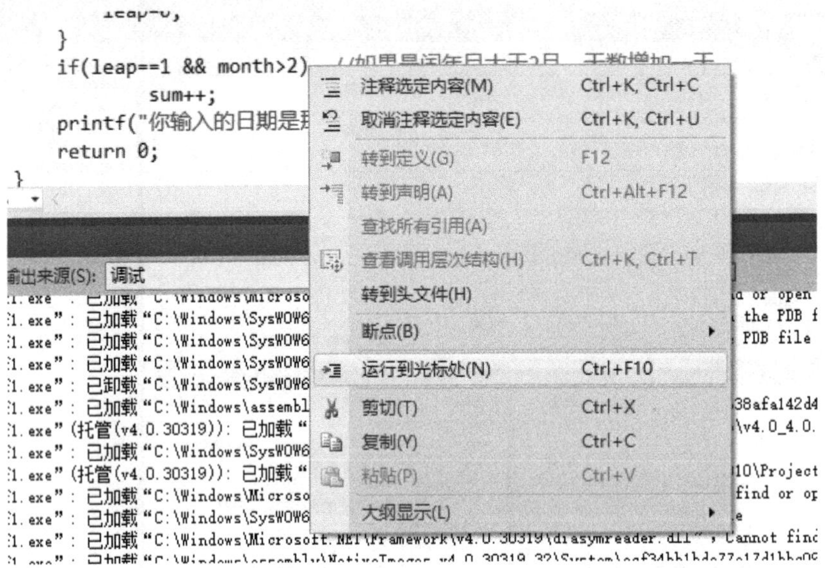


图 3.4.13　鼠标标记断点

在调试程序暂停时，可将鼠标悬停在源代码中的某个语句上，同时按住 Shift 键，并选择“强制执行运行到此处”(绿色双箭头) 。

### 3. 手动中断代码

若要在正在运行的应用中的下一可用代码行处中断，请选择“调试”→“全部中断”。

### 4. 常见错误信息

调试过程中出现的错误大体可分为 warning 和 error 两种，warning 一般不会影响程序正常执行，但是 error 会导致无法编译成功，从而使程序执行失败。

图 3.4.14 中展示了调试程序时发生的错误信息。例如信息“yf1.cpp(23): error C2146: 语法错误: 缺少“;”(在标识符“ear”的前面)”中，“yf1.cpp”是程序文件名，“(23)”是出错代码所在行号，“error C2146:”是错误代码，“语法错误: 缺少“;”

(在标识符“ear”的前面)”是错误的具体内容。

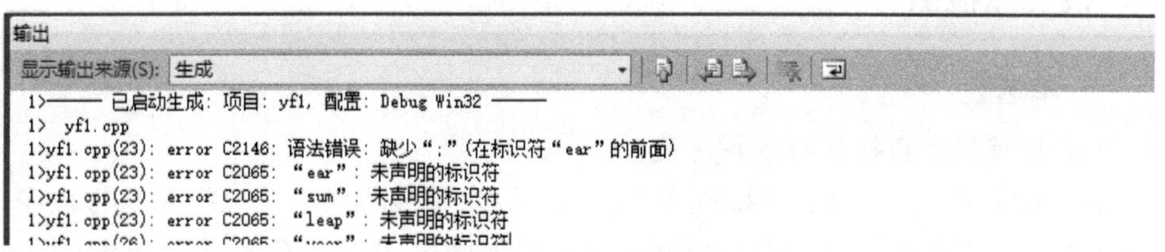


图 3.4.14　错误信息提示

常见的错误代码如表 3.4.1 所示。

**表 3.4.1　常见错误代码**

| 错 误 代 码 | 说　明 |
|---|---|
| fatal error C1010: unexpected end of file while looking for precompiled header directive | 寻找预编译头文件路径时遇到了不该遇到的文件尾。一般可将指令添加到“StdAfx.h”或重新生成预编译头以解决此问题 |
| fatal error C1083: Cannot open include file: 'R…….h': No such file or directory | 不能打开包含文件“R…….h”：没有这样的文件或目录 |
| error C2011: 'C……': 'class' type redefinition | 类“C……”重定义 |
| error C2018: unknown character '0xa3' | 不认识的字符 '0xa3' (一般是汉字或中文标点符号) |
| error C2057: expected constant expression | 希望是常量表达式(一般出现在 switch 语句的 case 分支中) |
| error C2065: 'XXX_YYY: undeclared identifier | “XXX_YYY”：未声明过的标识符。 |
| error C2082: redefinition of formal parameter 'XXXXXX' | 函数参数“XXXXXX”在函数体中重定义 |
| error C2143: syntax error: missing ':' before '{' | 句法错误：“{”前缺少“;” |
| error C2146: syntax error : missing ';' before identifier 'XXX' | 句法错误：在“XXX”前丢了“;” |
| error C2196: case value 'XXX' already used | 值 XXX 已经用过(一般出现在 switch 语句的 case 分支中) |
| error C2509: 'OnXXX' : member function not declared in 'CYYY' | 成员函数“OnXXX”没有在“CYYY”中声明 |
| error C2511: 'reset': overloaded member function 'void (int)' not found in 'B' | 重载的函数“void reset(int)”在类“B”中找不到 |
| warning C4035: 'fxxxxxx': no return value | “fxxxxxx”的 return 语句没有返回值 |
| warning C4553: '==' : operator has no effect; did you intend '='? | 没有效果的运算符“==”，是否改为“=”? |
| warning C4700: local variable 'bXXXX' used without having been initialized | 局部变量“bXXXX”没有初始化就使用 |

## 四、技能点检测

### 1. 单选题

(1) 计算机能直接执行的程序是(　　)。

A. 源程序　　B. 目标程序　　C. 汇编程序　　D. 可执行程序

(2) 一个 C 程序可以包含任意多个不同名的函数，但有且仅有一个 main()函数，一个 C 程序总是从(　　)开始执行。

A. 过程　　B. 主函数　　C. 函数　　D. include

(3) 在调试过程中，输出窗口显示“test.cpp(25): error C2065:“year”:未声明的标识符”，可能的原因是(　　)。

A. 变量未正确定义　　B. year 不是一个标识符

C. year 是一个常量　　D. 调试器配置错误

### 2. 填空题

(1) 调试程序时，若所在的代码行是函数或方法调用，则可以按________来跳出函数，以便加快调试步骤。

(2) “局部变量”或“自动窗口”中的红色值表示自上次评估后值已更改。此更改可能是在________的，也可能是在________的。

# 模块四　编程高级应用

## 任务4.1　数　　组

### 一、问题引入

观看足球比赛时，我们通过球衣的颜色和图案区别球队，但有时我们无法看清球员的面孔，因此我们应如何区别具体的球员呢？解说员在比赛中通常会介绍双方球员及其对应的球衣号码，当我们看到号码的时候，就知道是哪位球员。这种用具体号码对应各球员的方式，与 C 语言中数组的命名方式类似。那么在使用数组时我们应该注意哪些事项呢？

| 学习目标 | 技能点分析 |
| --- | --- |
| 1. 掌握一维数组的应用。<br>2. 掌握多维数组的初始化。<br>3. 掌握访问数组元素的方法。 | 1. 什么是数组？<br>2. 如何声明一维数组和二维数组？<br>3. 数组如何被初始化？<br>4. 如何访问数组元素？元素的索引是什么？ |

<table>
<tr><td colspan="4">技 能 微 课</td></tr>
<tr><td>一维数组的<br>定义与使用</td><td>二维数组的<br>定义与使用</td><td>数组的越界处理</td><td>字符串数组的<br>定义与使用</td></tr>
</table>

### 二、技能点详解

数组是一种数据结构，用于存储相同数据类型的元素的集合。数组通常由连续的内存位置组成，每个内存位置都存储一个元素，通过索引(通常为整数)可以高效地访问这些元素。数组的每个元素都具有相同的数据类型，这意味着在创建数组时，必须指定一个数据类型，该类型将适用于数组中的所有元素。根据索引的不同，可

以分为一维数组和多维数组。

数组中的每一项称为数组的元素，每个元素都对应一个标号，用于表示元素在数组中的位置序号。标号是一维数据时，数组称为一维数组，如 a[2]；标号是多维数据时，数组称为多维数组，如 b[2] [3]称为二维数组。

### 1. 一维数组

一维数组通常由一列数字组成，表示一个有序的数值集合。数组中的每个元素都对应一个标号(n)，且标号从 0 开始。所有的元素都存储在连续的内存位置，最低的地址对应第一个元素，最高的地址对应最后一个元素。例如定义整型的一维数组 int a[6]={100，200，300，400，500，600}，存储 6 个整型数据，每个整型数据在内存中占有 4 个字节空间，则该一维数组在内存中的存储结构如图 4.1.1 所示。

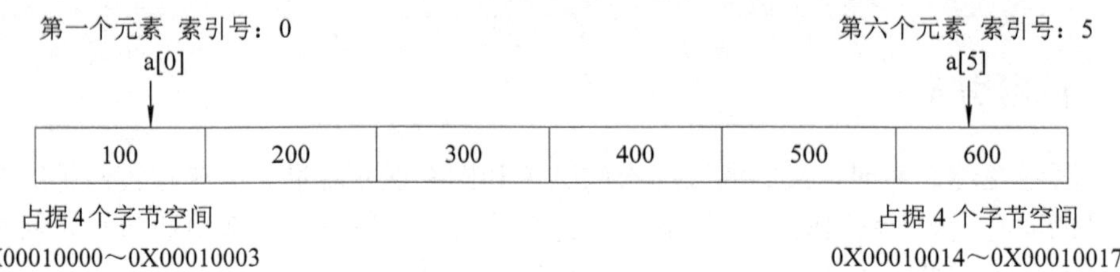


图 4.1.1　一维数组内部存储结构

1) *声明数组*

在 C 中要声明一个数组，需要指定元素的类型和元素的数量，如下所示：

```
type arrayName [ arraySize ];
```

[ ]中的 arraySize 必须是一个大于零的整数常量，type 可以是任意有效的 C 数据类型。例如，要声明一个类型为 float 的包含 6 个元素的数组 b，声明语句如下：

```
float b[6];
```

声明后 b 就是一个可用的数组，可以容纳 6 个类型为 float 的数字。

2) *初始化数组*

数组初始化的常见的方式有 3 种：

(1) 直接对数组中的所有元素赋值。示例如下：

```
float b[5] = {9990.0, 1.0, 5.0, 7.0, 56.0};
```

需要注意的是：大括号 { } 中值的数目不能大于数组声明时方括号 [ ] 中指定的元素数目。比如示例中定义的数组 b 的长度是 5，那么初始化的值的数目最多也只能有 5 个。

(2) 只对数组中的一部分元素赋值。示例如下：

```
float b[5] = {9990.0, 1.0};
```

以上示例的结果是给 b[0]、b[1] 赋了初始值，其他元素没有初始值(也可以理解为是个随机数值)。

(3) 对数组全部元素赋值，但不指定长度。如果省略掉了数组的大小，这时数组的长度等于初始化时元素的个数。示例如下：

```
float b[] = {9990.0, 1.0, 5.0, 7.0, 56.0};
```

这将创建一个数组，虽然没有指定数组长度，但它与之前所创建的数组是完全相同的，也包含 5 个数组元素。

3) *访问数组元素*

数组元素可以通过数组名称加索引进行访问。元素的索引放在方括号内，跟在数组名称后边。下面是一个为数组中某个元素赋值的实例：

```
b[4] = 56.0;
```

这个语句把数组中第五个元素的值赋为 56.0，b[4]可以看作是一个独立的变量，我们可以通过这个变量直接修改数组中的元素值或者引用其中的值。所有的数组都以 0 作为第一个元素的索引，也被称为基索引。因此数组的最后一个索引是数组的总大小减去 1。图 4.1.2 是上面所讨论的数组的索引结构。

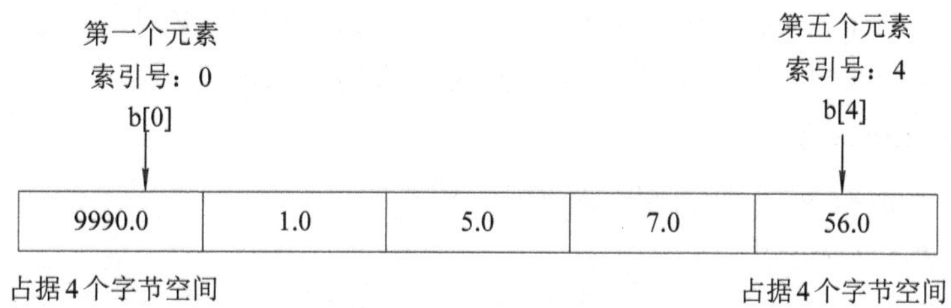


图 4.1.2　一维数组的索引结构

**案例 4.1.1**　读写一维数组。

读写一维数组的程序流程图如图 4.1.3 所示，程序代码如下：

```
/*****************************************************
* 内容简述： 一维数组初始化和输出
*****************************************************/
#include <stdio.h>              //头文件
int main(void)
{
    int n[10];                  // n 是一个包含 10 个整数的数组
    int i, j;
    for (i = 0; i < 10; i++)    //初始化数组元素
    {
        n[i] = i + 100;         //设置元素 i 为 i + 100
    }
    for (j = 0; j < 10; j++ )   //输出数组中每个元素的值
    {   printf("Element[%d] = %d\n", j, n[j] );
    }
    return 0;
}
```

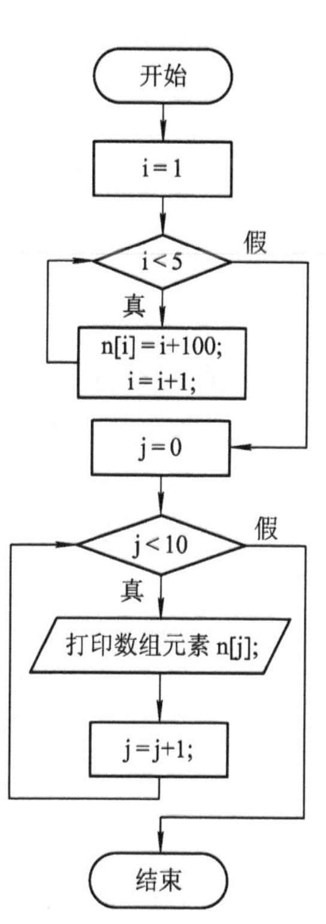


图 4.1.3　案例 4.4.1 流程图

以上代码的运行结果如图 4.1.4 所示。

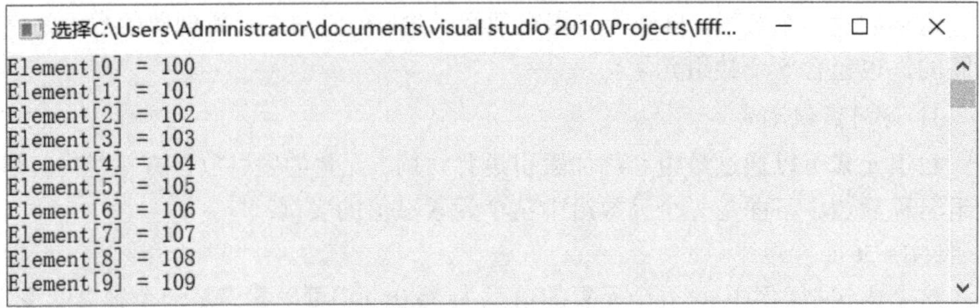

```
选择C:\Users\Administrator\documents\visual studio 2010\Projects\ffff...
Element[0] = 100
Element[1] = 101
Element[2] = 102
Element[3] = 103
Element[4] = 104
Element[5] = 105
Element[6] = 106
Element[7] = 107
Element[8] = 108
Element[9] = 109
```

图 4.1.4　案例 4.1.1 运行结果

### 2. 二维数组

多维数组最简单的形式是二维数组。二维数组是一个有行和列的数组，可以看作是“数组的数组”，是一个一维数组的列表。在计算机编程中，二维数组通常用于储存具有两个维度的数据集合，例如矩阵或表格数据。

1) 声明二维数组

声明一个 m 行 n 列的二维整型数组，形式如下：

```
type arrayName [m][n];
```

其中，type 可以是任意有效的 C 数据类型，arrayName 是一个有效的 C 标识符。一个二维数组在逻辑上就是一个 m 行和 n 列的表格。图 4.1.5 所示的二维数组包含 4 行和 3 列，可表示为 a[4][3]。

| | 列 0 | 列 1 | 列 2 |
|---|---|---|---|
| 行 0 | a[0][0] | a[0][1] | a[0][2] |
| 行 1 | a[1][0] | a[1][1] | a[1][2] |
| 行 2 | a[2][0] | a[2][1] | a[2][2] |
| 行 3 | a[3][0] | a[3][1] | a[3][2] |

图 4.1.5　二维数组逻辑结构

因此，数组中的每个元素是用形式为 a[m][n]的元素名称来标识的，其中 a 是数组名称，m 和 n 是唯一标识数组 a 中每个元素的下标。

2) 初始化二维数组

多维数组可以通过在括号内为每行指定值来进行初始化。下面是一个针对 3 行 4 列二维数组的初始化示例。

```
int a[3][4] = {
            {0, 1, 2, 3} ,   //初始化索引号为 0 的行
            {4, 5, 6, 7} ,   //初始化索引号为 1 的行
            {8, 9, 10, 11}   //初始化索引号为 2 的行
};
```

内部嵌套的括号是可选的，例如下面的初始化与上面的初始化效果是相同的：

```
int a[3][4] = {0, 1, 2, 3, 4, 5, 6, 7, 8, 9, 10, 11};
```

之所以可以这样初始化，是因为数组的存储结构是一个数据列表，数组中的数

据是按照线性结构顺序存储在内存空间中的。例如上例中的 a 数组在内存中的结构如图 4.1.6 所示。

| a[0][0] | a[0][1] | a[0][2] | a[1][0] | a[1][1] | a[1][2] | a[2][0] | a[2][1] | a[2][2] | a[3][0] | a[3][1] | a[3][2] |
|---|---|---|---|---|---|---|---|---|---|---|---|
| 0 | 1 | 2 | 3 | 4 | 5 | 6 | 7 | 8 | 9 | 10 | 11 |

图 4.1.6　二维数组存储结构

3) 访问二维数组元素

二维数组中的元素是通过使用下标(即数组的行索引和列索引)来访问的。例如：

```
int val = a[2][3];
```

将把数组中第 3 行第 4 个元素赋值给变量 val。

**案例 4.1.2**　读写二维数组。

读写二维数组的程序流程图如图 4.1.7 所示，程序代码如下：

```
/***************************************************
* 内容简述：  二维数组初始化和输出
***************************************************/
#include <stdio.h>
int main(void)
{   /* 一个带有 5 行 2 列的数组 */
    int a[5][2] = {{0, 0}, {1, 2}, {2, 4}, {3, 6},{4, 8}};
    int i, j;
    for (i = 0; i < 5; i++)    //输出数组中每个元素的值
    {
        for (j = 0; j < 2; j++)
        {
            printf("a[%d][%d] = %d\n", i, j, a[i][j]);
        }
    }
    return 0;
}
```

开始
i = 0, j = 0
i < 5　真　假
j < 2　真　假
j = j+1;
打印数组元素 a[i][j];
i = i+1;
结束

图 4.1.7　案例 4.1.2 流程图

以上代码的运行结果如图 4.1.8 所示。

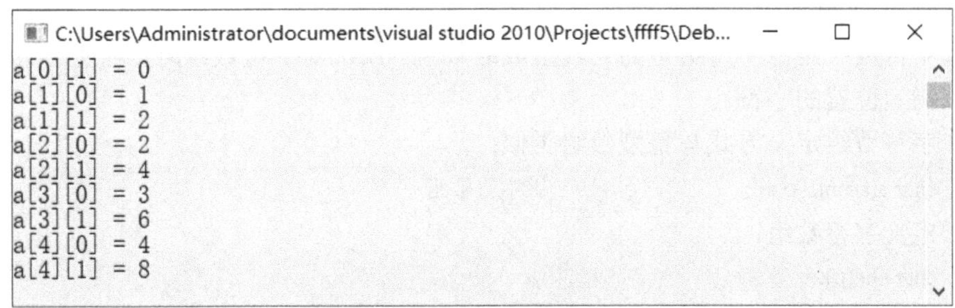


图 4.1.8　案例 4.1.2 运行结果

## 三、技能点拓展

### 1. 数组越界

数组的下标都有一个范围，即 0～数组长度减 1。假设数组长度为 5，则其下标范围为 0～4。当访问数组中的元素时，下标不能超出这个范围，否则程序会出错。示例如下：

```
/**************************************************
* 内容简述： 数组越界显示问题
**************************************************/
#include <stdio.h>            //头文件
int main (void)
{
    int a[5]={1, 2, 3, 4, 5};          //一维数组的 5 个元素
    int i;
    for (i = 0; i < 6; i++)       //输出 5 个数值
    {
        printf("a[%d]= %d\n", i, a[i]);
    }
    return 0;
}
```

运行结果如图 4.1.9 所示。其中，a[5] = -201951540 就是一个错误的数据。实际运行时，a[5]的值是个随机数。

图 4.1.9　运结果

### 2. 字符数组

字符数组是由字符类型的元素组成的数组。在访问字符数组时，可使用下标法读取指定位置的字符。

字符数组定义方式与整型数组类似：

```
char arrname[size];                //一维字符数组
```

定义字符数组：

```
char cha[6];
char chb[5]={'a', 'b', 'c ', 'd', 'e'};   //定义一个字符数组并初始化数组元素
```

### 3. 字符串数组

字符串是由数字、字母、下画线、空格等各种字符组成的一串字符，由一对英文半角状态下的双引号括起来，例如“abcde”。

在 C 语言中，字符串的存储和处理都是通过字符数组来实现的。存储字符串的字符数组必须以空字符 '\0'(空字符)结尾。当把一个字符串存入一个字符数组时，也把结束符 '\0' 存入数组，因此该字符数组的长度是字符串实际字符数加 1。字符串由字符数组进行存储，那么可以直接使用一个字符串常量来为一个字符数组赋值。比如：

```
char cha[11] = {"helloworld"};
char chb[] = {"helloworld"};
```

上述两个字符数组的大小都是 11，这是因为字符串末尾有一个 '\0' 结束符，它们等同于下面数组的定义：

```
char chc[11] = {'h', 'e', 'l', 'l', 'o', 'w', 'o', 'r', 'l', 'd', '\0'};
```

## 四、技能点检测

### 1. 单选题

(1) 以下能对一维数组 a 进行正确初始化的语句是(　　)。

A. int a[10]=(0, 0, 0, 0, 0);　　B. int a[10]={　};

C. int a[ ]={0};　　D. int a[10]={10*1};

(2) 设有 char str[10]，下列语句正确的是(　　)。

A. scanf("%s", &str);　　B. printf("%c", str);

C. printf("%s", str[0]);　　D. printf("%s", str);

(3) 执行以下程序段后，a 的值是(　　)。

```
static int a[ ]={5, 3, 7, 2, 1, 5, 4, 10};
    int a=0; k;
    for(k=0; k<8; k+=2)
        a+=*(a+k);
```

A. 17　　B. 27　　C. 13　　D. 有语法错误，无法确定

(4) 不是给数组的第一个元素赋值的语句是(　　)。

A. int a[2]={1};　　B. int a[2]={1*2};

C. int a[2]; scanf ("%d", a);　　D. a[1]=1;

(5) 设两字符串“Beijing”　“China”分别存放在字符数组 str1[10]、str2[10]中，则下面的语句中能把“China”连接到“Beijing”之后的为(　　)。

A. strcpy(str1, str2);　　B. strcpy(str1, "China");

C. strcat(str1, "China");　　D. strcat("Beijing", str2);

### 2. 填空题

(1) 定义变量时，如果对数组元素全部赋初值，则数组长度 ______________ 。

(2) 在 C 语言中，二维数组中元素排列的顺序是 ____________________。

(3) 对于数组 a[m][n]来说，使用其某个元素时，行下标的最大值是 __________，列下标的最大值是 ________________。

(4) 在 C 语言中，将字符串作为 __________________处理。

(5) 在 C 语言中，数组的首地址是 ______________________。

### 3. 编程题

(1) 编写程序，将一个一维数组的元素逆序存放并输出。例如，原顺序为 1、2、3、4、5，逆序后为 5、4、3、2、1。

(2) 输出图 4.1.10 所示的杨辉三角。

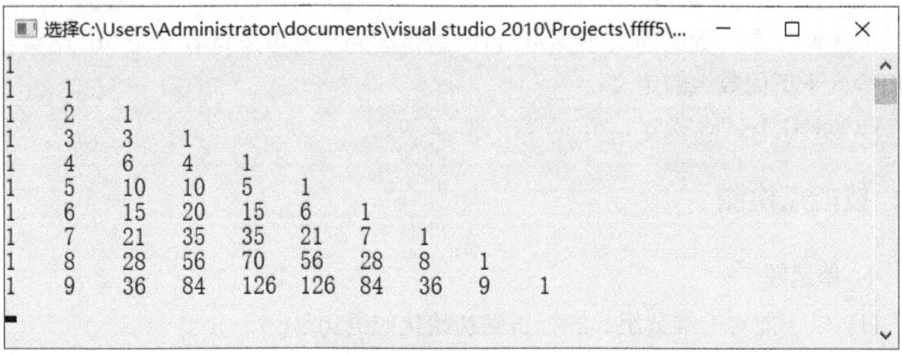

```
选择C:\Users\Administrator\documents\visual studio 2010\Projects\ffff5\...
1
1   1
1   2   1
1   3   3   1
1   4   6   4   1
1   5   10  10  5   1
1   6   15  20  15  6   1
1   7   21  35  35  21  7   1
1   8   28  56  70  56  28  8   1
1   9   36  84  126 126 84  36  9   1
```

图 4.1.10　杨辉三角

对杨辉三角的图形规律进行总结，结论如下：

(1) 第 n 行的数字有 n 项；

(2) 每行的端点数为 1，最后一个数也为 1；

(3) 每个数等于它左上方和上方的两数之和；

(4) 每行数字左右对称，由 1 开始逐渐增大。

根据上面总结的规律，可以将杨辉三角看作一个二维数组 b[m][n]，并使用双层循环控制程序流程，为数组 b[n][n]中的元素逐一赋值。假设数组元素记为 b[m][n]，则元素 b[m][n]满足 b[m][n] = b[m−1][n−1] + b[m−1][n]。

案例实现思路：

(1) 先定义一个二维数组；

(2) 定义双重 for 循环，外层循环负责控制行数，内层循环负责控制列数；

(3) 根据规律给数组元素赋值；

(4) 用双重 for 循环将二维数组中的元素打印出来，即把杨辉三角输出到屏幕上。

# 任务 4.2　指　　针

## 一、问题引入

现实生活中，我们总会碰到很多指示牌，它们的作用是指示我们找到自己的目

的地或者所需的东西，比如车站出口或物品摆放地等。在程序设计中，有时也需要“指示牌”——指针，以指示程序所需要的数据、代码在哪，便于更好地调用。在进行指针操作时，安全意识是十分重要的。由于指针操作不当可能导致程序崩溃或数据泄露等安全问题，因此要树立正确的安全意识，正视安全漏洞的危害，并自觉遵守安全规范。那么在使用指针时我们应该注意哪些事项呢？

<table>
<tr><th>学习目标</th><th>技能点分析</th></tr>
<tr><td>1. 了解指针的概念。<br>2. 掌握指针的运算。<br>3. 掌握指针与数组的关系。</td><td>1. 什么是指针？<br>2. 如何声明指针？<br>3. 指针的算术运算有哪些？<br>4. 什么是指针数组？如何定义一维指针数组？</td></tr>
<tr><td colspan="2">技 能 微 课</td></tr>
<tr><td colspan="2"><br>指针的定义与使用<br><br>指针与数组</td></tr>
</table>

## 二、技能点详解

指针也就是内存地址，指针变量是用来存放内存地址的变量。就像其他变量或常量一样，必须在使用指针存储其他变量地址之前对其进行声明。声明指针变量的一般形式如下：

```
type *v_name;
```

其中，type 是指针的基类型，它必须是一个有效的 C 数据类型，v_name 是指针变量的名称。用来声明指针的星号“*”与乘法中使用的星号是相同的。以下是有效的指针声明示例：

```
int      *intp;          /* 一个整型的指针 */
double *doup;           /* 一个 double 型的指针 */
float   *flop;           /* 一个浮点型的指针 */
char     *chp;           /* 一个字符型的指针 */
```

所有实际的数据类型，例如整型、浮点型、字符型，或其他的数据类型，其对应指针的值的类型都是一样的，都是一个代表内存地址的十六进制数。

对于不同数据类型的指针，其唯一的区别是，指针所指向的变量或常量的数据类型不同。通过以下语句可在指针变量 intp 中存储变量 inta 的地址：

```
int inta;               //定义一个变量 inta
int *intp;              //定义一个指针变量 intp
intp = &inta            //获取变量 inta 的地址存入指针变量 intp 内
```

变量 inta 和指针变量 intp 在内存中的存储关系如图 4.2.1 所示。

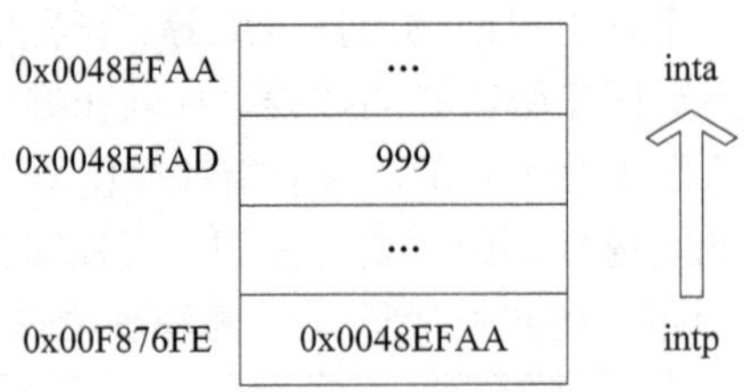


图 4.2.1　指针数据内部存储结构

编译器会根据变量 inta 的类型 int，为其分配 4 个字节地址连续的存储空间。假如这个连续空间的首地址为 0x0048EFAA，那么这个变量占据 0x0048EFAA～0x0048EFAD 这四个字节的空间，0x0048EFAA 就是变量 inta 的地址。而在另一处内存空间 0x00F876FE 处存放了一个地址值 0x0048EFAA，这个地址是变量 inta 的首地址，那么存放这个地址的变量 intp 就是指针。我们称 intp 是指向变量 inta 的“指针”。

### 1. 指针的算术运算

1) 取址运算符

在程序中定义变量时，系统会为变量在内存中开辟一段空间，用于存储该变量的值，每个变量的存储空间都有唯一的编号，这个编号就是变量的内存地址。通过取址运算符“&”可获得变量的内存地址。取地址运算符“&”的使用方法为

```
&vary_name;                //获取变量 vary_name 的地址
```

示例如下：

```
int inta = 99;             //定义变量 inta
int *intp ;                //定义 int 类型的指针 intp
intp = &inta               //变量 inta 的地址赋值给 intp
```

2) 取值运算符

指针变量存储的数值是一个地址，直接对地址操作容易出错，针对指针变量的取值并非取出它所存储的地址，而是间接取得该地址中存储的值。C 语言支持通过使用取值运算符“*”来返回位于操作数所指定地址的变量的值。取值运算符“*”的使用方法为

```
*intp   //取出指针变量 intp 存储的地址对应变量的值
```

示例如下：

```
int inta = 99;      //定义整型变量 inta，并赋值 99
int *intp = &inta; //定义整型指针变量 intp，并取变量 inta 的地址赋值给 intp
int intb = *intp;   //定义整型变量 intb，并取指针变量 intp 中存储的地址对应变量的值赋给 intb
```

通过上述代码，最终变量 intb 的值也是 99。其效果等同于 intb = inta。

3) 指针的算术运算

C 指针是一个用数值表示的地址，因此，用户可以对指针执行四种算术运算：++、--、+、-。假设 intp 是一个指向地址 0x0048EFAA 的整型指针，是一个 32 位的整数，则我们可对该指针执行下列算术运算：

```
intp++
```

在执行完上述运算之后，intp 将指向位置 0x0048EFAE，因为 intp 每增加一次，它都将指向下一个整数位置，即当前位置往后移 4 字节。这个运算会在不影响内存位置中实际值的情况下，移动指针到下一个内存位置。如果 intp 指向一个地址为 0x0048EFAA 的数据，则上面的运算会导致指针指向位置 0x0048EFAB，因为下一个 int 型数据位置是 0x0048EFAB。

指针的每一次递增会指向下一个元素的存储单元。指针的每一次递减会指向前一个元素的存储单元。指针在递增和递减时跳跃的字节数取决于指针所指向的变量数据类型长度，比如 int 型移动 4 个字节，char 型就移动 1 个字节。如图 4.2.2 所示，intp 指向 inta，那么 intp－1 和 intp＋1 分别指向的就是 inta 前后的两个数据 888 和 1000 的存储位置。

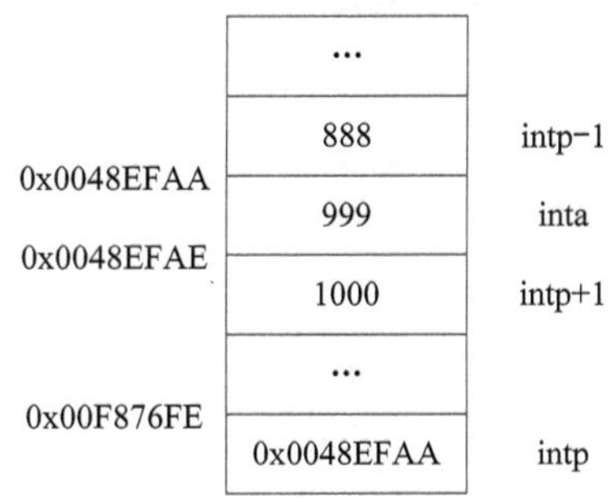


图 4.2.2 指针算术运算

4) 指针的比较

指针可以用关系运算符进行比较，如==、< 和 >。如果 intp1 和 intp2 指向两个相关的变量，比如同一个数组中的不同元素，则可对 intp1 和 intp2 进行大小比较。

### 2. 指针与数组

指针的用法非常灵活，一个常见的使用场景就是利用指针访问数组元素。本质上来说，数组名的作用就是保存数组的地址，其功能与指针相同，对数组名取值可以得到数组中的第 1 个元素。但是要注意的是数组名保存的地址值是一个常量，因此不能修改，对数组名取地址得到的只是数组的地址而不是数组名的地址。所以，数组名的功能有限，在很多应用场合下，我们可以用指针代替数组名实现对数组的操作，从而更加灵活方便地进行程序设计。

1) 指针与一维数组

定义了指向数组的指针之后，则指针可以像使用数组名一样，使用下标取值法对数组中的元素进行访问，指针还可以通过“*”符号访问数组元素，也可以直接移动指针访问数组中的数据。

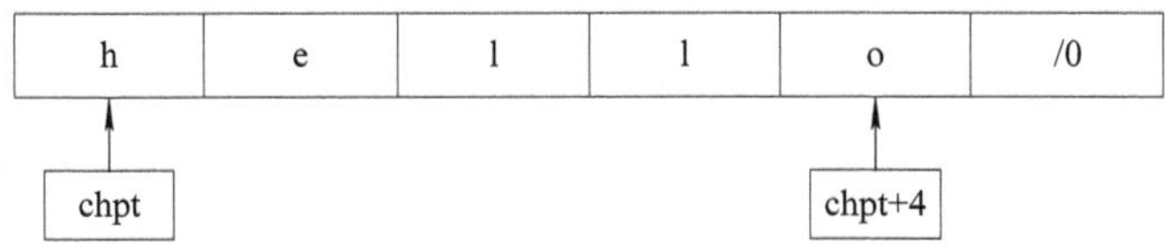


图 4.2.3 指针与一维数组

如图 4.2.3 所示，数组 char cha1[6]= "hello"，可通过如下方式访问指针：

```
char cha1[6]="hello";       //定义一个字符数组，长度为 6，hello 后还要有一个 /0 字符
char *p, t;                 //定义一个字符指针 p 和字符型变量 t
p=cha1;                     //将数组地址赋值给指针 p
t=chal[4];                  //通过下标访问字符数组中的 '0' 字符，赋值给字符变量 t
t=*(p+4)                    //不移动指针，通过指针运算访问数组元素 '0' 字符

/*************************************
*移动指针，通过指针 p+4 后指向数组元素 '0' 字符，
*然后通过*取值运算符访问字符
******************************************/
p=p+4;
t=*p;
```

**案例 4.2.1**　一维数组指针。

流程图如图 4.2.4 所示。

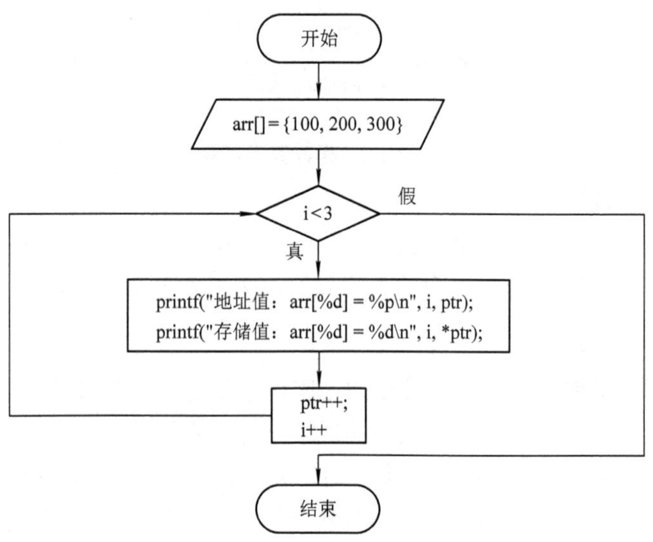


图 4.2.4　案例 4.2.1 流程图

程序代码如下：

```
/*******************************************
*内容简述：在程序中经常看到使用指针代替数组，
*因为变量指针可以递增，而数组不能递增，数组
*可以看成一个指针常量。下面的程序递增变量指
*针，以便顺序访问数组中的每一个元素
*******************************************/
#include <stdio.h>
int main()
{
```

```
    int  arr[] = {100, 200, 300};
    int  i, *ptr;
    ptr = arr;              /* 指针中的数组地址 */
    for ( i = 0; i < 3; i++)
    {
        printf("地址值：arr[%d] = %p\n", i, ptr );
        printf("存储值：arr[%d] = %d\n", i, *ptr );
        ptr++;              /*通过自增运算让指针指向下一个位置 */
    }
    return 0;
}
```

运行结果如图 4.2.5 所示。

```
c:\users\administrator\documents\visual studio 2010\Projects\u7\Debug\...
地址值: arr[0] = 012FFE6C
存储值: arr[0] = 100
地址值: arr[1] = 012FFE70
存储值: arr[1] = 200
地址值: arr[2] = 012FFE74
存储值: arr[2] = 300
```

图 4.2.5　案例 4.2.1 运行结果

2) 指针与二维数组

在二维数组 arr 中，arr[0]表示第一行数据，arr[1]表示第二行数据。arr[0]、arr[1]相当于二维数组中一维数组的数组名，指向二维数组对应行的第一个元素，即 arr[0]=&arr[0][0]，arr[1]=&arr[1][0]。在二维数组中，arr+i 虽然指向的是该行元素的首地址，但它代表的是整行数据元素，只是一个地址，并不表示某一元素的值。*(arr+i)仍然表示一个地址，与 arr[i]等价。*(arr+i)+j 表示二维数组元素 arr[i][j]的地址，等价于&arr[i][j]，也等价于 arr[i]+j。

在图 4.2.6 所示的二维数组中，使用指针访问二维数组中的元素有多种表示方法，例如定义指向二维数组的指针 ptr，方式同一维数组，使用下标取值法对数组中的元素进行访问，指针还可以通过“*”符号访问数组元素，或直接移动指针访问数组中的数据。例如，通过 ptr 访问二维数组 arr 中的第 2 行第 2 列的元素：

```
ptr [1][1]
*(ptr [1]+1)
*(*(ptr+1)+1)
```

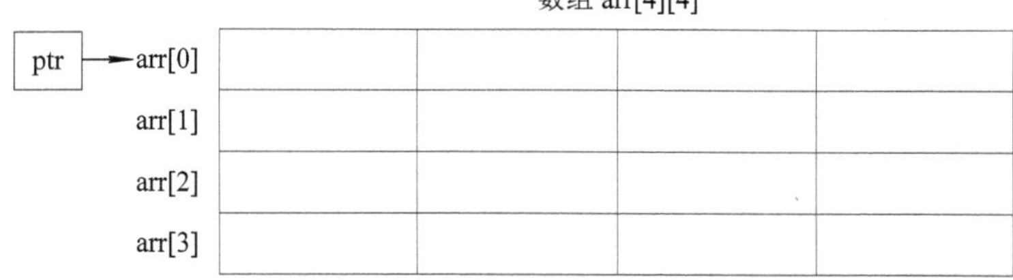


图 4.2.6　指针与二维数组

**案例 4.2.2**　二维数组指针。

通过指针数组 p 和一维数组 a 构成一个 3 × 2 的二维数组，并为数组 a 赋初值 2、4、6、8、…。要求先按行的顺序输出此“二维数组”，然后再按列的顺序输出它，流程图如图 4.2.7 所示。

程序代码如下：

```
/****************************************
*内容简述：利用数组指针访问二维数组
****************************************/
#include <stdio.h>
int main()
{
    int i, j, a[3][2]={2, 4, 6, 8, 10, 12}, *p[3];
                                //定义一个指针数组*p[]
    for(i=0;i<3;i++)
        p[i]=a[i];
                //利用指针 p[i]获取每行数组 a[i]的地址
    for(i=0;i<3;i++)
    {
        for(j=0;j<2;j++)
            printf("%4d", p[i][j]);
        printf("\n");
    }
    for(i=0;i<2;i++)
    {
        for(j=0;j<3;j++)
            printf("%4d", p[j][i]);
        printf("\n");
    }
}
```

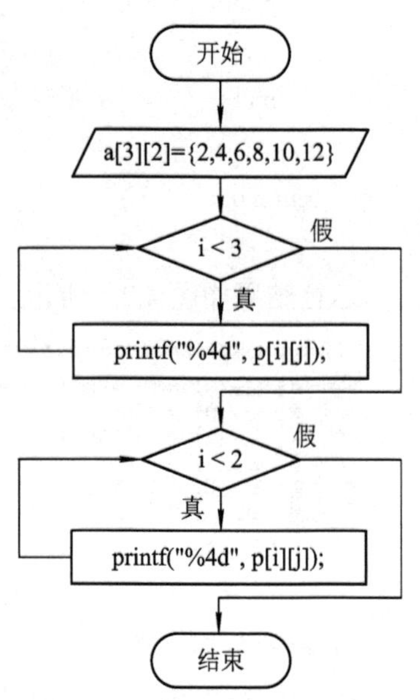


图 4.2.7　案例 4.2.2 流程图

以上代码运行结果如图 4.2.8 所示。

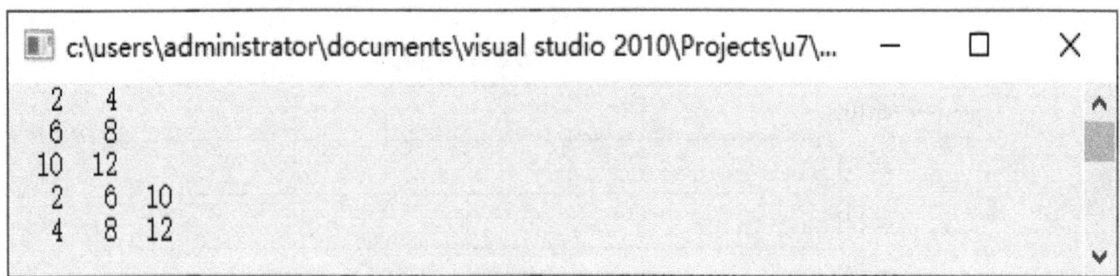


图 4.2.8　案例 4.2.2 运行结果

## 三、技能点拓展

### 1. NULL 指针

在声明变量的时候，如果没有确切的地址可以赋值，则为指针变量赋一个 NULL 值是一个良好的编程习惯。赋为 NULL 值的指针被称为空指针。

NULL 指针是一个定义在标准库中的值为零的常量。在大多数的操作系统上，程序不允许访问地址为 0 的内存，因为该内存是操作系统保留的。然而，内存地址 0 有特别重要的意义，它表明该指针不指向一个可访问的内存位置。但按照惯例，如果指针包含空值(零值)，则假定它不指向任何东西。如需检查一个空指针，用户可以使用 if 语句：

```
if(ptr)          /* 如果 ptr 非空，则完成后续操作 */
if(!ptr)         /* 如果 ptr 为空，则完成后续操作 */
```

### 2. 指向指针的指针

指向指针的指针是一种多级间接寻址的形式，或者说是一个指针链。通常，一个指针包含一个变量的地址。当我们定义一个指向指针的指针时，第一个指针包含了第二个指针的地址，第二个指针指向包含实际值的位置。

一个指向指针的指针变量必须在变量名前放置两个星号来声明。例如，下面的代码声明了一个指向 int 类型指针的指针：

```
int **vptr;
```

### 3. 无类型指针

无类型指针是指 C 语言中 void * 类型的指针。无类型指针指向一块内存，但其类型不定，程序无法根据这种定义确定为该指针指向的变量分配多少存储空间，所以若要使用该指针为其他基类指针赋值，则必须先将该指针转换成其他类型的指针，示例如下：

```
void  *p1=NULL, *q1;     //定义一个无类型的指针变量
int  *m1=(int*)p1;       //将无类型的指针变量 p 强制转换为 int*型再赋值
```

## 四、技能点检测

### 1. 单选题

(1) 变量的指针是指该变量的(　　)。

A. 值　　B. 地址　　C. 名　　D. 一个标志

(2) 设有说明 int (*ptr)[M];，其中 ptr 是(　　)。

A. M 个指向整型变量的指针

B. 指向 M 个整型变量的函数指针

C. 一个指向具有 M 个整型元素的一维数组的指针

D. 具有 M 个指针元素的一维指针数组，每个元素都只能指向整型量

(3) 执行以下代码后，i 的正确结果是(　　)。

```
int i;
char *s="a\045+045\ b";
for ( i=0;s++;i++);
```

A. 5　　B. 8　　C. 11　　D. 12

(4) 如下程序的执行结果是(　　)。

```
# include <stdio.h>
main()
{   int i; char *s="a\\\\\n ";
    for( i=0; s[i]!= '\0';i++)
        printf("%c", *(s+i)); }
```

A. a　　B. a\　　C. a\\　　D. a\\\\

(5) 若有说明和语句："int a[4][5], (*p)[5]; p = a; "，则对 a 数组元素正确引用的是(　　)。

A. p+1　　B. *(p+3)　　C. *(p+1)+3　　D. *(*p+2)

2. 填空题

(1) 在 C 语言中，二维数组 a[i][j]的地址可表示为_________或_________。其中，a[i]代表 __________________，它是一个___________。

(2) 一个指针变量 p 和数组变量 a 的说明如下：

```
int a[10], *p;
```

则 p = &a[1] + 2 的含义是指针 p 指向数组 a 的第___________个元素。

(3) 一个数组，其元素均为指针类型数据，这样的数组叫作______________。

(4) int *p[4]表示 ________________，int(*p)[4]表示 ________________。

(5) 若有以下定义和语句：

```
int w[10]={23, 54, 10, 33, 47, 98, 72, 80, 61}, *p;
p=w;
```

则通过指针 p 引用值为 98 的数组元素的表达式是____________________。

3. 编程题

(1) 编写程序，利用指针做函数参数，定义 compare(char *s1, char *s2)函数，以实现比较两个字符串大小的功能。

(2) 编写程序，利用指针技术实现把小写的字符串改为大写。

# 任务 4.3　结　构　体

## 一、问题引入

在现实生活中，我们对某一个物体的描述往往都是通过多个信息的组合来完成

的，比如一个人要有姓名、性别、身高、体重等基本信息，否则无法完整描述其所有特征。描述书本、动物的信息等，也是如此。C 语言中设计了一类数据，它描述的是一个对象的信息，但是是通过多种基本类型信息的组合来完成的，这种数据称为“结构体”。学习结构体有助于培养系统思维能力，更好地理解和设计复杂的系统。这种思维方式对于解决现实世界中的问题至关重要，那么使用结构体时我们应该注意哪些事项呢？

| 学习目标 | 技能点分析 |
|---|---|
| 1. 了解结构体类型的定义。<br>2. 掌握结构体的应用。<br>3. 了解结构体数组的应用。 | 1. 什么是结构体？<br>2. 如何声明结构体？<br>3. 访问结构体变量的方式有哪些？<br>4. 如何定义结构体数组？ |
| 技 能 微 课 | |
| <br>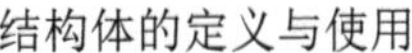<br>结构体的定义与使用 | <br>结构体与函数 |

## 二、技能点详解

数组允许定义和存储数据类型项相同的变量，结构体是另一种用户自定义的可用的数据类型，它允许存储不同类型的数据项。假设想要跟踪图书馆中书本的动态，则可能需要跟踪下列属性：

标题
作者
小标题
出版号
……

结构体类型由不同类型的变量组成，每一个类型的变量都称为该结构体类型的成员。使用 struct 语句可定义结构体，其格式如下：

```
struct 结构体类型名称
{
    数据类型   成员 1;
    数据类型   成员 2;
    …
    数据类型   成员 n;
}变量 1, …, 变量 n;
```

### 1. 结构体类型声明

有关书的信息结构体可按照以下格式声明：

```
struct Book
{
    char   title[250];        //书的标题
    char   author[250];       //书的作者
    char   subject[200];      //书的主题
    int    bookid;            //书的出版号
}
```

在结构体声明中需要注意以下三点：

(1) 结构体类型声明以关键字 struct 开头，后面跟的是结构体类型的名称，该名称的命名规则与变量名相同；

(2) 结构体类型与整型、浮点型、字符型等类似，只是数据类型，而非变量。

(3) 声明好一个结构体类型后，编译器并不为其分配内存。

### 2. 结构体变量定义

1) 先声明结构体类型，再声明结构体变量

声明结构体 Book 后，用结构体类型定义结构体变量 bk1、bk2，bk1、bk2 便占据了内存空间，它们具有相同的结构体特征，其内部结构如图 4.3.1 所示。示例如下：

```
struct Book bk1={"C 语言编程",  "王教授", "入门技术", 20220001},
            bk2={"BASIC 语言编程", "张教授", "高级技术", 20220002};
```

| | title | author | subject | bookid |
|---|---|---|---|---|
| bk1 ⟹ | C 语言编程 | 王教授 | 入门技术 | 20220001 |

| | title | author | subject | bookid |
|---|---|---|---|---|
| bk1 ⟹ | BASIC 语言编程 | 张教授 | 高级技术 | 20220002 |

图 4.3.1　结构体变量内部结构

2) 声明结构体类型的同时定义结构体变量

在定义结构体 Book 的同时，用结构体 Book 定义结构体变量 bk1、bk2，使用方法如下：

```
struct Book
{
    char   title[250];        //书的标题
    char   author[250];       //书的作者
    char   subject[200];      //书的主题
    int    bookid;            //书的出版号
} bk1,bk2;                    // Book 类型变量 bk1，bk2
```

3) 结构体变量初始化

结构体变量初始化的方式和其他类型变量的初始化没有太大区别，主要有两种，一种是声明结构体 Book 之后，立刻在定义结构体变量 bk1 的同时初始化，另外一种是先声明结构体 Book，然后用结构体 Book 去定义结构体变量同时初始化。具体方法如下：

```
/*声明结构体类型的同时定义和初始化结构体变量*/
struct Book
{
    char   title[250];
    char   author[250];
    char   subject[200];
    int    bookid;
} bk1={"C 语言编程", "王教授", "入门技术", 20220001};

/*声明结构体类型后，再定义结构体变量并对结构体变量初始化*/

struct Book
{
    char   title[250];              //书的标题
    char   author[250];             //书的作者
    char   subject[200];            //书的主题
    int    bookid;                  //书的出版号
}
```

4) 结构体数组的访问

定义并初始化结构体变量的目的是使用结构体变量中的成员。在 C 语言中，访问结构体变量中成员的方式如下：

```
结构体变量名.成员名
```

**案例 4.3.1**　计算平均成绩。

程序代码如下：

```
/*******************************************
*内容简述：利用结构体类型编制一程序，实现输
*入一个学生的数学期中和期末成绩。
*******************************************/
#include <stdio.h>

void main()
{
    struct study
    {
```

```
        int mid;
        int end;
        int average;
    }math;
    printf("%s", "请输入学生的期中和期末数学成绩：");
    scanf("%d %d", &math.mid, &math.end);
    math.average=(math.mid+math.end)/2;
    printf("学生的期中和期末数学平均成绩是=%d\n", math.average);
}
```

运行结果如图 4.3.2 所示

```
C:\Users\Administrator\documents\visual studio 2010\Projects\jjjjj\D...
请输入学生的期中和期末数学成绩：60 99
学生的期中和期末数学平均成绩是=79
```

图 4.3.2　案例 4.3.1 运行结果

## 三、技能点拓展

### 1. 结构体与函数

在函数间不仅可以传递简单的变量、数组、指针等类型的数据，还可以传递结构体类型的数据。结构体变量作为函数参数，其用法与普通变量类似，都需要保证调用函数的实参类型和被调用函数的形参类型相同，因此可以把结构体作为函数参数，传参方式与其他类型的变量或指针类似。

函数间不仅可以传递一般的结构体变量，还可以传递结构体数组，即可使用结构体数组作为函数参数传递数据。在下面的例子中，void printstu()函数就使用了一个 struct study 类型的数组作为参数。

```
struct study
{
    int mid;
    int end;
    int average;
}
void printstu(struct study Stu[ ], int len)
{
    int i;
    for (i = 0; i < len; i++)
        printf("name: %s\n", Stu[i].average);      //打印 Stu[ ]数组中的平均分成员
}
```

### 2. typedef 的使用

C 语言提供了 typedef 关键字，用户可以使用它来为类型取一个新的名字。例如前面所学过的结构体、指针、数组、int、double 等都可以使用 typedef 关键字为它们另取一个名字。使用 typedef 关键字可以方便程序的移植，减少对硬件的依赖性。其基本用法如下：

```
typedef 数据类型 别名;
```

下面的实例为单字节数字定义了一个术语 BYTE：

```
typedef unsigned char BYTE;
```

在这个类型定义之后，标识符 BYTE 可作为类型 unsigned char 的缩写，例如：

```
BYTE    b1, b2;
```

按照惯例，定义时会使用大写字母，以便提醒用户类型名称是一个象征性的缩写，但用户也可以使用小写字母：

```
typedef unsigned char byte;
```

使用 typedef 可以为用户自定义的数据类型取一个新的名字。例如，可以对结构体使用 typedef 来定义一个新的数据类型名字，然后使用这个新的数据类型来直接定义结构变量。示例如下：

```
typedef struct Book
{
    char    title[250];
    char    author[250];
    char    subject[200];
    int     bookid;
}Mytxt;                  //重新定义 Book 类型名称为 Mytxt 类型
Mytxt bk001;             //使用重新命名的 Mytxt 类型定义 bk001 变量
```

### 3. 指向结构体的指针

结构体指针变量用于存放结构体变量的首地址，所以将指针作为函数参数传递时，其实就是传递结构体变量的首地址。

## 四、技能点检测

### 1. 单选题

(1) 设有以下说明语句，则下面的叙述中不正确的是(　　)。

```
struct stu
{
    int    a;    float    b;
}stutype;
```

A. struct 是结构体类型的关键字

B. struct stu 是用户定义的结构体类型

C. stutype 是用户定义的结构体类型名

D. a 和 b 都是结构体成员名

(2) C 语言结构体类型变量在程序执行期间(　　)。

A. 所有成员一直驻留在内存中　　B. 只有一个成员驻留在内存中

C. 部分成员驻留在内存中　　D. 没有成员驻留在内存中

(3) 设有以下说明语句，则下面的叙述中不正确的是(　　)。

```
struct ex {
    int x ; float y; char z ;
} example;
```

A. struct 结构体类型的关键字　　B. example 是结构体类型名

C. x, y, z 都是结构体成员名　　D. struct ex 是结构体类型

(4) 以下结构类型可用来构造链表的是(　　)。

A. struct aa{ int a; int * b; };

B. struct bb{ int a; bb * b; };

C. struct cc{ int * a; cc b; };

D. struct dd{ int * a; aa b; };

2. 填空题

(1) 若有定义：

```
struct    {int   x;   int   y;   }s[2]={{1,2},{3,4}}, *p=s;
```

则表达式 ++ p->x 的结果是________， ++p->x 的结果是_________ 。

(2) 若有定义：

```
struct   num   {int   a;   int   b;   float f;   }n={1, 3, 5.0}};
struct   num *pn=&n;
```

则表达式 pn-> b/n. a* ++ pn-> b 的值是_______, (*pn).a + pn-> f 的值是________。

3. 编程题

先输出姓名“张三”、年龄“18”、成绩“90.5”三个参数，然后通过屏幕输入修改学生的姓名、年龄、成绩，采用机构体数据类型进行存储，最后在屏幕上输出。

# 任务 4.4　枚举和共用体

## 一、问题引入

天干地支是中国古代历法的重要组成部分，广泛应用于医学、占卜、天文等领域。天干和地支往往是组合使用的或在一些特殊场合使用的信息，这类信息在 C 语言里可以使用自定义的枚举来进行组织设计。共享、共用是现今社会的一个趋势，通过共享能够实现资源的优化和合理分配，培养节约资源的意识以及在团队中共享资源的合作精神，这类信息在 C 语言里可以使用共用体来进行组织设计。那么枚

举和共用体在使用时有哪些注意事项呢？

<table>
<tr><th>学习目标</th><th>技能点分析</th></tr>
<tr><td>1. 了解枚举和共用体类型。<br>2. 掌握枚举的遍历方法。<br>3. 掌握共用体的定义与使用。<br>4. 能够访问共用体成员。</td><td>1. 什么是枚举？<br>2. 枚举可以遍历吗？<br>3. 什么是共用体？<br>4. 结构体和共用体的区别是什么？</td></tr>
<tr><td colspan="2">技 能 微 课 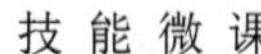</td></tr>
<tr><td><br>枚举的定义与使用</td><td><br>共用体的定义与使用</td></tr>
</table>

## 二、技能点详解

枚举是 C 语言中的一种基本数据类型，它可以让数据更简洁、易读。第一个枚举成员的默认值为整型的 0，后续枚举成员的值在前一个成员值上加 1。

共用体是一种特殊的数据类型，允许在相同的内存位置存储不同的数据类型。通过使用共同体，可以在增加额外内存开销的情况下，实现多种数据类型的存储。共用体提供了一种使用相同的内存位置的有效方式。

### 1. 枚举类型定义与使用

1) 枚举类型的声明

枚举语法格式为

```
enum　枚举名　{枚举元素 1, 枚举元素 2, …};
```

(1) 修改枚举的起始值。示例代码如下：

```
enum DAY
{
    MON=1, TUE, WED, THU, FRI, SAT, SUN
};
```

第一个枚举成员的默认值为整型的 0，后续枚举成员的值在前一个成员值上加 1。在这个实例中把第一个枚举成员的值定义为 1，第二个就为 2，以此类推。

(2) 修改枚举中间元素值。示例代码如下：

```
enum DAY
{
    MON, TUE, WED=7, THU, FRI, SAT, SUN
};
```

这个例子中 MON=0, TUE=1, WED=7, THU=8, FRI=9, SAT=10, SUN=11。

2) 枚举变量的定义

枚举声明后，可以通过以下三种方式来定义枚举变量。

(1) 先声明枚举类型，再定义枚举变量。示例码如下：

```
enum DAY
{
    MON=1, TUE, WED, THU, FRI, SAT, SUN
};
enum DAY day;
```

(2) 定义枚举类型的同时定义枚举变量。示例代码如下：

```
enum DAY
{
    MON=1, TUE, WED, THU, FRI, SAT, SUN
}day;
```

(3) 省略枚举名称，直接定义枚举变量。示例代码如下：

```
enum
{
    MON=1, TUE, WED, THU, FRI, SAT, SUN
}day1;
```

给枚举变量赋值只能赋值定义的成员，例如 day1=MON 是正确的，但是 day1=1 是错误的。

**案例 4.4.1** 打印中文颜色。

程序代码如下：

```
/************************************************************
*内容简述：定义一个颜色的英文名称枚举变量，根据用户输入的数值输出
*中文颜色名称。程序中结合了枚举在 switch 中的使用技术
************************************************************/
#include <stdio.h>
#include <stdlib.h>
int main()
{   /*声明一个包括 3 个英文颜色的 enum color 数据类型*/
    enum color { red=1, green, blue };
    /*定义一个 enum color 数据类型的 user_color 变量*/
    enum    color user_color;
    /* 用户输入数字来选择颜色 */
    printf("请输入你喜欢的颜色: (1. red, 2. green, 3. blue):");
    scanf("%u", &user_color);              //输入的数据就是一个整数值

    /* 输出结果 */
    switch (user_color)                    //根据 user_color 的值判断分支入口
```

```
    {
        case red:                    //此处 red=1
            printf("OK!喜欢的颜色是:红色");
            break;
        case green:                  //此处 green=2
            printf("你喜欢的颜色是:绿色");
            break;
        case blue:                   //此处 blue=3
            printf("你喜欢的颜色是:蓝色");
            break;
        default:
            printf("没有你喜欢的颜色");
    }
    return 0;
}
```

运行结果如图 4.4.1 所示。

```
c:\users\administrator\documents\visual studio 2010\Projects\yf1\De...
请输入你喜欢的颜色: (1. red, 2. green, 3. blue):3
你喜欢的颜色是:蓝色
```

图 4.4.1　案例 4.4.1 运行结果

### 2. 共用体类型定义与使用

1) 共用体的声明

使用 union 语句可声明一个新的数据类型，该数据类型带有多个成员，我们称之为共用体。声明和定义共用体的方式与声明和定义结构体类似。union 语句的格式如下：

```
union 共用体类型名称
{
    数据类型　成员名 1;
    数据类型　成员名 2;
    …
    数据类型　成员名 n;
};
```

共用体的大小是由其最大成员的大小决定的。这意味着，无论共用体中有多少个成员，它的总大小总是等于最大的那个成员所需的内存大小。在共用体中，所有成员共享同一段内存空间，这也意味着在同一时间只能存储其中一个成员的值。因

此，共用体通常用于那些在不同时间需要存储不同类型数据的场景。

2) 共用体的定义

(1) 先声明共用体类型，再声明共用体变量。示例如下：

```
union Data
{
    int i;
    doublt f;
    char str[10];
} ;                       //定义共用体 Data

union Data   d1;      //定义一个 union Data 类型变量 d1
```

以上代码首先声明了 Data 的共同体，包含 i、f、str[10]三个变量，然后定义了一个共同体变量 d1。

(2) 在声明共用体类型的同时定义共用体变量。示例如下：

```
union Data
{
    int i;
    doublt f;
    char str[10];
} d1;                       //定义共用体 union Data 同时定义变量 d1
```

3) 共用体成员的访问与使用

使用成员访问运算符“.”可访问共用体的成员，使用方式如下：

```
共用体变量名.成员名
```

共用体变量 d1 的空间大小是最大变量占用的空间，char str[10]占用 10 个字符的空间，doublt f 占用 8 个字符的空间，int i 占用 4 个字符的空间，因此，d1 变量的占用空间大小为 10 个字节，而不是成员 i、f、str[10]三个成员内存空间之和的 22 个字节，也就是说这三个成员有部分内存空间是重叠的。而且同一时刻，只有一个成员占据整个变量的空间，其内部结构如图 4.4.2 所示。

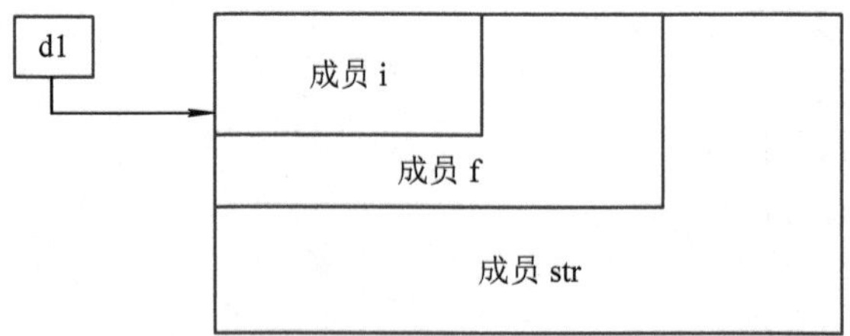


图 4.4.2　共用体变量 d1 的内部结构

**案例 4.4.2**　访问共用体成员错误案例。

程序代码如下：

```
#include "stdio.h"
```

```
#include "string.h"

union Data
{
    int i;
    doublt f;
    char   s[100];
};

int main()
{
    union Data d1;                          //定义共用体 union Data  变量 data
    d1.i = 10;                              //访问成员 i 并赋值
    d1.f = 100.0;                           //访问成员 f 并赋值
    strcpy(d1.s, "C 程序设计");  //访问成员 str
    printf( " d1.i : %d\n", d1.i);
    printf( " d1.f : %f\n", d1.f);
    printf( " d1.s : %s\n", d1.str);

    return 0;
}
```

运行结果如图 4.4.3 所示。

```
c:\users\administrator\documents\visual studio 2010\Projects\yf1\De...
d1.i : -860676029
d1.f : -93913624.000000
d1.str : C 程序设计
```

图 4.4.3　案例 4.4.2 运行结果

因为共用体共用相同的空间，后面的赋值覆盖了前面的赋值，因此可以看到共用体中 i 和 f 成员的值有损坏，只有最后一次访问并赋值的 str 成员能够输出正确的数据。

**案例 4.4.3**　访问共用体成员正确案例。

程序代码如下：

```
/************************************************************
*内容简述：定义一个存储 3 个不同类型数据的共用体变量，根据用户输入的
*数值再输出。这里每一次赋值后都会使变量空间中的其他成员值失效，
*因此不能再次访问之前的成员数据。
************************************************************/
#include <stdio.h>
```

```
#include <string.h>
union Data
{
    int i;
    float f;
    char  str[20];
};                                  //定义一个名为 Data 的共用体数据类型

 int main(void)
{
    union Data  d1;                 //定义一个 union Data 共用体变量
    d1.i = 100;
    printf( " d1.i : %d\n", d1.i);  //输入数据到共用体变量 data
    ud.f = 1000.5;
    printf( " d1.f : %f\n", d1.f);
    strcpy(d1.str, "C 语言程序设计");  //使用 strcpy()函数写入字符串
    printf( " d1.str : %s\n", d1.str);
    return 0;
}
```

运行结果如图 4.4.4 所示。

图 4.4.4 案例 4.4.3 运行结果

## 三、技能点拓展

### 1. 将整数转换为枚举

将整数转换为枚举类型来使用是一种常见的编程实践，这有助于提高代码的可读性和可维护性。在 C 语言中，可以通过以下步骤来完成这个转换。

1) 定义枚举类型

首先需要定义一个枚举类型，其中包含所有可能的整数值。例如，如果有一个整数变量 num，其值可以是 1、2 或 3，那么可以定义一个相应的枚举类型：

```
typedef enum {
    VALUE_ONE,
    VALUE_TWO,
    VALUE_THREE
```

```
} MyEnum;
```

2) 转换整数为枚举

将整数转换为枚举类型可以直接进行赋值操作。例如，如果有一个整数 num，其值为 1，那么可以将其转换为枚举类型 MyEnum：

```
int num = 1;
MyEnum myEnum = (MyEnum)num;
```

3) 使用枚举

一旦将整数转换为枚举类型，就可以在代码中使用这个枚举变量了。这样可以使代码更具可读性，因为它提供了更多的关于这个变量含义的上下文信息。例如，可以使用 myEnum 来代替原来的整数 num，从而使代码更加清晰易懂。

需要注意的是，虽然将整数转换为枚举类型可以提高代码的可读性，但也需要注意一些潜在的问题。例如，如果整数的值超出了枚举类型的范围，那么转换可能会导致未定义的行为。因此，在进行这种转换时，需要确保整数的值是有效的，并且在枚举类型的范围内。

**2. 共用体类型数据使用注意事项**

1) 共用体类型数据的两个特点

(1) 同一个内存段可以用来存放几种不同类型的成员，但是在同一时刻只能存放其中的一种，而不能同时存放几种。换句话说，同一时刻只有一个成员起作用，其他的成员失效。

(2) 共用体变量中起作用的成员是最后一次存放的成员，在存入一个新成员后，原有成员就失效。共用体变量的地址和其各成员的地址相同。

2) 共用体类型数据的特殊要求

(1) 不能对共用体变量名赋值或企图引用变量名来得到一个值，也不能在定义共用体变量时对它进行初始化。以下用法就是错误的：

```
union Data    d1=10;   //定义变量同时给变量赋值
```

这会导致错误提示：

```
error C2440: "初始化": 无法从"int"转换为"Data"
```

(2) 不能把共用体变量作为函数参数，也不能通过函数返回共用体变量，但可以使用指向共用体变量的指针。共用体类型可以出现在结构体类型的定义中，也可以定义共用体数组。反之，结构体也可以出现在共用体类型的定义中，数组也可以作为共用体的成员。

## 四、技能点检测

**1. 单选题**

(1) 在 C 语言中，属于构造类型的是(　　)。

A. 空类型　　B. 字符型　　C. 实型　　D. 共用体类型

(2) 设有枚举类型定义 enum color{red =3, yellow=9, blue, white, black };，则枚

举常量 black 的值是(　　)。

A. 71　　B. 44　　C. 12　　D. 4

(3) 设共用体变量定义如下：

```
union data
{
    long w ;
    float x ;
    int y ;
    char z;
} beta ;
```

则执行下面的语句后，共用体变量 beta 的值应是(　　)。

```
beta . w =123456;
beta . y =888;
beta . x =3.1416;

beta . z='*';
```

A. 123456　　B. 888　　C. 3.1416　　D. '*'

### 2. 填空题

(1) 在 C 语言数据类型中，构造类型包括三种，它们分别是______________。

(2) C 语言基本数据类型包括____________________________________。

### 3. 编程题

输入年、月、日，计算出这天是那一年的第几天。

# 第二部分

# 专业项目开发实战

# 模块五　信息技术类项目开发实战

## 项目 5.1　保 卫 战 1.0

### 一、项目信息

项目编码：GJYY2022001。

项目等级：1 级。

适用专业：计算机应用技术、计算机网络技术、软件技术、人工智能等信息类专业。

项目名称：保卫战 1.0。

项目简介：编写小游戏，创建自己的无人机空军，可以 24 小时在海域巡逻，当发现敌机入侵海上领空时，若再三警告也无法驱离敌机，则发射激光将其击落。

### 二、教学内容

通过本项目的实践，应掌握以下内容：

(1) 了解项目的需求分析。

(2) 能够绘制整体流程图。

(3) 使用基础编程语句完成项目开发。

(4) 掌握项目的调试方法。

(5) 能够对项目进行创新并实践。

### 三、项目详解

#### 1. 需求文档分析

(1) 设置画面，画面高为 20 像素，宽为 10 像素，所有物体在这个界面内。

(2) 绘制各种造型的无人机和各种造型的敌机，无人机能够通过操控进行前进、后退、向左、向右运动，敌机可以设置在屏幕的任意位置。

保卫战 1.0 项目分析

(3) 通过键盘发射激光武器，当激光与无人机在同一坐标时，能够实现激光击落敌机。

(4) 绘制程序设计流程图。

## 2. 流程图绘制

项目总流程图如图 5.1.1 所示。

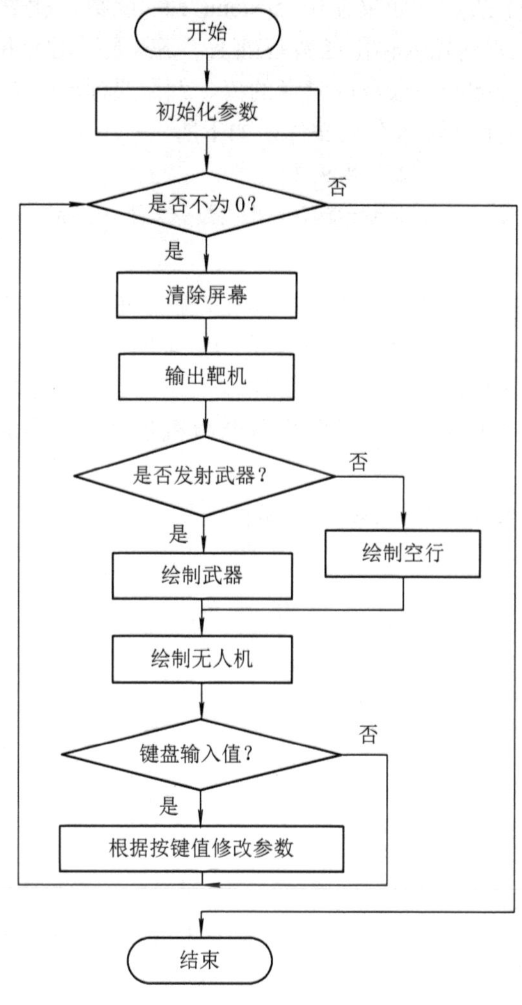


图 5.1.1　项目总流程图

## 3. 关键节点设计

### 1) 初始化参数

首先需要确定无人机的初始位置(x，y)和靶机的位置(nx，0)。对于无人机是否开火的实现，可通过设置标志位 isFire，如果发出开火命令，则标志位 isFire = 1，没有开火命令则标志位 isFire = 0。对于敌机是否被击落的实现，可通过设置标志位 isKilled，如果敌机被击落，则标志位 isKilled = 1，如果敌机没有被击落，则标志位 isKilled = 0。界面坐标格式如图 5.1.2 所示。

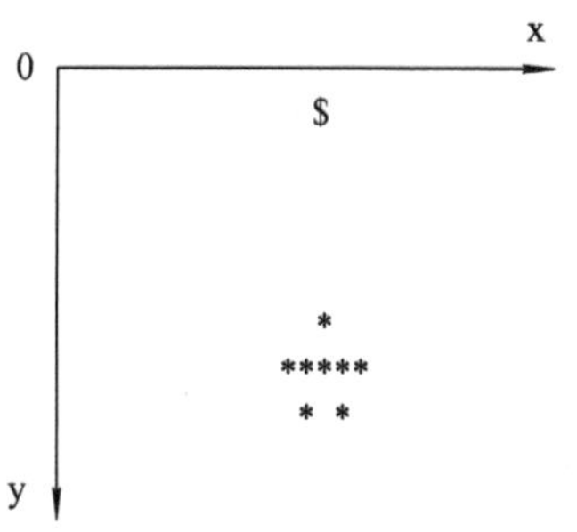


图 5.1.2　界面坐标设置

2) 清除屏幕

通过在每次循环内实现一次界面的刷新，需要使用清屏函数 system("cls"); 确保每次运行后界面无杂点。如果使用 system("cls")函数，就需要增加系统头文件 conio.h。同时，在正常的输入输出函数基础上，还需要采用 kbhit()函数判断键盘是否按下，然后通过 getch()函数获取键盘的值，就需要标准库头文件 stdlib.h。在实际使用的时候，需要加载这两个头文件，如下所示：

```
#include <stdlib.h>            //标准库头文件
#include <conio.h>             //控制台输入输出函数头文件，非标准头文件
```

3) 输出敌机

若要在第一行输出敌机，我们只需要在靶机前面输出相应的空格数量，然后紧接着输出靶机符号 $，同时可以设置更为复杂的敌机符号。在这里需要考虑，如果不是在第一行输出敌机，我们需要在输出靶机行的前面增加行。考虑到敌机在未被击落的情况下的显示情况，需要判断敌机是否被击中的标志位。参考代码如下：

```
if (!isKilled)      //如果没有被击落，输出敌机
{
    for (i = 0; i < nx; i++)
    {
        printf(" ");
    }
    printf("$\n");
}
```

4) 武器轨迹

敌机与无人机之间会出现两种情况，一种是没有发射激光，这个时候，只要在相应 y 坐标按回车键，进入下一行，一直到无人机前方即可。另外一种就是发射激光了，在无人机和敌机之间绘制激光路径，绘制方法则是在每一行激光前方添加空格，绘制激光后按回车键。激光的坐标(x，y)与敌机的坐标(0，nx)相同的时候，将击中敌机标记设置为 1。每次激光循环完成，激光发射标志修改为 0，可以进行下一次发射。参考代码如下：

```
if (isFire == 0)                //输出飞机上面的空行
{
    for(j = 0; j < y; j++)
    {
        printf("\n");
    }
}
else                            //输出飞机上面的激光竖线
{
```

```
    for(j = 0; j < y; j++)
    {
        for (i = 0; i < x + 2; i++)
        {
            printf(" ");
        }
        printf("|\n");          //发射激光
    }
    if (x + 2 == nx)            // +2 是因为激光在飞机的正中间，距最左边 2 个坐标
    {
        isKilled = 1;           //击中靶子
    }
    isFire = 0;
}
```

5) 绘制无人机

无人机的造型可以根据自己的想象绘制，无论绘制什么形状的无人机，需要考虑无人机符号的起始位置，可以从机头位置向下，一行一行地绘制，这样第一行 x 坐标的位置要确定，这是无人机发射激光的位置，如果不注意这个位置，会导致激光发射的位置十分尴尬。图 5.1.3 所示无人机的绘制参考程序如下：

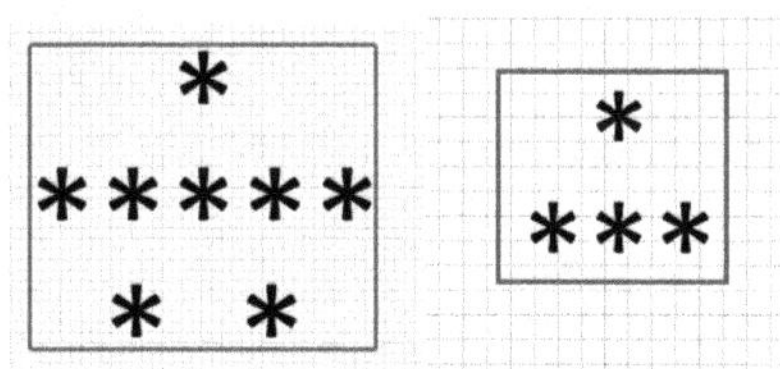

图 5.1.3　无人机设计形状

```
/* 下面输出一个复杂的飞机图案 */
for (i = 0; i < x; i++)   // x 方向的空格
{
    printf(" ");          //注意是单空格
}
printf("  *\n");          // 2 空格是确保机头在中间
for (i = 0; i < x; i++)
{
    printf(" ");
}
printf("*****\n");
for (i = 0; i < x; i++)
{
    printf(" ");
}
printf(" * * \n");   //注意空格位置，是机翼位置
```

6) 键盘值获取

该项目需要获取键盘上的 5 个字符，分别控制前、后、左、右、发射。考虑到游戏操作的舒适性，分别设置成 w、s、a、d 和空格。当然，读者可以根据自己的爱好自行选择相关字符，根据选择的字符对相应的变量进行增加和减少。参考代码如下：

```
if (input == 'a')    //位置左移
{
    x--;
}
if (input == 'd')    //位置右移
{
    x++;
}
if (input == 'w')    //位置上移
{
    y--;
}
if (input == 's')    //位置下移
{
    y++;
}
if (input == ' ')     //空格开火
{
    isFire = 1;
}
```

### 4. 完整参考程序

完整参考程序如下：

```
/*****************************************************************
* Copyright (C), 2021-2023，C 语言项目开发组
*  文件名: main.c
*  内容简述：海上出现不明飞行物，操控无人机将其击落
*  文件历史：
*  版本          日期              作者          说明
* 1.0          2022-06-01     课题组        发射激光，击落无人机
*****************************************************************/
#include <stdio.h>          //标准输入输出头文件
#include <stdlib.h>        //标准库头文件
#include <conio.h>          //控制台输入输出函数头文件，非标准头文件
```

```
void main(void)
{
    int i, j;
    int x = 5;              //战机初始 x 坐标位置
    int y = 10;             //战机初始 y 坐标位置
    char input;             //键盘输入变量
    int isFire = 0;         //开火标记，0 未开火，1 开火
    int nx = 5;             //一个靶子，放在第一行，x 坐标
    int isKilled = 0;       //战机被击落标志，0 未被击落，1 被击落
    while (1)
    {
        system("cls");      //清屏函数
        if (!isKilled)      //输出靶子
        {
            for (i = 0; i < nx; i++)
            {
                printf(" ");
            }
            printf("$\n");
        }
        if (isFire == 0)                    //输出飞机上面的空行
        {
            for(j = 0; j < y; j++)
            {
                printf("\n");
            }
        }
        else{                               //输出飞机上面的激光竖线
            for(j = 0; j < y; j++)
            {
                for (i = 0; i < x + 2; i++){
                    printf(" ");
                }
                printf("|\n");              //发射激光
            }
            if (x + 2 == nx)                // +2 是因为激光在飞机的正中间
            {
                isKilled = 1;               //击中靶子
            }
```

```
        isFire = 0;
    }
    /* 下面输出一个复杂的飞机图案 */
    for (i = 0; i < x; i++)              // x 方向的空格
    {
        printf(" ");                     //注意是单空格
    }
    printf("   *\n");                    // 2 空格是确保机头在中间
    for (i = 0; i < x; i++)
    {
        printf(" ");
    }
    printf("*****\n");
    for (i = 0; i < x; i++)
    {
        printf(" ");
    }
    printf(" * * \n");                   //注意空格位置，是机翼位置
    if( kbhit() )                        //判断是否有输入
    {
        input = getch();                 //根据用户的不同输入来移动，不必输入回车
        if (input == 'a')                //位置左移
        {
            x--;
        }
        if (input == 'd')                //位置右移
        {
            x++;
        }
        if (input == 'w')                //位置上移
        {
            y--;
        }
        if (input == 's')                //位置下移
        {
            y++;
        }
        if (input == ' ')                //空格开火
        {
```

```
                isFire = 1;
            }
        }
    }
}
```

5. 典型故障排查

(1) 无人机错位或者无人机一直在屏幕的最左侧。

原因：编写代码中空格没有显示出来。例如：

```
printf("");
```

应修改为

```
printf(" ");
```

(2) 无人机在屏幕的左上角。

原因：控制无人机位置的 i 和 j 没有对应 x 和 y，导致无人机不在预设的位置。

## 四、创新实践

1. 如何使敌机处于不同的 x 位置？
2. 设无人机无法越过边界，那么如何设置无人机的飞行边界呢？
3. 当击中敌机的时候，如何发出声音呢？

# 项目 5.2　保 卫 战 2.0

## 一、项目信息

项目编码：GJYY2022001。

项目等级：2 级。

适用专业：计算机应用技术、计算机网络技术、软件技术、人工智能等信息类专业。

项目名称：保卫战 2.0。

项目简介：编写小游戏，创建自己的无人机空军，在岛屿周围巡逻，发现可疑敌机时对其进行驱离，无法驱离时发射子弹将其击落。

## 二、教学目标

通过本项目的实践，应掌握以下内容：

(1) 了解项目的需求分析。

(2) 能够绘制整体流程图。

(3) 采用模块化编程完成项目开发。

(4) 能够绘制各模块的流程图并编写函数。

(5) 掌握项目的调试方法。

(6) 能够对项目进行创新并实践。

## 三、项目详解

保卫战 2.0 项目分析

### 1. 需求文档分析

(1) 设置画面，画面长为 30 像素，宽为 20 像素，所有物体在这个界面内。

(2) 绘制各种造型的无人机和各种造型的敌机，无人机能够通过操控进行前进、后退、向左、向右运动，敌机可以设置在屏幕的任意位置。

(3) 通过键盘发射子弹，当子弹与敌机在同一坐标时，能够击落敌机。

(4) 敌机能够在画面最上方自动出现，被击落后能够自动加分。若敌机未被击中，则可以按照一定的速度向下移动，敌机超过界面时会扣分。

(5) 采用模块化编程，便于后续内容的拓展。

(6) 绘制程序流程图。

### 2. 流程图绘制

主流程图如图 5.2.1 所示。

### 3. 关键节点设计

1) 数据初始化

数据初始化流程图如图 5.2.2 所示。

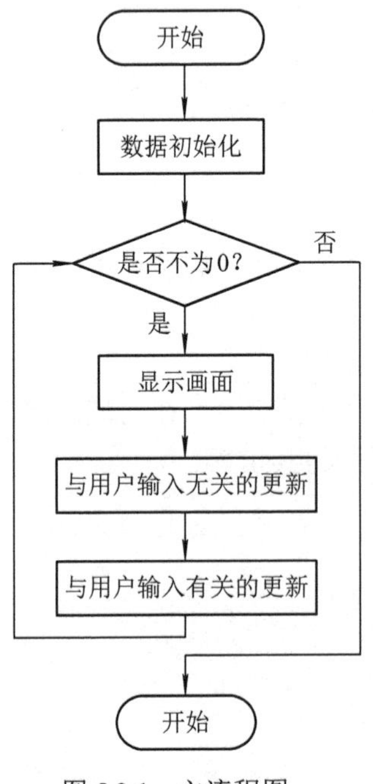


图 5.2.1　主流程图

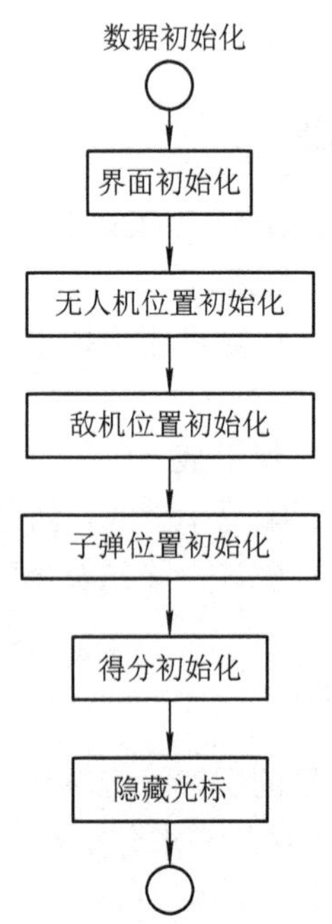


图 5.2.2　数据初始化流程图

数据初始化需要确定界面的宽 width、高 high，无人机的初始位置(position_x, position_y)，敌机的位置(enemy_x，enemy_y)，子弹的初始位置(bullet_x, bullet_y)。考虑到子弹应该在无人机的前端发出，则子弹 x 坐标位置 bullet_x= position_x，子弹 y 坐标位置应该在画面以外。无人机的坐标可以设置在中间或者任意位置，游戏界面坐标图如图 5.2.3 所示。除此之外，还需设置计分变量，该变量初始值为 0，每击中一架敌机加 1。为了确保界面不抖动和光标不闪烁，可以对 windows 的函数进行封装得到 HideCursor()将光标隐藏，这需要增加 windows.h 头文件。

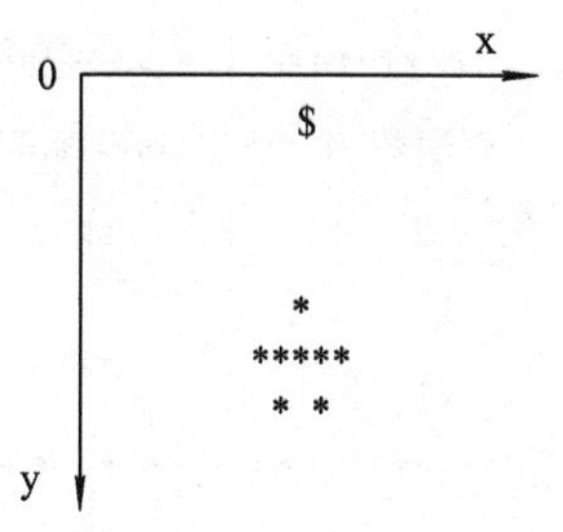


图 5.2.3　游戏界面坐标图

参考代码如下：

```
/**************************************************************
* 函数名 : void startup(void)
* 功　能 : 数据初始化
* 输　入 : 无
* 输　出 : 无
**************************************************************/
void startup(void)                    //数据初始化
{
    width = 20;
    high = 30;
    position_x = width/2;
    position_y = high/2;
    bullet_x = position_x;
    bullet_y = -2;
    enemy_x = position_x;
    enemy_y = 0;
    score = 0;
    HideCursor();                     //隐藏光标
}
```

2) 显示画面

显示画面流程图如图 5.2.4 所示。

采用行列扫描的方式绘制界面中的物体，将整个界面设定为 i 为 x 方向上的坐标，j 为 y 方向的坐标，无人机、敌机、子弹等物体的位置与(i，j)坐标相同时候再显示。为了显示三行无人机造型，需要采用三次定位。在界面底端显示得分信息。为了使得每次执行的时候光标从左上角开始，可采用 gotoxy(0, 0)函数，该函数由对 windows 的函数进行封装获得，因此需要增加 windows.h 头文件。

参考代码如下：

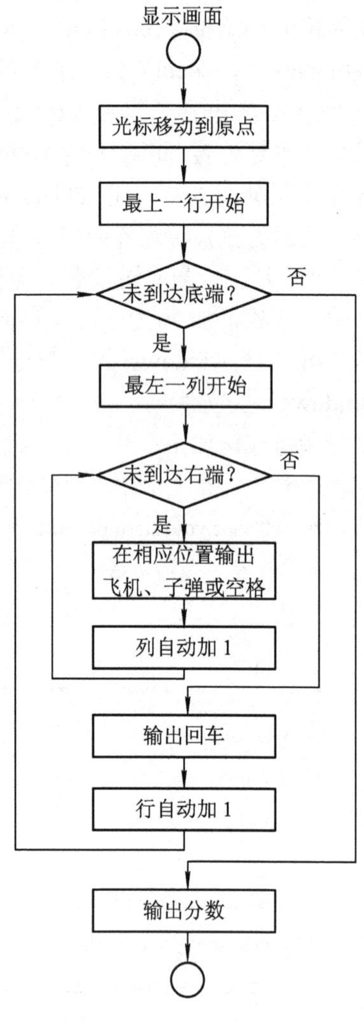


图 5.2.4　显示画面流程图

```
/****************************************
* 函数名 : void show(void)
* 功　能 : 显示画面
* 输　入 : 无
* 输　出 : 无
*****************************************/
void show(void)   //显示画面
{
    int i, j;
    gotoxy(0, 0); //光标移动到原点位置，以下重画清屏
    for (j = 0; j < high; j++)
    {
        for (i = 0; i < width; i++)
        {
            if ((i==position_x) && (j == position_y))
                printf("*");          //输出飞机*
            else if((i == position_x-2)
                 && (j == position_y + 1))
                printf("*****");      //输出飞机*****
            else if((i == position_x - 1)
                 && (j == position_y + 2))
                printf("* *");        //输出飞机* *
            else if ((i == enemy_x)
                 && (j == enemy_y))
                printf("@");          //输出敌机@
            else if ((i == bullet_x) && (j == bullet_y))
                printf("|");          //输出子弹|
            else
                printf(" ");          //输出空格
        }
        printf("\n");
    }
    printf("得分：%d\n", score);
}
```

3) *与用户输入无关的更新*

与用户无关的更新函数流程图如图 5.2.5 所示。

需要考虑程序在运行过程中的一些逻辑判断，如果子弹在显示界面上，可通过

bullet_y--让其显示移动。子弹击中敌机后，令敌机的 y 坐标小于 0，x 坐标在 x 方向上随机产生。此时将子弹坐标定位到界面以外，增加分数。若没有击中敌机，敌机跑出界面后，需要产生新的敌机。画面通过每次刷新实现图像信息的改变，通过设定界面刷新次数可改变敌机的移动速度。通过改变 speed 的值，可以改变敌机移动速度，以改变游戏难度。

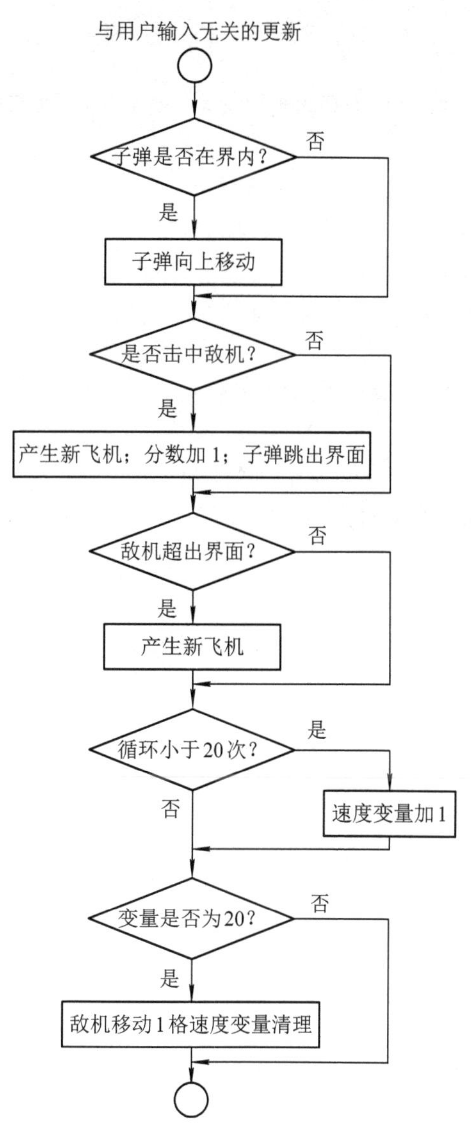


图 5.2.5　与用户无关的更新函数流程图

参考代码如下：

```
/*******************************************************************
* 函数名 : void updateWithoutInput(void)
* 功　能 : 与用户输入无关的更新
* 输　入 : 无
```

```
* 输  出：无
**************************************************************/
void updateWithoutInput(void)   //与用户输入无关的更新
{
    static int speed = 0;
    if (bullet_y > -1)
        bullet_y--;
    if ((bullet_x == enemy_x) && (bullet_y == enemy_y))   //子弹击中敌机
    {
        score++;                    //分数加 1
        enemy_y = -1;               //产生新的飞机
        enemy_x = rand()%width;
        bullet_y = -2;              //子弹无效
    }
    if (enemy_y > high)     //敌机跑出显示屏幕
    {
        enemy_y = -1;               //产生新的飞机
        enemy_x = rand()%width;
    }

    /*用来控制敌机向下移动的速度。每隔几次循环，才移动一次敌机*/
    if (speed < 20)
        speed++;
    if (speed == 20)
    {
        enemy_y++;
        speed = 0;
    }
}
```

4) 与用户输入有关的更新

与用户有关的更新函数流程图如图 5.2.6 所示。

当获取到键盘值时，程序根据键盘值判断相应的操作。其中，判断键盘是否有动作函数 kbhit()和获取键盘字符函数 getch()需要控制台输入输出函数头文件 conio.h。在按下发射子弹按键后，需要重新定义子弹的坐标，该坐标应该是无人机的前端。

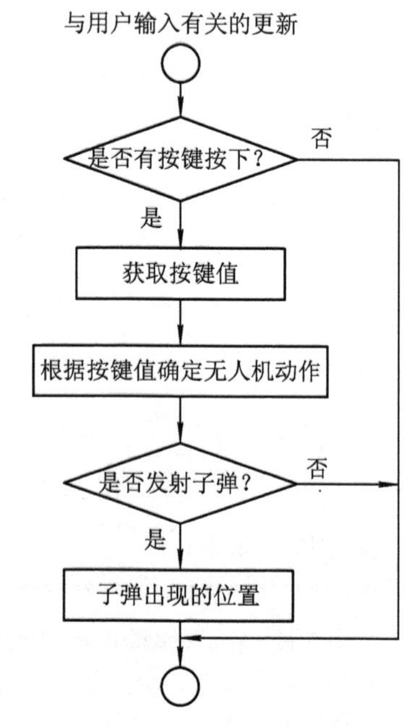


图 5.2.6　与用户有关的更新函数流程图

```
/************************************************************
* 函数名 : void updateWithInput(void)
* 功   能 : 与用户输入有关的更新
* 输   入 : 无
* 输   出 : 无
************************************************************/
void updateWithInput(void)              //与用户输入有关的更新
{
    char input;
    if(kbhit())                         //判断是否有输入
    {
        input = getch();                //根据用户的不同输入来移动，不必输入回车
        if (input == 'a')
            position_x--;               //位置左移
        if (input == 'd')
            position_x++;               //位置右移
        if (input == 'w')
            position_y--;               //位置上移
        if (input == 's')
            position_y++;               //位置下移
        if (input == ' ')               //发射子弹
        {
            bullet_y = position_y - 1;  //发射子弹的初始位置在飞机的正上方
            bullet_x = position_x;
        }
    }
}
```

### 4. 完整参考程序

完整参考程序如下：

```
/************************************************************
* Copyright (C), 2021-2023 , C 语言项目开发组
* 文件名: main.c
* 内容简述：海上出现不明飞行物，操控无人机将其击落
* 文件历史：
* 版本      日期          作者      说明
* 1.0      2022-06-01    课题组    发射激光，击落无人机
* 2.0      2022-07-01    课题组    模块化，增加计分
************************************************************/
```

```
#include <stdio.h>              //标准输入输出头文件
#include <stdlib.h>             //标准库头文件
#include <conio.h>              //控制台输入输出函数头文件，非标准头文件
#include <windows.h>            //windows 系统操作头文件

//全局变量
int position_x, position_y;     //飞机位置
int bullet_x, bullet_y;         //子弹位置
int enemy_x, enemy_y;           //敌机位置
int width, high;                //游戏画面尺寸
int score;                      //得分

//函数声明
void gotoxy(int x, int y);      //光标移动到(x,y)位置
void HideCursor(void);          //用于隐藏光标
void startup(void);             //数据初始化
void show(void);                //显示画面
void updateWithoutInput(void);  //与用户输入无关的更新
void updateWithInput(void);     //与用户输入有关的更新

void main(void)
{
    startup();                  //数据初始化
    while (1)                   //游戏循环执行
    {
        show();                 //显示画面
        updateWithoutInput();   //与用户输入无关的更新
        updateWithInput();      //与用户输入有关的更新
    }
}

/**************************************************************
* 函数名 : void gotoxy(int x, int y)
* 功   能 : 光标移动到(x, y)位置
* 输   入 : 屏幕坐标 x，y; 0 < x < 20;    0 < y < 30;
* 输   出 : 无
**************************************************************/
```

```
void gotoxy(int x, int y)              //光标移动到(x, y)位置
{
    HANDLE handle = GetStdHandle(STD_OUTPUT_HANDLE);
    COORD pos;
    pos.X = x;
    pos.Y = y;
    SetConsoleCursorPosition(handle, pos);
}

/*************************************************************
* 函数名 : void HideCursor(void)
* 功　能 : 用于隐藏光标
* 输　入 : 无
* 输　出 : 无
*************************************************************/
void HideCursor(void)                  //用于隐藏光标
{
    CONSOLE_CURSOR_INFO cursor_info = {1, 0};   //第二个值为 0 表示隐藏光标
    SetConsoleCursorInfo(GetStdHandle(STD_OUTPUT_HANDLE), &cursor_info);
}

/*************************************************************
* 函数名 : void startup(void)
* 功　能 : 数据初始化
* 输　入 : 无
* 输　出 : 无
*************************************************************/
void startup(void)                     //数据初始化
{
    width = 20;
    high = 30;
    position_x = width/2;
    position_y = high/2;
    bullet_x = position_x;
    bullet_y = -2;
    enemy_x = position_x;
    enemy_y = 0;
    score = 0;
    HideCursor();                      //隐藏光标
```

```
}
/****************************************************************
* 函数名 : void show(void)
* 功  能 : 显示画面
* 输  入 : 无
* 输  出 : 无
****************************************************************/
void show(void)                          //显示画面
{
    int i, j;
    gotoxy(0, 0);                        //光标移动到原点位置，以下重画清屏
    for (j = 0; j < high; j++)
    {
        for (i = 0; i < width; i++)
        {
            if ((i==position_x) && (j == position_y))
                printf("*");             //输出飞机*
            else if((i == position_x-2) && (j == position_y + 1))
                printf("*****");         //输出飞机*****
            else if((i == position_x - 1) && (j == position_y + 2))
                printf("* *");           //输出飞机* *
            else if ((i == enemy_x) && (j == enemy_y))
                printf("@");             //输出敌机@
            else if ((i == bullet_x) && (j == bullet_y))
                printf("|");             //输出子弹|
            else
                printf(" ");             //输出空格
        }
        printf("\n");
    }
    printf("得分：%d\n", score);
}

/****************************************************************
* 函数名 : void updateWithoutInput(void)
* 功  能 : 与用户输入无关的更新
* 输  入 : 无
* 输  出 : 无
****************************************************************/
```

```
void updateWithoutInput(void)          //与用户输入无关的更新
{
    static int speed = 0;
    if (bullet_y > -1)
        bullet_y--;
    if ((bullet_x == enemy_x) && (bullet_y == enemy_y))      //子弹击中敌机
    {
        score++;                          //分数加 1
        enemy_y = -1;                     //产生新的飞机
        enemy_x = rand()%width;
        bullet_y = -2;                    //子弹无效
    }
    if (enemy_y > high)                   //敌机跑出显示屏幕
    {
        enemy_y = -1;                     //产生新的飞机
        enemy_x = rand()%width;
    }

    /*用来控制敌机向下移动的速度。每隔几次循环，才移动一次敌机*/
    if (speed < 20)
        speed++;
    if (speed == 20)
    {
        enemy_y++;
        speed = 0;
    }
}

/************************************************************
* 函数名 : void updateWithInput(void)
* 功　能 : 与用户输入有关的更新
* 输　入 : 无
* 输　出 : 无
************************************************************/
void updateWithInput(void)            //与用户输入有关的更新
{
    char input;
    if(kbhit())                           //判断是否有输入
    {
```

```
        input = getch();            //根据用户的不同输入来移动，不必输入回车
        if (input == 'a')
            position_x--;           //位置左移
        if (input == 'd')
            position_x++;           //位置右移
        if (input == 'w')
            position_y--;           //位置上移
        if (input == 's')
            position_y++;           //位置下移
        if (input == ' ')           //发射子弹
        {
            bullet_y = position_y - 1;  //发射子弹的初始位置在飞机的正上方
            bullet_x = position_x;
        }
    }
}
```

### 5. 典型故障排查

(1) 函数名出错。

原因：updateWithoutInput 函数名与 updateWithInput 函数名类似，同时里面有大小写，容易产生书写错误。可以采用复制、粘贴操作，以确保正确。也可以根据程序提示进行修改。

(2) 敌机出现的速度相差较大。

原因：通过程序分析可知，敌机速度是由屏幕刷新速度决定的，电脑运行速度决定了敌机运行速度。可以适当调整刷新频率。

## 四、创新实践

1. 编程实现当无人机飞行到左边界后从右边界飞出，飞行到右边界后从左边界飞出。

2. 编程实现无人机被敌机撞击后扣 3 分，然后无人机和敌机重新出现。

3. 击落一架敌机加 1 分，逃脱一架敌机扣 1 分，无人机被撞击扣 3 分，10 分以后，提高速度，小于 0 分，游戏结束。

# 项目 5.3　保 卫 战 3.0

## 一、项目信息

项目编码：GJYY2022003。

项目等级：3 级。

适用专业：计算机应用技术、计算机网络技术、软件技术、人工智能等信息类专业。

项目名称：保卫战 3.0。

项目简介：编写小游戏，创建自己的无人机在海域巡逻，发现可疑敌机时对其进行驱离，无法驱离时，发射子弹将其击落。敌机将以编队形式出现，我军无人机可以在战斗中对武器升级。

## 二、教学目标

通过本项目的实践，应掌握以下内容：

(1) 了解项目的需求分析。

(2) 能够绘制整体流程图。

(3) 采用模块化编程完成项目开发。

(4) 能够绘制各模块的流程图并编写函数。

(5) 采用二维数组描述画面中的像素。

(6) 能够实现武器升级，敌机数量增加。

(7) 掌握项目的调试方法。

(8) 能够对项目进行创新并实践。

## 三、项目详解

### 1. 需求文档分析

(1) 设置画面。画面长为 30 像素，宽为 20 像素，所有物体在这个界面内。

保卫战 3.0 项目分析

(2) 绘制各种造型的无人机和各种造型的敌机。敌机一次同步出现 5 架，自动向下运行。无人机能够通过操控进行前进、后退、向左和向右运动。敌机可以设置在屏幕的任意位置。

(3) 通过键盘发射子弹，当子弹与敌机在同一坐标时，能够击落敌机，当敌机被击落后，能够重新产生。

(4) 敌机被击落后能够自动加分，当分数大于某个值后，敌机速度加快，我军无人机武器升级。

(5) 若敌机未被击中，则可以按照一定的速度向下移动；当敌机超过界面时，会扣分。敌机与无人机相撞时游戏结束。

(6) 采用模块化编程，便于后续内容的拓展。采用二维数组表示画面元素，便于后续增加图片元素。

(7) 绘制程序流程图。

### 2. 流程图绘制

主函数流程图如图 5.3.1 所示。

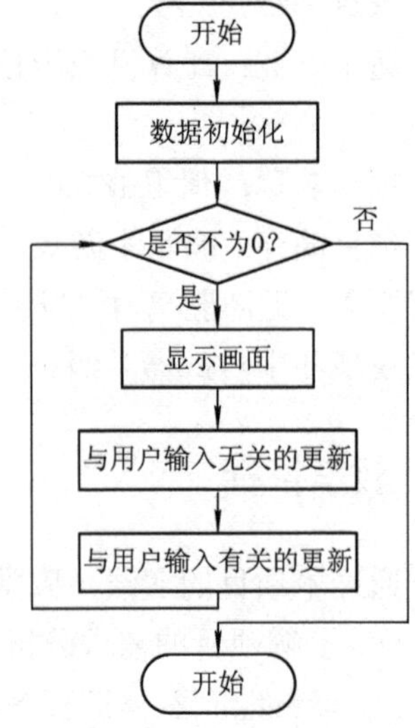

图 5.3.1　主函数流程图

通过对画面元素赋予不同的数字，再通过不同数字输出不同的符号，实现该款游戏的开发。二维数组存储游戏画布中对应的元素 canvas[Width][High] = {0}，元素 0 对应空格，元素 1 对应无人机“*”，元素 2 对应子弹“|”，元素 3 对应敌机“$”。设计 5 架敌机同步随机出现和移动，对应敌机采用一维数组设计 enemy_x[EnemyNum]、enemy_y[EnemyNum]，分别表示不同架次敌机的坐标。设定子弹宽度变量 BulletWidth，当得分大于设定值后，子弹宽度变大，提高设计效果。

### 3. 关键节点设计

*1) 数据初始化*

数据初始化流程图如图 5.3.2 所示。数据初始化需要确定界面的宽 width、高 high，以及无人机的初始位置(position_x，position_y)。对应画布像素设置为 1 时，对应无人机“*”符号。

5 架敌机由产生随机数的函数 rand()产生，该函数能够产生 0 至最大数的随机数。rand()%2 可以获取 0 和 1 两个随机数，rand()%Width 可以获取 0～Width－1 之间的整数随机数。使用该函数需要 sdlib.h 的头文件。然后初始化得分、子弹宽度和敌机的移动速度三个参数。游戏界面坐标图如图 5.3.3 所示。

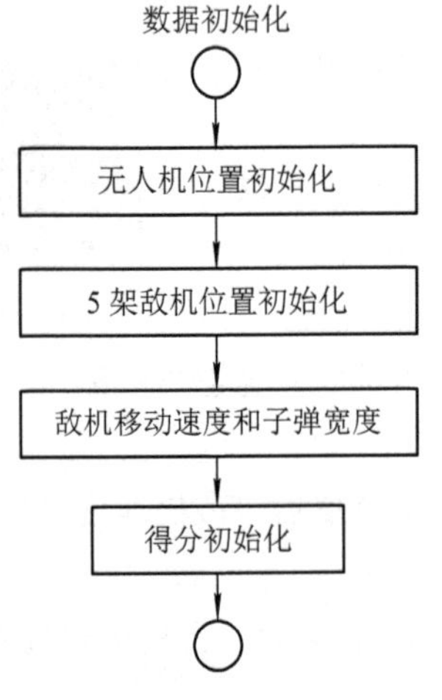

图 5.3.2　数据初始化流程图

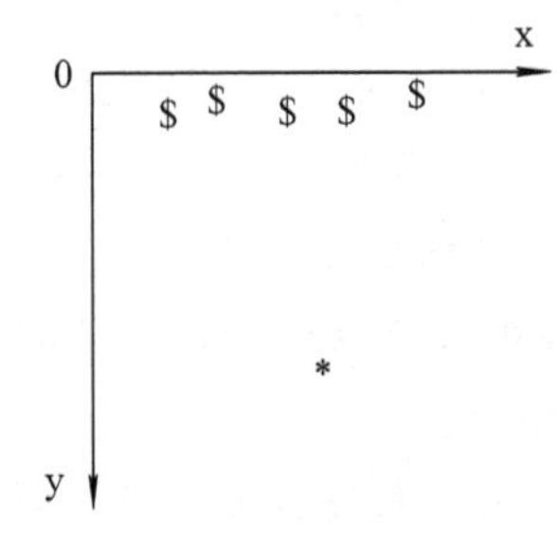

图 5.3.3　游戏界面坐标图

参考代码如下：

```
/****************************************************************
* 函数名 : void startup(void)
```

```
* 功　能：数据初始化
* 输　入：无
* 输　出：无
***************************************************************/
void startup(void)                                      //数据初始化
{   int k;                                              //局部变量，实现 5 架敌机同时出现
    position_y = High-1;
    position_x = Width/2;
    canvas[position_x][position_y] = 1;                 //底部中间显示无人机
    for (k = 0;k < EnemyNum;k++)                        // 5 架敌机同时出现
    {   enemy_y[k] = rand() % 2;                        //取 0～2 的随机数
        enemy_x[k] = rand() % Width;                    //取宽度以内的随机位置
        canvas[enemy_x[k]][enemy_y[k]] = 3;             //将这些位置标记为无人机
    }
    score = 0;                                          //分数为 0
    BulletWidth = 0;                                    //子弹宽度为 0
    EnemyMoveSpeed = 20;                                //敌机移动速度为 20
}
```

2) 显示画面

为了使光标在每次运行后移动到屏幕左前方，需要重新定义一个光标位置控制函数 void gotoxy(int x, int y)。这个函数涉及句柄、COORD 结构体、GetStdHandle 函数、SetConsoleCursorPosition 函数等。

(1) 句柄是 Windows 用来标识被应用程序所建立或使用的对象的唯一整数。数值上来看，它是一个 32 位无符号整型值(32 位系统下)；逻辑上来看，它相当于指针的指针；形象理解上来看，它是 Windows 中各个对象的一个唯一的、固定不变的 ID；作用上来看，Windows 使用句柄来标识诸如窗口、位图、画笔等对象，并通过句柄找到这些对象。这当中还有一个通用的句柄，就是 HANDLE。

(2) GetStdHandle(value)是一个 Windows API 函数，它用于从一个特定的标准设备(标准输入、标准输出或标准错误)中取得一个句柄(用来标识不同设备的数值)。其形参有三种：“SDT_INPUT_HANDLE”，表示“标准输入”；“STD_OUTPUT_HANDLE”，表示“标准输出”；“STD_ERROR_HANDLE”，表示“标准错误”。

(3) COORD 是 Windows API 中定义的一种结构，表示一个字符在控制台屏幕上的坐标。“COORD pos;”用于定义结构体类型变量 pos，然后采用 pos.X 和 pos.Y 将光标移动到相应的行和列。

(4) SetConsoleCursorPosition 是 Windows API 中定位光标位置的函数，这个函数实际控制光标的位置。它有两个参数，一个是句柄(前面提到的 HANDLE 句柄)，另一个是之前定义的结构体类型 COORD 的变量 pos。

参考代码如下：

```
/****************************************************************
* 函数名 : void gotoxy(int x, int y)
* 功  能 : 光标移动到(x, y)位置
* 输  入 : 屏幕坐标 x，y; 0 < x < 20;     0 < y < 30;
* 输  出 : 无
****************************************************************/
void gotoxy(int x, int y)                        //光标移动到(x, y)位置
{   HANDLE handle = GetStdHandle(STD_OUTPUT_HANDLE);        //定义输出对象
    COORD pos;                                   //定义结构体类型变量 pos
    pos.X = x;
    pos.Y = y;
    SetConsoleCursorPosition(handle, pos);//定位光标位置
}
```

显示画面流程图如图 5.3.4 所示。

采用行列扫描的方式绘制界面中的物体，在整个界面上，设定 i 为 x 方向上的坐标，j 为 y 方向上的坐标，根据像素点 canvas[i][j]二维数组赋值的不同，绘制无人机、敌机、子弹等物体。采用 gotoxy(0, 0)函数实现光标移动到左上角，添加 windows.h 头文件。参考代码如下：

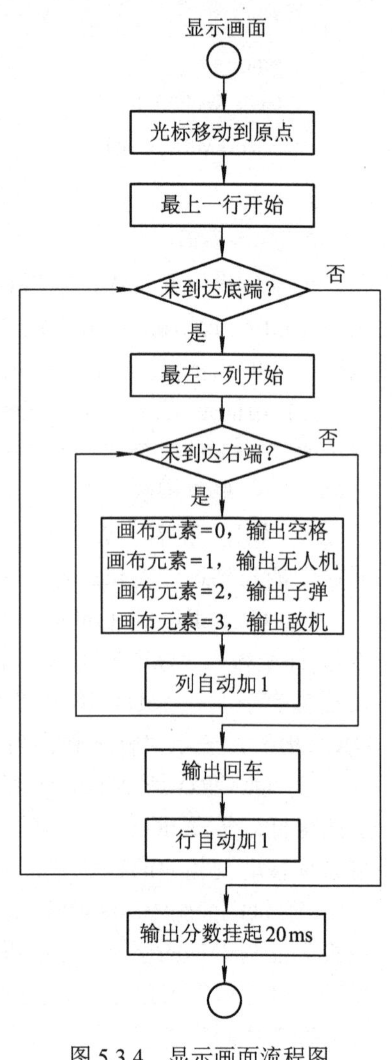

图 5.3.4　显示画面流程图

```
/*******************************************
* 函数名 : void show(void)
* 功  能 : 显示画面
* 输  入 : 无
* 输  出 : 无
*******************************************/
void show(void)   //显示画面
{
    int i, j;          //局部变量，模拟 x，y 坐标

    gotoxy(0, 0); //光标移动到原点位置，以下重画清屏

    for (j=0; j<High; j++)
    {
        for (i=0; i<Width; i++)
        {
            if (canvas[i][j] ==0)
                printf(" ");              //输出空格
            else if (canvas[i][j] ==1)
```

```
            printf("*");          //输出飞机*
        else if (canvas[i][j] ==2)
            printf("|");          //输出子弹|
        else if (canvas[i][j] ==3)
            printf("$");          //输出飞机$
    }
    printf("\n");
  }
  printf("得分：%d\n", score);
  Sleep(20);                      //执行挂起一段时间，单位为 ms
}
```

3) 与用户输入无关的更新

与用户输入无关的更新函数流程图如图 5.3.5 所示。

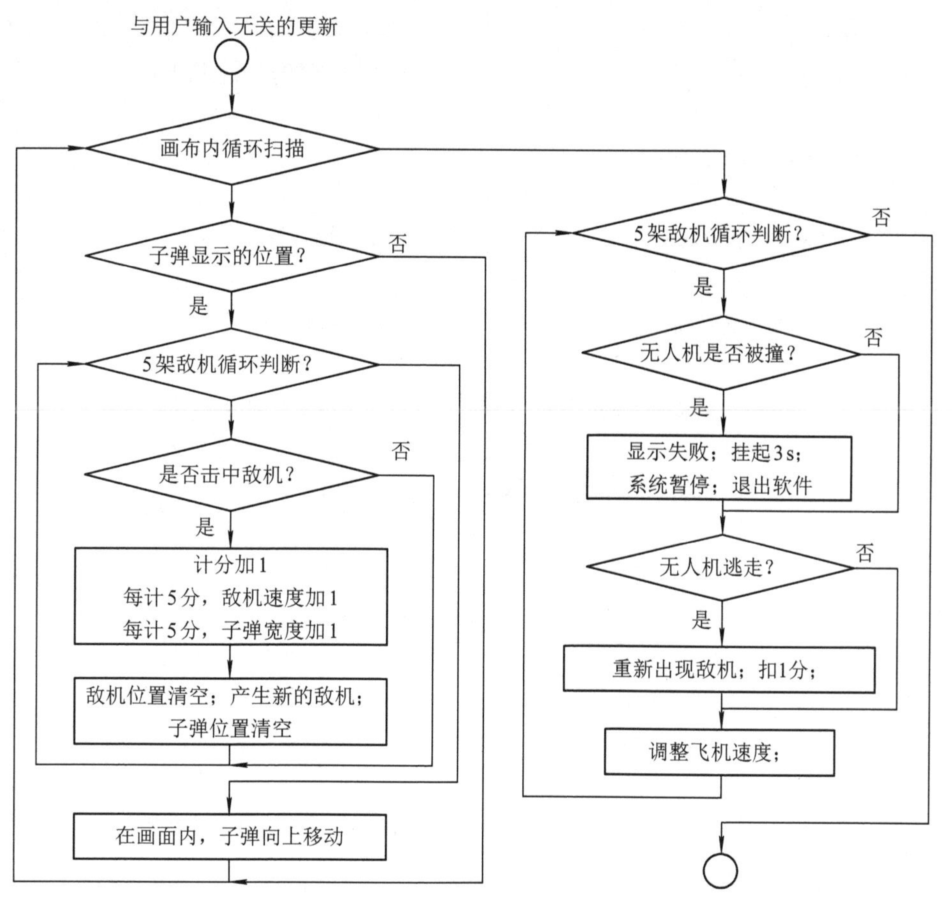


图 5.3.5　与用户输入无关的更新函数流程图

在这个函数内需要考虑两个问题，一个是子弹运动的轨迹和击中敌机的动作，

一个是子弹没有击中敌机的动作。第一种情况，通过扫描将子弹运动轨迹绘制出来，如果在子弹轨迹路上，子弹的坐标与敌机的坐标重合，说明击中该敌机，然后将原来的敌机位置和子弹位置设置为空格，相应敌机随机产生，计分加 1。第二种情况，如果子弹没有击中敌机，判断敌机与无人机相撞的时候则会显示失败，退出系统，如果敌机跑出屏幕，则需要产生新的飞机，同时扣分。此外，还要根据飞机的速度参数确定敌机更新时间，以提高游戏难度。参考代码如下：

```
/***************************************************************
* 函数名 : void updateWithoutInput(void)
* 功　能 : 与用户输入无关的更新
* 输　入 : 无
* 输　出 : 无
***************************************************************/
void updateWithoutInput(void)                  //与用户输入无关的更新
{
    int i, j, k;                               //局部变量，扫描画面点(i，j)，敌机变量
    static int speed = 0;                      //定义敌机速度的临时变量

    for (j=0; j<High; j++)
    {
        for (i=0; i<Width; i++)                //扫描画布面点(i，j)
        {
            if (canvas[i][j] ==2)              // 2 是子弹
            {
                for (k=0; k<EnemyNum; k++)          //判断 5 架敌机
                {          //子弹击中敌机
                    if ((i== enemy_x[k]) && (j==enemy_y[k]))
                    {
                        score++;               //分数加 1
                        if (score%5==0 && EnemyMoveSpeed>3)
                            EnemyMoveSpeed--;  //达到一定积分后，敌机变快
                        if (score%5==0)        //达到一定积分后，子弹变厉害
                            BulletWidth++;

                        canvas[enemy_x[k]][enemy_y[k]] = 0;   //相应敌机清空

                        enemy_y[k] = rand()%2;      //产生新的飞机
                        enemy_x[k] = rand()%Width;
                        canvas[enemy_x[k]][enemy_y[k]] = 3;
```

```
                        canvas[i][j] = 0;                //子弹消失
                    }
                }
                canvas[i][j] = 0;
                if (j>0)                                 //子弹向上移动
                {
                    canvas[i][j-1] = 2;
                }
            }
        }
    }

    for (k=0;k<EnemyNum;k++)                             // 5 架敌机
    {                                                    //敌机撞到无人机
        if ((position_x==enemy_x[k]) && (position_y==enemy_y[k]))
        {
            printf("失败！ \n");
            Sleep(3000);
            system("pause");                             //系统暂停
            exit(0);                                     //退出
        }

        if (enemy_y[k]>High)                             //敌机跑出显示屏幕
        {
            canvas[enemy_x[k]][enemy_y[k]] = 0;
            enemy_y[k] = rand()%2;                       //产生新的飞机
            enemy_x[k] = rand()%Width;
            canvas[enemy_x[k]][enemy_y[k]] = 3;
            score--;                                     //减分
        }
        if (speed<EnemyMoveSpeed)                        //调整敌机速度
        {
            speed++;
        }
        if (speed == EnemyMoveSpeed)
        {   //敌机下落
            for (k=0;k<EnemyNum;k++)                     // 5 架同步
            {
```

```
                canvas[enemy_x[k]][enemy_y[k]] = 0;
                enemy_y[k]++;
                speed = 0;                          //临时变量清零
                canvas[enemy_x[k]][enemy_y[k]] = 3;
            }
        }
    }
}
```

4) 与用户输入有关的更新

与用户输入有关的更新函数流程图如图 5.3.6 所示。

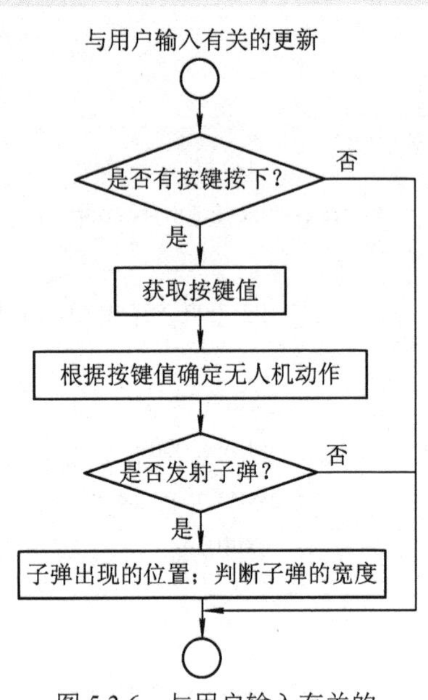


图 5.3.6　与用户输入有关的更新函数流程图

获取键盘值，根据键盘值判断相应的操作。其中，判断键盘是否有动作的函数 kbhit()和获取键盘字符的函数 getch()需要控制台输入输出函数头文件 conio.h。在这里控制按键有效的条件是：在图像界面内 position_x > 0，position_x < Width - 1，这样无人机才不会脱离界面。如果没有这里的判断，则在 y 方向上，无人机会出现丢失现象。在移动无人机前，应该先将相应位置设置为“0”，即显示为空格，然后，在下一个位置设置为“1”，即显示无人机。在按下发射子弹按键后，需要重新定义子弹的坐标，该坐标应该是无人机的前端。考虑到无人机的宽度可以增加，对于 BulletWidth，控制范围为 left～right。参考代码如下：

```
/****************************************************************
* 函数名 : void updateWithInput(void)
* 功　能 : 与用户输入有关的更新
* 输　入 : 无
* 输　出 : 无
****************************************************************/
void updateWithInput(void)              //与用户输入有关的更新
{
    int k;                              // 5 架敌机的临时变量
    char input;

    if(kbhit())                         //判断是否有输入
    {
```

```
input = getch();                    //根据用户的不同输入来移动，不必输入回车
if (input ==    'a' && position_x>0)         //确保在界面内
{
    canvas[position_x][position_y] = 0;
    position_x--;                            //位置左移
    canvas[position_x][position_y] = 1;
}

else if (input ==    'd' && position_x<Width-1)
{
    canvas[position_x][position_y] = 0;
    position_x++;                            //位置右移
    canvas[position_x][position_y] = 1;
}

else if (input == 'w')
{
    canvas[position_x][position_y] = 0;
    position_y--;                            //位置上移
    canvas[position_x][position_y] = 1;
}

else if (input == 's')
{
    canvas[position_x][position_y] = 0;
    position_y++;                            //位置下移
    canvas[position_x][position_y] = 1;
}

else if (input == ' ')                       //发射子弹
{
    int left = position_x-BulletWidth;       //散弹枪的宽度
    int right = position_x+BulletWidth;
    if (left<0)
        left = 0;
    if (right>Width-1)
        right = Width-1;

    for (k=left;k<=right;k++)                //发射散弹
```

```
                vas[k][position_y-1] = 2;          //发射子弹的初始位置在飞机的正上方
            }
        }
}
```

### 4. 完整参考程序

完整参考程序如下：

```
/*********************************************************
* Copyright (C), 2021-2023 , C 语言项目开发组
* 文件名: main.c
* 内容简述：海上出现不明飞行物，操控无人机将其击落
* 文件历史：
* 版本        日期          作者        说明
* 1.0        2022-06-01    课题组      发射激光，击落无人机
* 2.0        2022-07-01    课题组      模块化，增加计分
* 3.0        2022-08-01    课题组      数组实现，修改子弹形状
*********************************************************/
#include <stdio.h>                    //标准输入输出头文件
#include <stdlib.h>                   //标准库头文件
#include <conio.h>                    //控制台输入输出函数头文件，非标准头文件
#include <windows.h>                  //Windows 系统操作头文件

#define High 30                       //游戏画面尺寸
#define Width 20
#define EnemyNum 5                    //敌机个数

//全局变量
int position_x, position_y;           //飞机位置
int enemy_x[EnemyNum], enemy_y[EnemyNum];   //敌机位置
int canvas[Width][High] = {0};        //二维数组存储游戏画面中对应的元素
                                      // 0 为空格，1 为无人机*，2 为子弹|，3 为敌机@
int score;                            //得分
int BulletWidth;                      //子弹宽度
int EnemyMoveSpeed;                   //敌机移动速度

//函数声明
void gotoxy(int x, int y);            //光标移动到(x, y)位置
void HideCursor(void);                //用于隐藏光标
void startup(void);                   //数据初始化
```

```
void show(void);                    //显示画面
void updateWithoutInput(void);      //与用户输入无关的更新
void updateWithInput(void);         //与用户输入有关的更新

void main(void)
{
    startup();                      //数据初始化
    while (1)                       //游戏循环执行
    {
        show();                     //显示画面
        updateWithoutInput();       //与用户输入无关的更新
        updateWithInput();          //与用户输入有关的更新
    }
}
/*************************************************************
* 函数名 : void gotoxy(int x, int y)
* 功　能 : 光标移动到(x, y)位置
* 输　入 : 屏幕坐标 x， y; 0 < x < 20;    0 < y < 30;
* 输　出 : 无
*************************************************************/
void gotoxy(int x, int y)                     //光标移动到(x, y)位置
{
    HANDLE handle = GetStdHandle(STD_OUTPUT_HANDLE);  //定义输出对象
    COORD pos;                                //定义结构体类型变量 pos
    pos.X = x;
    pos.Y = y;
    SetConsoleCursorPosition(handle, pos);    //定位光标位置
}
/*************************************************************
* 函数名 : void startup(void)
* 功　能 : 数据初始化
* 输　入 : 无
* 输　出 : 无
*************************************************************/
void startup(void)                                //数据初始化
{
    int k;                                        //局部变量，实现 5 架敌机同时出现

    position_y = High-1;
```

```
    position_x = Width/2;
    canvas[position_x][position_y] = 1;             //底部中间显示无人机

    for (k = 0;k < EnemyNum;k++)                    // 5 架敌机同时出现
    {
        enemy_y[k] = rand() % 2;                    //取 0～2 的随机数
        enemy_x[k] = rand() % Width;                //取宽度以内的随机位置
        canvas[enemy_x[k]][enemy_y[k]] = 3;         //在这些位置标记有无人机
    }

    score = 0;                                      //分数为 0
    BulletWidth = 0;                                //子弹宽度为 0
    EnemyMoveSpeed = 20; //敌机移动速度为 20
}
/**************************************************************
* 函数名 : void show(void)
* 功  能 : 显示画面
* 输  入 : 无
* 输  出 : 无
**************************************************************/
void show(void)                          //显示画面
{
    int i, j;                            //局部变量，模拟 x，y 坐标

    gotoxy(0, 0);                        //光标移动到原点位置，以下重画清屏

    for (j=0; j<High; j++)
    {
        for (i=0; i<Width; i++)
        {
            if (canvas[i][j] ==0)
                printf(" ");             //输出空格
            else if (canvas[i][j] ==1)
                printf("*");             //输出飞机 *
            else if (canvas[i][j] ==2)
                printf("|");             //输出子弹 |
            else if (canvas[i][j] ==3)
                printf("$");             //输出飞机 $
        }
```

```
        printf("\n");
    }
    printf("得分：%d\n", score);
    Sleep(20);                                  //执行挂起一段时间，单位为 ms
}
/*************************************************************
* 函数名 : void updateWithoutInput(void)
* 功　能 : 与用户输入无关的更新
* 输　入 : 无
* 输　出 : 无
*************************************************************/
void updateWithoutInput(void)                   //与用户输入无关的更新
{
    int i, j, k;                                //局部变量，扫描画面点(i，j)，敌机变量
    static int speed = 0;                       //定义敌机速度的临时变量

    for (j=0; j<High; j++)
    {
        for (i=0; i<Width; i++)                 //扫描画面点(i，j)
        {
            if (canvas[i][j] ==2)               // 2 是子弹
            {
                for (k = 0; k < EnemyNum; k++)          //判断 5 架敌机
                {                                       //子弹击中敌机
                    if ((i == enemy_x[k]) && (j == enemy_y[k]))
                    {
                        score++;                        //分数加 1
                        if (score%5 == 0 && EnemyMoveSpeed > 3)
                            EnemyMoveSpeed--;           //达到一定积分后，敌机变快
                        if (score%5 == 0)               //达到一定积分后，子弹变厉害
                            BulletWidth++;

                        canvas[enemy_x[k]][enemy_y[k]] = 0;          //敌机位置清空

                        enemy_y[k] = rand()%2;                       //产生新的飞机
                        enemy_x[k] = rand()%Width;
                        canvas[enemy_x[k]][enemy_y[k]] = 3;

                        canvas[i][j] = 0;               //子弹消失
                    }
```

```
                }

                canvas[i][j] = 0;
                if (j > 0)                                   //子弹向上移动
                {
                    canvas[i][j-1] = 2;
                }
            }
        }
    }

    for (k=0; k<EnemyNum; k++)                               // 5 架敌机
    {
        if ((position_x == enemy_x[k]) && (position_y == enemy_y[k]))  //敌机撞到无人机
        {
            printf("失败！ \n");
            Sleep(3000);
            system("pause");                                 //系统暂停
            exit(0);                                         //退出
        }

        if (enemy_y[k]>High)                                 //敌机跑出显示屏幕
        {
            canvas[enemy_x[k]][enemy_y[k]] = 0;
            enemy_y[k] = rand()%2;                           //产生新的飞机
            enemy_x[k] = rand()%Width;
            canvas[enemy_x[k]][enemy_y[k]] = 3;
            score--;                                         //减分
        }

        if (speed<EnemyMoveSpeed)                            //调整敌机速度
        {
            speed++;
        }

        if (speed == EnemyMoveSpeed)
        {                                                    //敌机下落
            for (k=0; k<EnemyNum; k++)                       // 5 架同步
            {
                canvas[enemy_x[k]][enemy_y[k]] = 0;
```

```
            enemy_y[k]++;
            speed = 0;                          //临时变量清零
            canvas[enemy_x[k]][enemy_y[k]] = 3;
        }
      }
    }
}
/*****************************************************************
* 函数名 : void updateWithInput(void)
* 功　能 : 与用户输入有关的更新
* 输　入 : 无
* 输　出 : 无
*****************************************************************/
void updateWithInput(void)              //与用户输入有关的更新
{
    int k;                              // 5 架敌机的临时变量
    char input;

    if(kbhit())                         //判断是否有输入
    {
        input = getch();                //根据用户的不同输入来移动，不必输入回车
        if (input == 'a' && position_x>0)   //确保界面内
        {
            canvas[position_x][position_y] = 0;
            position_x--;               //位置左移
            canvas[position_x][position_y] = 1;
        }
        else if (input == 'd' && position_x<Width-1)
        {
            canvas[position_x][position_y] = 0;
            position_x++;                       //位置右移
            canvas[position_x][position_y] = 1;
        }
        else if (input == 'w')
        {
            canvas[position_x][position_y] = 0;
            position_y--;                       //位置上移
            canvas[position_x][position_y] = 1;
        }
```

```
        else if (input == 's')
        {
            canvas[position_x][position_y] = 0;
            position_y++;                           //位置下移
            canvas[position_x][position_y] = 1;
        }
        else if (input == ' ')                      //发射子弹
        {
            int left = position_x-BulletWidth;      //散弹枪的宽度
            int right = position_x+BulletWidth;
            if (left<0)
                left = 0;
            if (right>Width-1)
                right = Width-1;

            for (k = left; k <= right; k++)         //发射散弹
                canvas[k][position_y-1] = 2;        //发射子弹
        }
    }
}
```

5. **典型故障排查**

(1) 敌机不能随机出现在第一行位置。

原因：rand() % Width 的作用是在 0～Width 之间产生随机数，对应将敌机显示在相应位置。

(2) 新式武器的覆盖面积不正常。

原因：程序无法理解控制武器的左边宽度和右边宽度的表达式。position_x − BulletWidth 和 position_x + BulletWidth 表示以无人机为中心，发射宽幅度的子弹。

## 四、创新实践

1. 增加敌机 boss，且其形状更大，血量更多。
2. 编程实现敌机也能发射子弹。
3. 编程实现武器再一次的升级。

# 模块六　控制技术类项目开发实战

## 项目 6.1　庆典活动 1.0

### 一、项目信息

项目编码：GJYY2022501。

项目等级：1 级。

适用专业：应用电子技术、智能产品开发及应用、物联网应用技术、机电一体化等控制技术类专业。

项目名称：庆典活动 1.0。

项目简介：编写代码，实现典礼上的灯光、声音效果，庆祝 100 周年纪念日。

### 二、教学内容

通过本项目的实践，应掌握以下内容：

(1) 了解项目的需求分析。

(2) 能够绘制系统电路图。

(3) 能够绘制整体流程图。

(4) 使用基础编程语句完成项目开发。

(5) 掌握项目的调试方法。

(6) 能够对项目进行创新并实践。

### 三、项目详解

#### 1. 需求文档分析

(1) 完成 STC89C51 单片机最小系统的电路设计。

(2) 完成指示灯、无源蜂鸣器、8 位流水灯的电路设计。

(3) 完成延时电路流程图绘制及程序设计。

(4) 指示灯快闪 100 次，代表 100 年，然后蜂鸣器发出声响，同时流水灯按照正向闪烁运行 3 次，反向闪烁运行 1 次。

庆典活动 1.0 项目分析

(5) 绘制程序设计流程图。

## 2. 设计图绘制

1) 电路设计

本项目硬件电路图如图 6.1.1 所示。该项目采用 STC89C51 单片机作为控制系统的控制核心。这款单片机采用 8051 核的 ISP(In System Programming，在系统可编程)芯片，最高工作时钟频率为 80 MHz，片内含 4000 Bytes 的可反复擦写 1000 次的 Flash 只读程序存储器，器件兼容标准 MCS-51 指令系统及 80C51 引脚结构，芯片内集成了通用 8 位中央处理器和 ISP Flash 存储单元，具有在系统可编程(ISP)特性，配合 PC 端的控制程序即可将用户的程序代码下载进单片机内部，省去了购买通用编程器，而且速度更快。

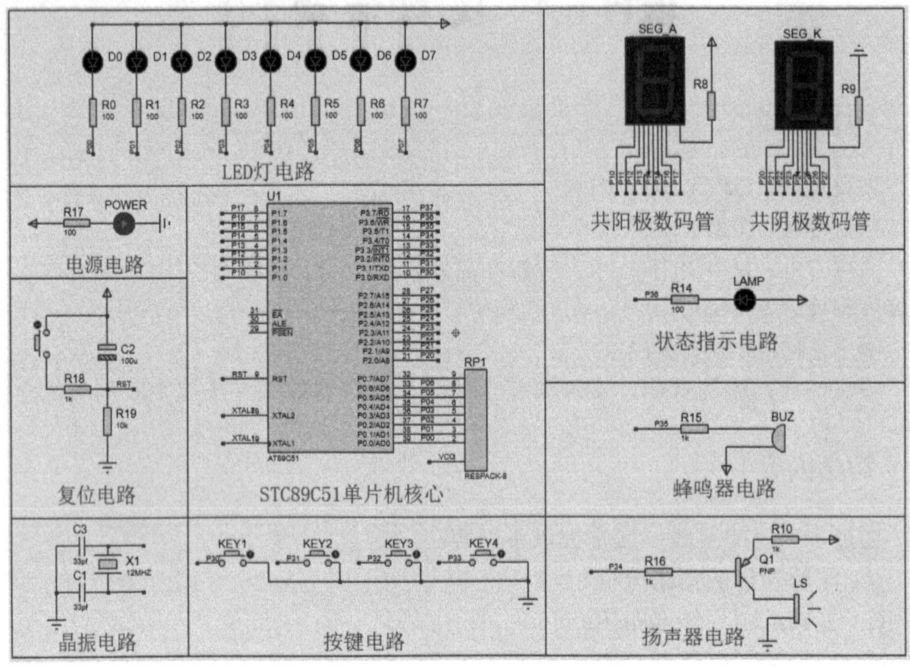


图 6.1.1 控制类项目硬件电路图

该系统采用 12 MHz 晶振，带有复位按键。外部设备与引脚的对应关系如表 6.1.1 所示。

**表 6.1.1 控制类项目硬件元件清单**

| 名 称 | 代 号 | 引 脚 |
|---|---|---|
| 指示灯 | LAMP | P36 |
| 无源蜂鸣器 | BUZ | P35 |
| 有源蜂鸣器 | LS | P34 |
| 按键 | KEY1，KEY2，KEY3，KEY4 | P30，P31，P32，P33 |
| LED 灯 | D0～D7 | P0 口 |
| 共阳极数码管 | SEG_A | P1 口 |
| 共阴极数码管 | SEG_K | P2 口 |

2) 程序流程图

庆典活动 1.0 项目流程图如图 6.1.2 所示。

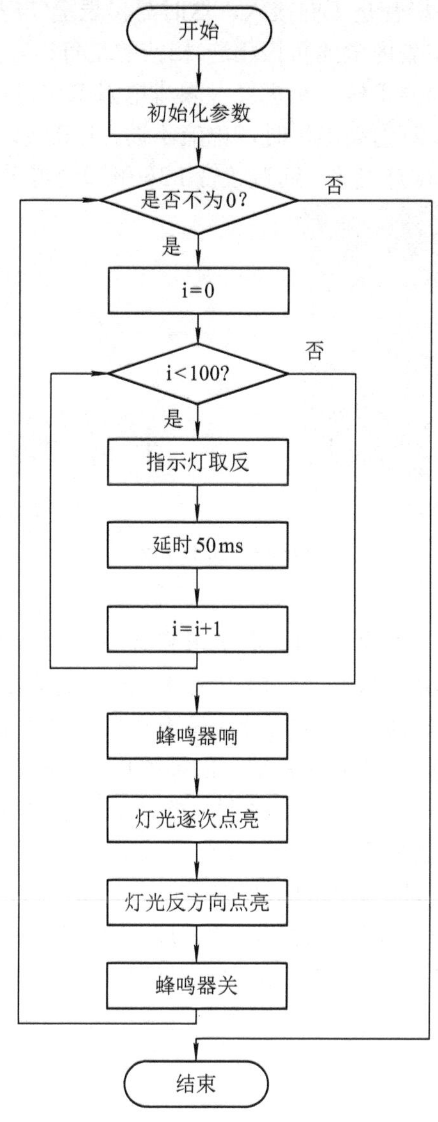


图 6.1.2　庆典活动 1.0 项目流程图

### 3. 关键节点设计

1) 指示灯电路设计

贴片 LED 是有正负极之分的，使用前需判断引脚，如图 6.1.3(a)所示。LED 灯正负引脚可以采用以下两种方法判断。

(1) 看标记。LED 灯反面标有类似于三角形符号的丝印，那么靠近三角形底边的是正极，靠近顶角的是负极；LED 灯正面有绿色点的一端为负极，另一端为正极。

(2) 使用万用表测量。对于数字万用表，将万用表上的旋钮拨到二极管挡位，并将红黑表笔插在万用表的正确位置。将表笔分别接到 LED 的两个引脚上，如果

看到微弱的亮光，说明红表笔接的是正极，黑表笔接的是负极。对于模拟万用表，将两表笔分别与发光二极管的两端相接，如表针偏转过半，同时发光二极管中有一发亮光点，表示发光二极管是正向接入，这时与黑表笔(与表内电池正极相连)相接的是正极，与红表笔(与表内电池负极相连)相接的是负极。

LED灯正极接在电源正极，负极经过限流电阻R14，接到P36引脚上，如图6.1.3(b)所示。当P36引脚为高电平时，电流不通，LED灯不亮。当P36引脚为低电平时，电流导通，LED灯发光。通过改变P36引脚的电平，可实现灯光的闪烁。

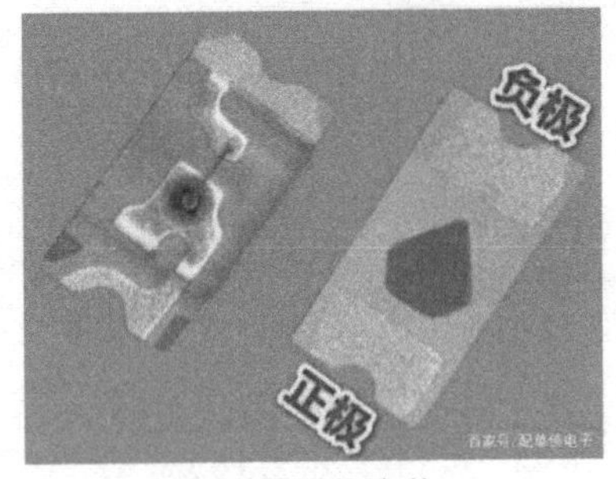


(a) LED指示灯实物

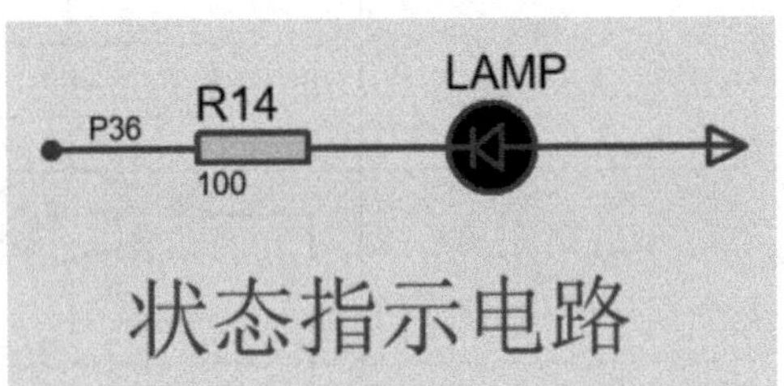


(b) 指示灯电路

图6.1.3　LED指示灯

2) 蜂鸣器电路设计

有源蜂鸣器是一种一体化结构的电子讯响器，采用直流电压供电，广泛应用于计算机、打印机、复印机、报警器、电子玩具、汽车电子设备、电话机、定时器等电子产品中作发声器件。蜂鸣器主要分为压电式蜂鸣器和电磁式蜂鸣器两种类型。蜂鸣器在电路中用字母“H”或“HA”(旧标准用“FM”、“LB”、“JD”等)表示。电磁式蜂鸣器由振荡器、电磁线圈、磁铁、振动膜片及外壳等组成，如图6.1.4(a)所示。接通电源后，振荡器产生的音频信号电流通过电磁线圈，使电磁线圈产生磁场。振动膜片在电磁线圈和磁铁的相互作用下，周期性地振动发声。

MLT-9650属于贴片SMD有源蜂鸣器，尺寸为9.6 mm × 9.6 mm × 5 mm，驱动电压有3 V、5 V、12 V三种。有缺口部位对应的引脚为负极，另一引脚为正极。在本电路中选择驱动电压3 V，将正极接到电源正极上，负极通过限流电阻R15接到P35引脚上。当P35引脚为高电平时，蜂鸣器不发声音，当P35引脚为低电平时，蜂鸣器发出1 kHz左右的固定频率声音，其电路如图6.1.4(b)所示。

(a) 有源蜂鸣器实物

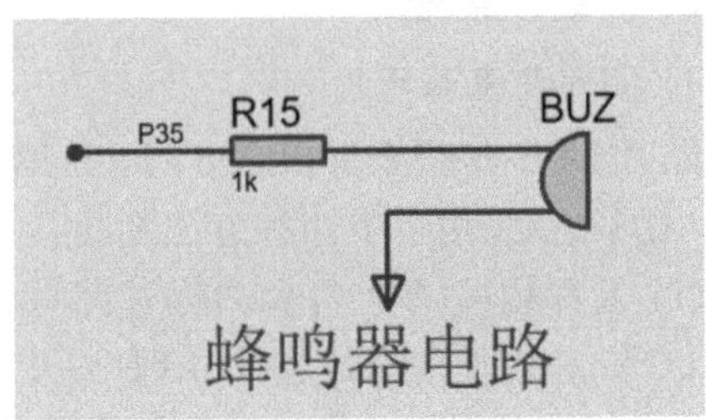


(b) 有源蜂鸣器驱动电路

图6.1.4　有源蜂鸣器

3) LED灯电路设计

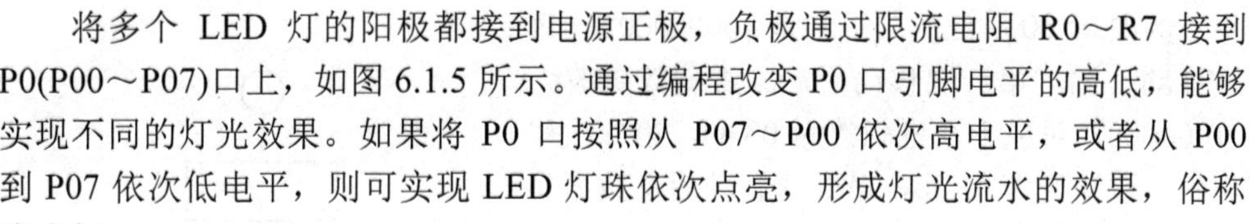

将多个 LED 灯的阳极都接到电源正极，负极通过限流电阻 R0～R7 接到 P0(P00～P07)口上，如图 6.1.5 所示。通过编程改变 P0 口引脚电平的高低，能够实现不同的灯光效果。如果将 P0 口按照从 P07～P00 依次高电平，或者从 P00 到 P07 依次低电平，则可实现 LED 灯珠依次点亮，形成灯光流水的效果，俗称流水灯。

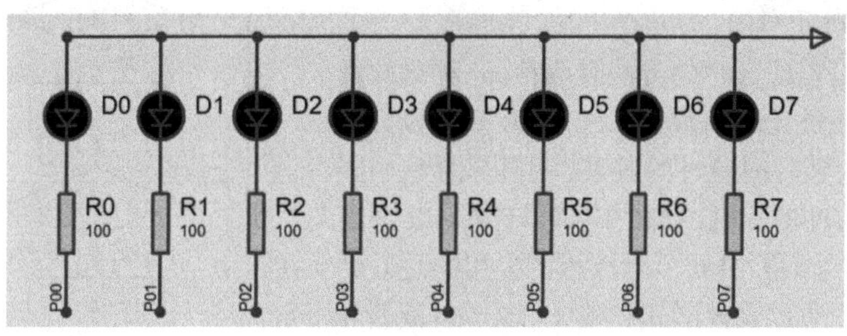


图 6.1.5　LED 流水灯驱动电路

实现流水灯的效果，可以采用两种思路。第一种思路是每次对引脚赋值，只让一个引脚对应的 LED 点亮，延时一段时间后，点亮另一个 LED，依次实现流水灯效果。考虑到数字值与效果的对应关系，采用正值取反，点亮对应 LED 灯。参考代码如下：

```
FLOW_LAMP = ~0X01;
DelayMS(100);
FLOW_LAMP = ~0X03;
DelayMS(100);
FLOW_LAMP = ~0X07;
DelayMS(100);
FLOW_LAMP = ~0X0F;
DelayMS(100);
FLOW_LAMP = ~0X1F;
DelayMS(100);
FLOW_LAMP = ~0X3F;
DelayMS(100);
FLOW_LAMP = ~0X7F;
DelayMS(100);
FLOW_LAMP = ~0XFF;
DelayMS(100);
FLOW_LAMP = ~0X00;
```

第二种思路是采用内置的字符循环右移函数_cror_，实现 LED 灯的右移循环点亮，在这个函数里有两个形式参数，第一个形式参数是待移动的数据，第二个形成参数是每次移动的位数。示例如下：

```
extern unsigned char _cror_   (unsigned char, unsigned char);
```

例如 0X80 对应的二进制是 10000000B，每次移动一位。第一次移动后，二进制数更改为 01000000，对应十六进制数为 0X40，第二次移动后，数据变为 0X20，第 8 次移动后，数据又变回 0X80。

4) 延时子程序

单片机实现延时的方法有两种，一种是软件延时，即通过延时函数让 CPU 不断重复执行相关语句，达到时间延时的效果。另外一种是中断延时，即通过单片机内部的定时器计时，实现延时的效果。如图 6.1.6 所示流程图采用的是软件延时方法，通过设置形式参数 x，在 x 自减循环内实现 i 的 120 次循环。通过这种方法可占用 CPU 时间，以实现时间的延时。

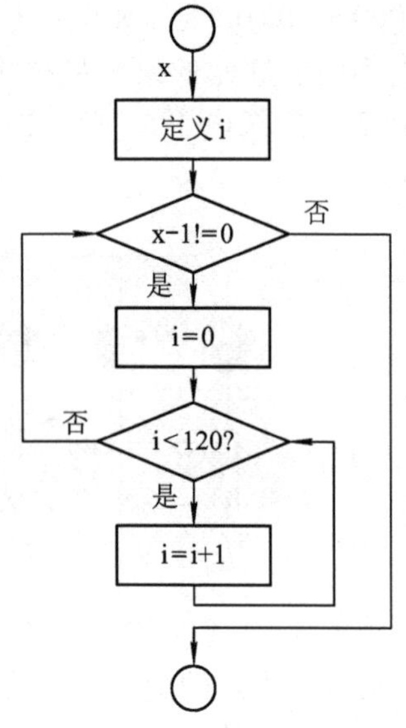


图 6.1.6　延时函数子程序流程图

### 4. 完整参考程序

完整参考程序如下：

```
/****************************************************************
* Copyright (C), 2021-2023 , C 语言项目开发组
*  文件名: main.c
*  内容简述：100 周年庆典活动
*  文件历史：
*  版本        日期            作者                    说明
* 1.0       2022-06-01     课题组      灯光计数，花样灯光，蜂鸣器
*****************************************************************/
#include<reg51.h>                  //51 单片机头文件
#include<intrins.h>                //内置函数头文件

#define uchar unsignedchar         //数据类型宏定义
#define uint unsignedint

#define FLOW_LAMP P0                    // P0 口宏定义

sbit BUZ    = P3^5;                     //蜂鸣器位定义
sbit LAMP = P3^6;                       //指示灯位定义
void DelayMS(uint x);                   //延时  x ms

void main(void)                         //主程序
```

```
{
    uchar i;

    P2 = 0X00;                          //初始化，防止不必要的动作
    P1 = 0XFF;
    BUZ = 1;

    while(1)
    {
        for(i = 0; i < 100; i++)        //指示灯闪烁 100 次
        {
            LAMP = ~LAMP;               //状态取反，闪烁
            DelayMS(50);
        }

        BUZ = 0;                        //蜂鸣器响

        /*灯光由低位到高位逐一点亮，然后熄灭，循环三次*/
        for(i = 0; i < 3;i++)
        {
            FLOW_LAMP = ~0X01;
            DelayMS(100);
            FLOW_LAMP = ~0X03;
            DelayMS(100);
            FLOW_LAMP = ~0X07;
            DelayMS(100);
            FLOW_LAMP = ~0X0F;
            DelayMS(100);
            FLOW_LAMP = ~0X1F;
            DelayMS(100);
            FLOW_LAMP = ~0X3F;
            DelayMS(100);
            FLOW_LAMP = ~0X7F;
            DelayMS(100);
            FLOW_LAMP = ~0XFF;
            DelayMS(100);
            FLOW_LAMP = ~0X00;
        }
```

```
        /*灯光由高位向低位，依次点亮*/
        FLOW_LAMP = 0X01;
        for(i = 0; i < 7;i++)
        {
            FLOW_LAMP = ~ _cror_(FLOW_LAMP, 1); // P0 的值向右循环移动
            DelayMS(100);
        }
        BUZ = 1;                    //蜂鸣器关
    }
}

/************************************************************
* 函数名 : void DelayMS(uint x)
* 功  能 : x ms 的延时
* 输  入 : 无
* 输  出 : 无
************************************************************/

void DelayMS(uint x)
{
    uchar i;
    while(x--)
    {
        for(i = 0; i < 120; i++)
        {
        }
    }
}
```

**5. 典型故障排查**

(1) 指示灯不闪烁。

故障排查：首先查看硬件电路连接是否正确，然后对照硬件查看软件接口配置是否正确。如果没有问题，查看延时时间是否正常，若延时时间过短，则灯光变化不明显。

(2) 蜂鸣器不响。

故障排查：首先查看硬件电路连接是否正确，然后对照硬件查看软件接口配置是否正确。有源蜂鸣器应发出固定频率的声音，如果电源导通时间过短，将无法发出声音。

(3) 流水灯无效果。

故障排查：首先查看硬件电路连接是否正确，然后对照硬件查看软件接口配置是否正确。应关注流水灯每个灯光点亮时间，若时间过短，将无法看到相应效果。同时，使用函数实现效果的时候，注意对相应端口赋有效初值。

## 四、创新实践

1. 编写新式的灯光从两端向中间依次亮灭的效果，声音根据灯光实现有节奏的鸣响效果。

2. 能否将灯光逐次点亮模式也用库文件内的函数实现？

# 项目 6.2　庆典活动 2.0

## 一、项目信息

项目编码：GJYY2022502。

项目等级：2 级。

适用专业：应用电子技术、智能产品开发及应用、物联网应用技术、机电一体化等控制技术类专业。

项目名称：庆典活动 2.0。

项目简介：编写代码，通过按键计年，实现典礼上的灯光、声音效果，庆祝95 周年纪念日。

## 二、教学内容

通过本项目的实践，应掌握以下内容：

(1) 了解项目的需求分析。

(2) 能够绘制系统电路图。

(3) 能够绘制整体流程图。

(4) 能够封装函数并使用。

(5) 掌握数码管的显示方法。

(6) 使用基础编程语句完成项目开发。

(7) 掌握项目的调试方法。

(8) 能够对项目进行创新并实践。

## 三、项目详解

### 1. 需求文档分析

(1) 完成 STC89C51 单片机最小系统的电路设计。

(2) 完成指示灯、无源蜂鸣器、8 位流水灯的电路设计。

(3) 完成延时电路流程图绘制及程序设计。

(4) 数码管记录按键次数，按键 1 代表 10 年，显示在左数码管，按键 2 代表 1 年，显示在右数码管。显示 95 后，按下按键 3，蜂鸣器发出声响，灯光产生多种变化效果，并依次循环。

庆典活动 2.0 项目分析

(5) 绘制程序设计流程图。

## 2. 设计图绘制

### 1) 电路设计

本项目硬件电路图如图 6.2.1 所示。该项目采用 STC89C51 单片机作为控制系统的控制核心。这款单片机采用 8051 核的 ISP(In System Programming，在系统可编程)芯片，最高工作时钟频率为 80 MHz，片内含 4000 Bytes 的可反复擦写 1000 次的 Flash 只读程序存储器，器件兼容标准 MCS-51 指令系统及 80C51 引脚结构，芯片内集成了通用 8 位中央处理器和 ISP Flash 存储单元，具有在系统可编程(ISP)特性，配合 PC 端的控制程序即可将用户的程序代码下载进单片机内部，省去了购买通用编程器，而且速度更快。

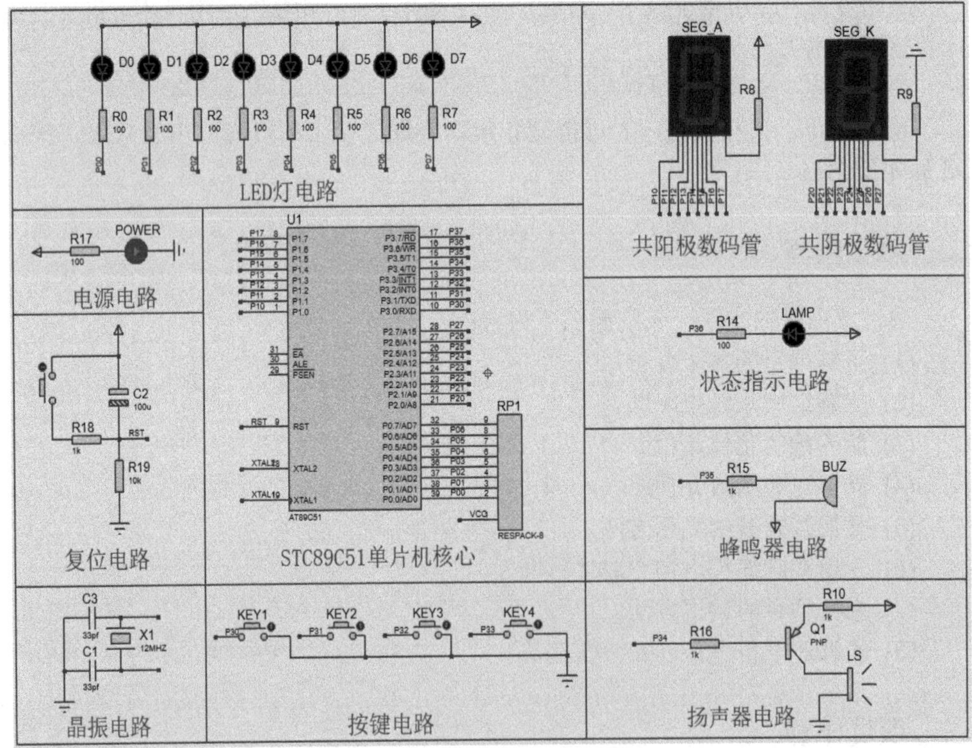


图 6.2.1　控制类项目硬件电路图

该系统采用 12 MHz 晶振，带有复位按键。外部设备与引脚的对应关系如表 6.2.1 所示。

**表 6.2.1　控制类项目硬件元件清单**

| 名称 | 代号 | 引脚 |
|---|---|---|
| 指示灯 | LAMP | P36 |
| 无源蜂鸣器 | BUZ | P35 |
| 有源蜂鸣器 | LS | P34 |
| 按键 | KEY1，KEY2，KEY3，KEY4 | P30，P31，P32，P33 |
| LED 灯 | D0～D7 | P0 口 |
| 共阳极数码管 | SEG_A | P1 口 |
| 共阴极数码管 | SEG_K | P2 口 |

2) 程序流程图

庆典活动 2.0 流程图如图 6.2.2 所示。

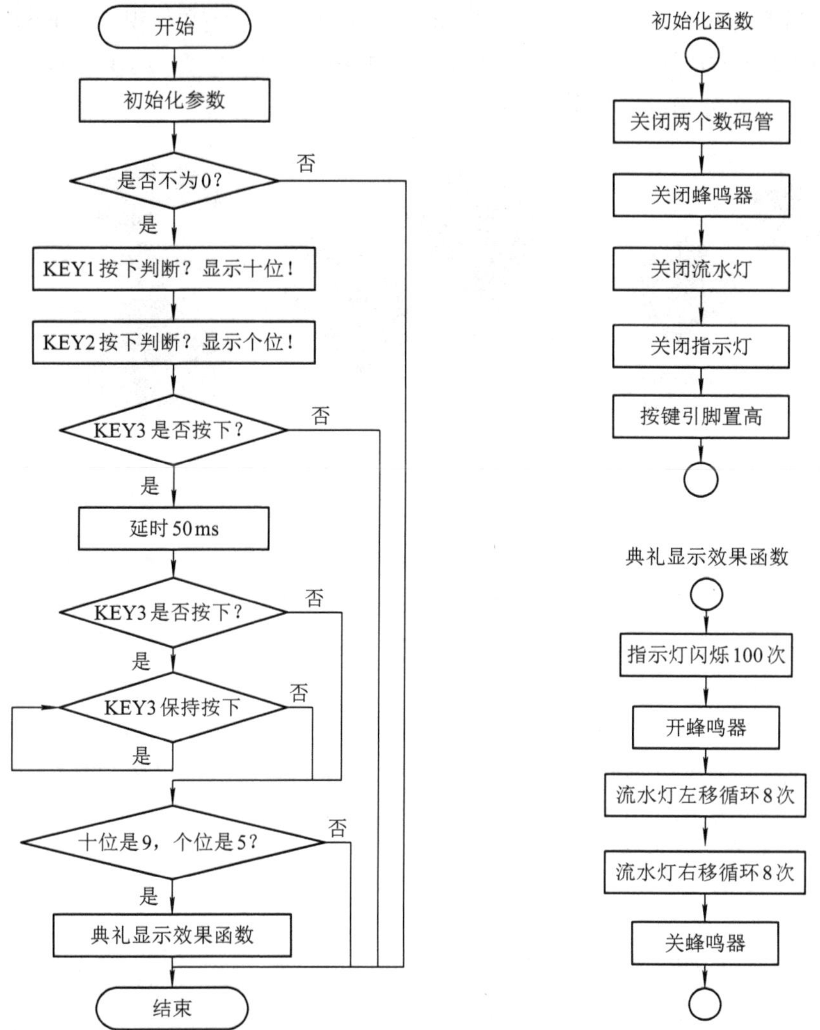


图 6.2.2　庆典活动 2.0 流程图

为了实现项目需求，应先对单片机外部引脚进行初始化，确保设备在预定状态。在无限循环内，通过判断按键 1 是否按下，进行十位数值增加，取最后一位显示在共阳极数码管上。判断按键 2 是否按下，进行个位数值增加，取最后一位显示在共阴极数码管上。按键 3 按下后，如果数码管显示 95 数值，则启动典礼显示效果函数。

### 3. 关键节点设计

#### 1) 按键电路设计

轻触开关是一种电子开关，属于电子元器件类。轻触开关有接触电阻小、规格多样化等方面的优势，在电子设备及白色家电中得到广泛应用。轻触开关最早出现在日本，称为“敏感型开关”，使用时向开关操作方向施压，开关功能闭合接通，撤销压力后开关即断开，其内部结构是靠金属弹片受力变化来实现通断的。

轻触开关是随着电子技术发展的要求而开发的第四代开关产品，现在常用的片式轻触按键有体积为 6 mm × 6 mm × 3.1 mm 的 4 脚贴片开关和体积为 3 mm × 6 mm × 5 mm 的 2 脚贴片开关。一般的片式轻触按键由开关盖、柱塞、反作用弹簧、底座、端子等五个部分构成，如图 6.2.3 所示。

图 6.2.3　轻触开关结构图

轻触开关的质量可以通过观察和测量进行判断。首先，观察外观有无损坏，手指轻压按键是否能够顺利压下，松开后按键弹起。其次，使用万用表二极管挡位，红黑表笔分别接在按钮的两端，压下按钮，万用表有鸣笛声，松开按键，鸣笛声消失，证明按键是好的。

轻触开关串接在电路里，实现电路的导通和关断，如图 6.2.4 所示。开关没有正负极之分，两个引脚的分别串接到电路中，4 个引脚的对角串接到电路中。KEY1、KEY2、KEY3、KEY4 四个按键一脚接在 GND，另外一脚接对应的单片机引脚。编程时，先给对应引脚高电平，然后读取引脚电平状态，如果是低电平，说明相应按键被按下。

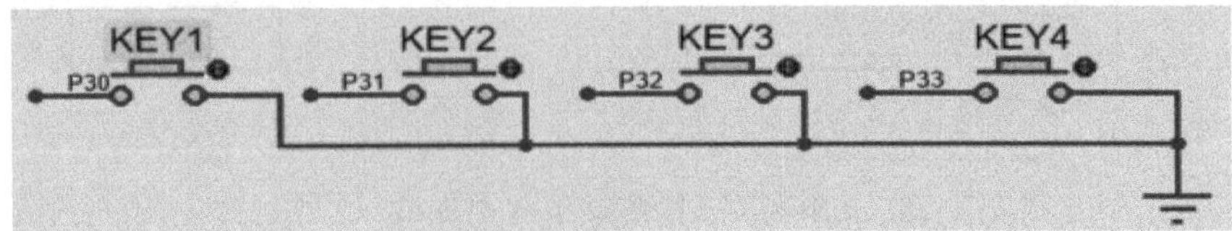

图 6.2.4　触点按键电路图

开关在按下的过程中，会经历三个阶段，分别是按下抖动、稳定闭合、释放抖动，其中按下抖动会影响按键的正常操作判断，需要消除，如图 6.2.5(a)所示。消除抖动影响的方法一般有两种。第一种是硬件消抖，如图 6.2.5(b)所示，采用与非门构建 RS 触发器，对按键信号进行整形，获得理想按键信号。这种方法增加了硬件，因此也提高电路的复杂性和产品成本。第二种是软件消抖，通过延时 10 ms 进行二次判断，实现按下消抖；通过死循环检测按键是否释放，实现释放消抖。

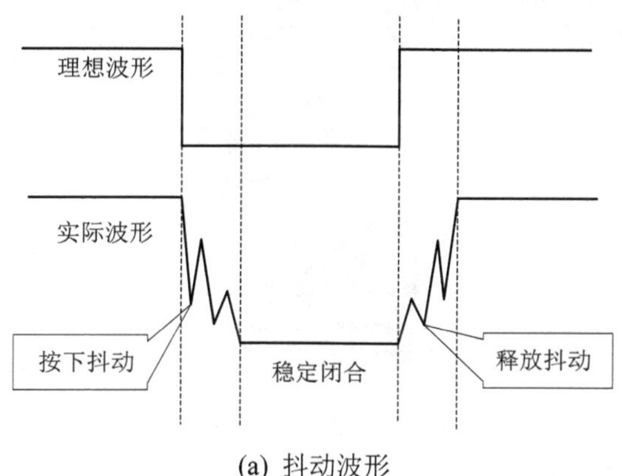


(a) 抖动波形

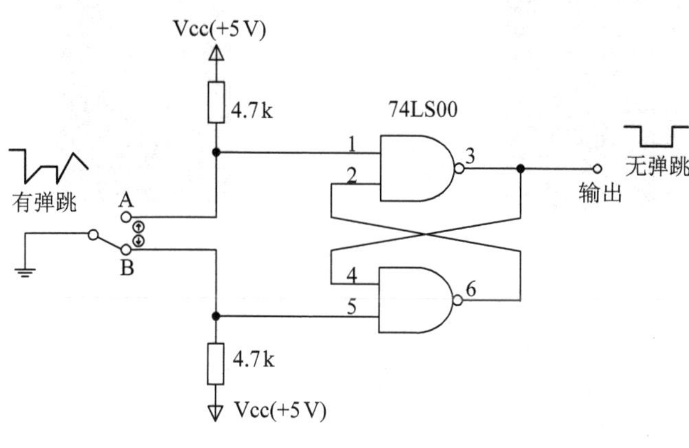


(b) 硬件消抖电路

图 6.2.5　轻触开关

按键检测代码如下：

```
if(KEY1 == 0)              //按键 1 的 1 次判断
{
  DelayMS(10);             //软件消抖
  if(KEY1 == 0)            //按键 1 的 2 次判断
  {
    …                      //按键处理函数
    while(!KEY1);          //按键松手检测
  }
}
```

2) 数码管电路设计

LED 数码管是由多个发光二极管封装在一起组成的显示“8”字形的器件，引线已在内部连接，只需引出它们的各个笔画和公共电极。常用的有七段式和八段式数码管，八段式比七段式多了一个小数点，其他的基本相同。八段式数码管内部有 8 个小发光二极管，分别为 a、b、c、d、e、f、g、dp。发光二极管导通的方向是一定的，这 8 个发光二极管的公共端若接 +5 V，称为共阳极数码管；若接地，称为共阴极数码管。发光二极管的发光颜色有红、绿、蓝、黄等几种。LED 数码管实物图如图 6.2.6(a)所示。

(a) LED 数码管实物图

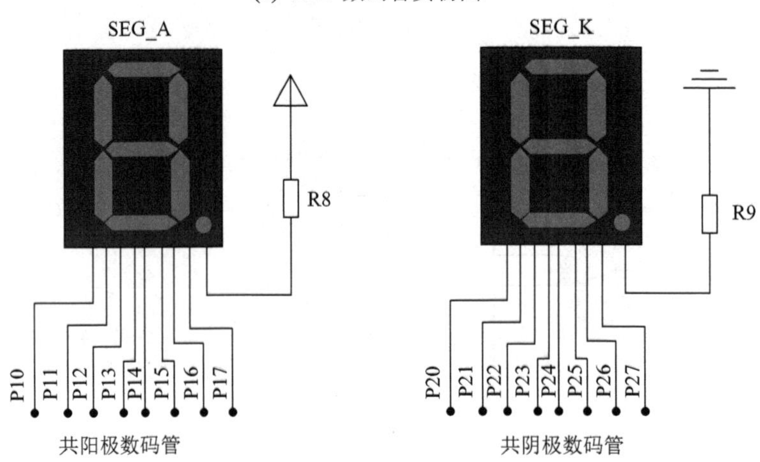


(b) 共阴极和共阳极数码管电路图

图 6.2.6 LED 数码管

共阴极数码管和共阳极数码管的内部电路如图 6.2.7(b)所示，它们的发光原理是一样的，区别在于它们需要的电源极性不同。共阳极数码管各段为低电平(即 0 接地)时，选中相对应的数码段，共阴极数码管各段为高电平(即 1 接 +5 V)时，选中数码段。1 位数码显示数字其实就是通过控制这 8 个发光二极管的亮灭来达到显示数字效果的。

如图 6.2.7(b)共阴极电路所示，共阴极数码管如果要显示数字 1，即 b、c 亮，其他都不亮，对应的二进制数字为 00000110，转换为十六进制为 0X06，即段码为 0X06 时，这个数码管就能显示数字 1 了。以此类推就可以得出 1～9 的段码，如下所示：

```
unsignedchar code DSK_CODE[ ]
        = { 0X3F, 0X06, 0X5B, 0X4F, 0X66, 0X6D, 0X7D, 0X07, 0X7F, 0X6F};
```

如图 6.2.7(b)共阳极电路所示，共阳极数码管如果要显示数字 1，即 b、c 亮，其他都不亮，对应的二进制数字为 11111001，转换为十六进制为 0XF9，即段码为 0XF9 时，这个数码管就能显示数字 1 了。以此类推就可以得出 1～9 的段码，如下所示：

```
unsignedchar code DSA_CODE[ ]
        = { 0XC0, 0XF9, 0XA4, 0XB0, 0X99, 0X92, 0X82, 0XF8, 0X80, 0X90, 0XFF };
```

通过上面的代码可以看出，共阴极数码管和共阳极数码管的段码是相反的，我们可以采用按位取反的方式获取另外一种段码。

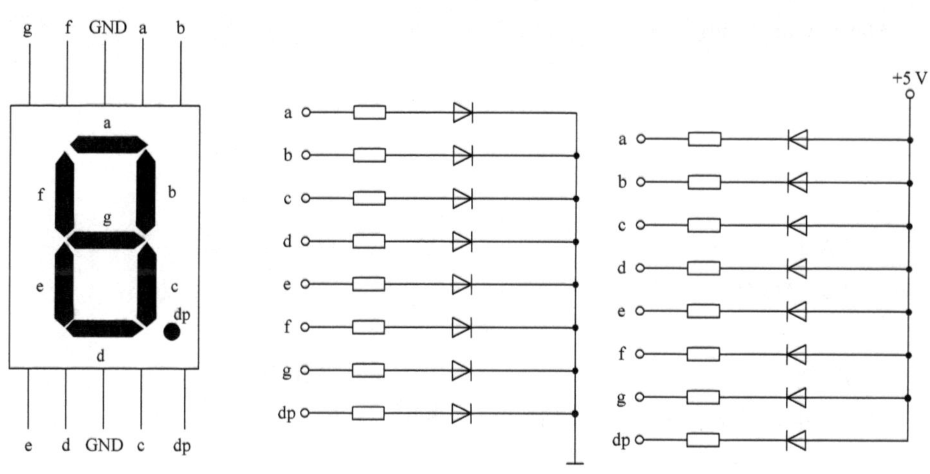


(a) LED 内部结构图　　(b) 共阴极和共阳极内部电路图

图 6.2.7　LED 数码管内部原理图

3) 程序的模块化封装

典礼效果作为一个标准模块，可以通过函数封装的形式将其封装成一个函数，这样可以提高模块的重复使用效率，提高编程速度，同时减少主函数的语句数量。典礼显示效果函数流程图如图 6.2.8 所示。

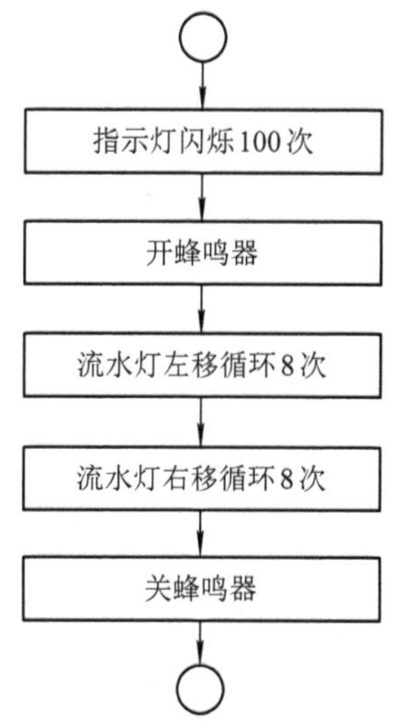


图 6.2.8　典礼显示效果函数流程图

参考代码如下：

```
/*************************************************************
* 函数名 : void ShowAction(void)
* 功  能 : 典礼显示效果
* 输  入 : 无
* 输  出 : 无
*************************************************************/
void ShowAction(void)
{
    uchar i;
    for(i = 0; i < 95; i++)                          //指示灯闪烁 100 次
    {
        LAMP = ~LAMP;                                //状态取反，闪烁
        DelayMS(50);
    }
    BUZ = 0;                                         //蜂鸣器响
    /*灯光由低位到高位逐一点亮，然后熄灭，循环三次*/
    for(i = 0; i < 7;i++)
    {
        FLOW_LAMP = ~ _lrol_(FLOW_LAMP, 1);          // P0 的值向右循环移动
        DelayMS(100);
    }
    /*灯光由高位向低位，依次点亮*/
    FLOW_LAMP = 0X01;
    for(i = 0; i < 7; i++)
    {
        FLOW_LAMP = ~ _cror_(FLOW_LAMP, 1);          // P0 的值向右循环移动
        DelayMS(100);
    }
    BUZ = 1;                                         //蜂鸣器关
}
```

**4. 完整参考程序**

完整参考程序如下：

```
/*************************************************************
* Copyright (C), 2021-2023 , C 语言项目开发组
* 文件名: main.c
* 内容简述：95 周年庆典活动
```

```
* 文件历史：
* 版本      日期        作者            说明
* 1.0    2022-06-01   课题组    灯光计数，花样灯光，蜂鸣器
* 2.0    2022-07-01   课题组    按键控制，时间显示，庆典效果
*************************************************************/
#include<reg51.h>                  // 51 单片机头文件
#include<intrins.h>                //内置函数头文件

#define uchar unsignedchar         //数据类型宏定义
#define uint unsignedint

#define FLOW_LAMP P0               //宏定义 P0 口
#define SEG_A     P1               //宏定义 P1 口
#define SEG_K     P2               //宏定义 P2 口

sbit BUZ   = P3^5;                 //蜂鸣器位定义
sbit LAMP = P3^6;                  //指示灯位定义
sbit KEY1 = P3^0;                  //按键位定义
sbit KEY2 = P3^1;
sbit KEY3 = P3^2;

uchar shi_wei, ge_wei;
uchar code DSA_CODE[ ]             //共阳极数码管的段码
        = { 0XC0, 0XF9, 0XA4, 0XB0, 0X99, 0X92, 0X82, 0XF8, 0X80, 0X90, 0XFF};

void DelayMS(uint x);              //延时 x ms
void ShowAction(void);             //典礼显示效果
void Init(void);                   //引脚状态初始化

void main(void) //主程序
{
    Init();                        //引脚状态初始化
    while(1)
    {
        if(KEY1 == 0)              //按键 1 的 1 次判断
        {
            DelayMS(10);           //消去软件抖动
```

```
            if(KEY1 == 0)           //按键 1 的 2 次判断
            {
                shi_wei++;
                shi_wei = shi_wei % 10;              //获得 0～9
                SEG_A = DSA_CODE[shi_wei];           //显示 0～9
                while(!KEY1);                        //按键松手检测
            }
        }
        /*按键 2 的消抖判断和松手检测*/
        if(KEY2 == 0)
        {
            DelayMS(10);
            if(KEY2 == 0)
            {
                ge_wei++;
                ge_wei = ge_wei % 10;
                SEG_K = ~DSA_CODE[ge_wei];
                while(!KEY2);
            }
        }
        /*按键 3 的消抖判断和松手检测*/
        if(KEY3 == 0)
        {
            DelayMS(10);
            if(KEY3 == 0)
            {
                while(!KEY3);
                if((shi_wei == 9) && (ge_wei = 5 ))
                {
                    ShowAction();                    //典礼显示效果
                }
            }
        }
    }
}
/*****************************************************************
* 函数名 : void Init(void)
* 功    能 : 引脚状态初始化
* 输    入 : 无
```

```
* 输　出：无
******************************************************************/
void Init(void)
{
    SEG_K = 0X00;               //共阴极数码管灭
    SEG_A = 0XFF;               //共阳极数码管灭
    FLOW_LAMP = 0XFF;           //流水灯灭
    BUZ = 1;                    //关闭蜂鸣器
    LAMP = 1;                   //关闭指示灯
    KEY1 = 1;                   //按键引脚置高位
    KEY2 = 1;
    KEY3 = 1;
}

/******************************************************************
* 函数名 : void ShowAction(void)
* 功　能 : 典礼显示效果
* 输　入 : 无
* 输　出 : 无
******************************************************************/
void ShowAction(void)
{
    uchar i;
    for(i = 0; i < 95; i++)                         //指示灯闪烁 100 次
    {
        LAMP = ~LAMP;                               //状态取反，闪烁
        DelayMS(50);
    }
    BUZ = 0;                                        //蜂鸣器响
    /*灯光由低位到高位逐一点亮，然后熄灭，循环三次*/
    for(i = 0; i < 7;i++)
    {
        FLOW_LAMP = ~ _lrol_(FLOW_LAMP, 1);     // P0 的值向右循环移动
        DelayMS(100);
    }
    /*灯光由高位向低位，依次点亮*/
    FLOW_LAMP = 0X01;
    for(i = 0; i < 7;i++)
    {
```

```
        FLOW_LAMP = ~ _cror_(FLOW_LAMP, 1);     // P0 的值向右循环移动
        DelayMS(100);
    }
    BUZ = 1;    //蜂鸣器 关
}
/*****************************************************************
* 函数名 : void DelayMS(uint x)
* 功  能 : x ms 的延时
* 输  入 : 无
* 输  出 : 无
*****************************************************************/
void DelayMS(uint x)
{
    uchar i;
    while(x--)
    {
        for(i = 0;i < 120;i++)
        {
        }
    }
}
```

### 5. 典型故障排查

(1) 按键按下无反应。

故障排查：首先查看硬件电路连接是否正确，然后对照硬件查看软件接口配置是否正确。如果没有问题，查看软件内引脚电平设置是否正确。

(2) 封装函数无法使用。

故障排查：确保封装函数没有问题，函数内部变量无冲突，然后检查函数是否声明。

(3) 流水灯无效果。

故障排查：首先查看硬件电路连接是否正确，然后对照硬件查看软件接口配置是否正确。关注流水灯每个灯光点亮时间，若时间过短，将无法看到相应效果。使用函数实现效果的时候，注意对相应端口赋有效初值。

## 四、创新实践

1. 编写数码管的 2 位组合程序。实现 KEY1 按下，两位数的加 1，KEY2 按下，两位数的减 1。

2. 编写灯光效果函数，实现三种灯光模式的选择使用。

# 项目 6.3　庆典活动 3.0

## 一、项目信息

项目编码：GJYY2022503。

项目等级：3 级。

适用专业：应用电子技术、智能产品开发及应用、物联网应用技术、机电一体化等控制技术类专业。

项目名称：庆典活动 3.0。

项目简介：编写代码，通过按键计年，实现典礼上的灯光、声音效果，庆祝 75 周年纪念日。

## 二、教学内容

通过本项目的实践，应掌握以下内容：

(1) 了解项目的需求分析。

(2) 能够绘制系统电路图。

(3) 能够绘制整体流程图。

(4) 能够封装函数并使用。

(5) 掌握数码管的显示方法。

(6) 使用基础编程语句完成项目开发。

(7) 掌握项目的调试方法。

(8) 能够对项目进行创新并实践。

## 三、项目详解

### 1. 需求文档分析

(1) 完成 STC89C51 单片机最小系统的电路设计。

(2) 完成指示灯、无源蜂鸣器、8 位流水灯的电路设计。

(3) 完成延时电路流程图绘制及程序设计。

(4) 数码管记录按键次数，按键 1 代表 10 年，显示在左数码管，按键 2 代表 1 年，显示在右数码管。显示 75 后，扬声器播放生日快乐歌，灯光产生多种变化效果，并依次循环。

庆典活动 3.0 项目分析

(5) 绘制程序设计流程图。

### 2. 设计图绘制

1) 电路设计图

本项目硬件电路图如图 6.3.1 所示。该项目采用 STC89C51 单片机作为控制系

统的控制核心，这款单片机采用 8051 核的 ISP(In System Programming，在系统可编程)芯片，最高工作时钟频率为 80 MHz，片内含 4000 Bytes 的可反复擦写 1000 次的 Flash 只读程序存储器，器件兼容标准 MCS-51 指令系统及 80C51 引脚结构，芯片内集成了通用 8 位中央处理器和 ISP Flash 存储单元，具有在系统可编程(ISP)特性，配合 PC 端的控制程序即可将用户的程序代码下载进单片机内部，省去了购买通用编程器，而且速度更快。

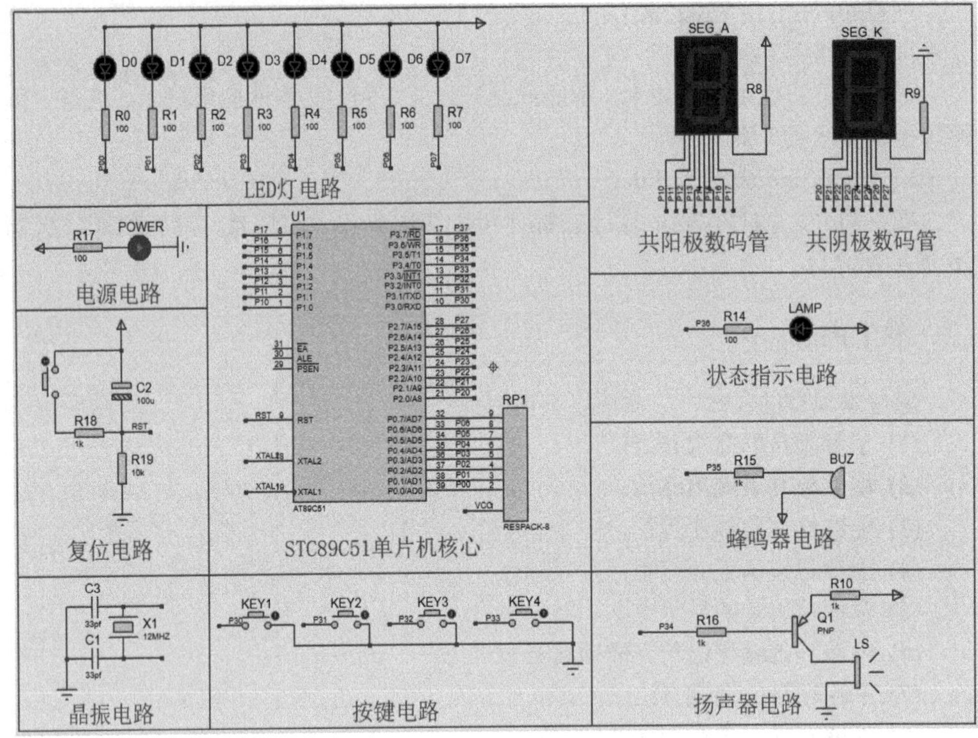


图 6.3.1　控制类项目硬件电路图

该系统采用 12 MHz 晶振，带有复位按键。外部设备与引脚的对应关系如表 6.3.1 所示。

**表 6.3.1　控制类项目硬件元件清单**

| 名 称 | 标 号 | 引 脚 |
| --- | --- | --- |
| 指示灯 | LAMP | P36 |
| 无源蜂鸣器 | BUZ | P35 |
| 有源蜂鸣器 | LS | P34 |
| 按键 | KEY1，KEY2，KEY3，KEY4 | P30，P31，P32，P33 |
| LED 灯 | D0-D7 | P0 口 |
| 共阳极数码管 | SEG_A | P1 口 |
| 共阴极数码管 | SEG_K | P2 口 |

2) 程序流程图

为了实现项目需求，对单片机外部引脚进行初始化，确保设备在预定状态。在无限循环内，通过判断按键 1 是否按下，进行十位数值增加，取最后一位显示在共阳极数码管上。判断按键 2 是否按下，进行个位数值增加，取最后一位显示在共阴极数码管上。按键 3 按下后，如果数码管显示 75 数值，则启动典礼显示效果函数。庆典活动 3.0 流程图如图 6.3.2 所示。

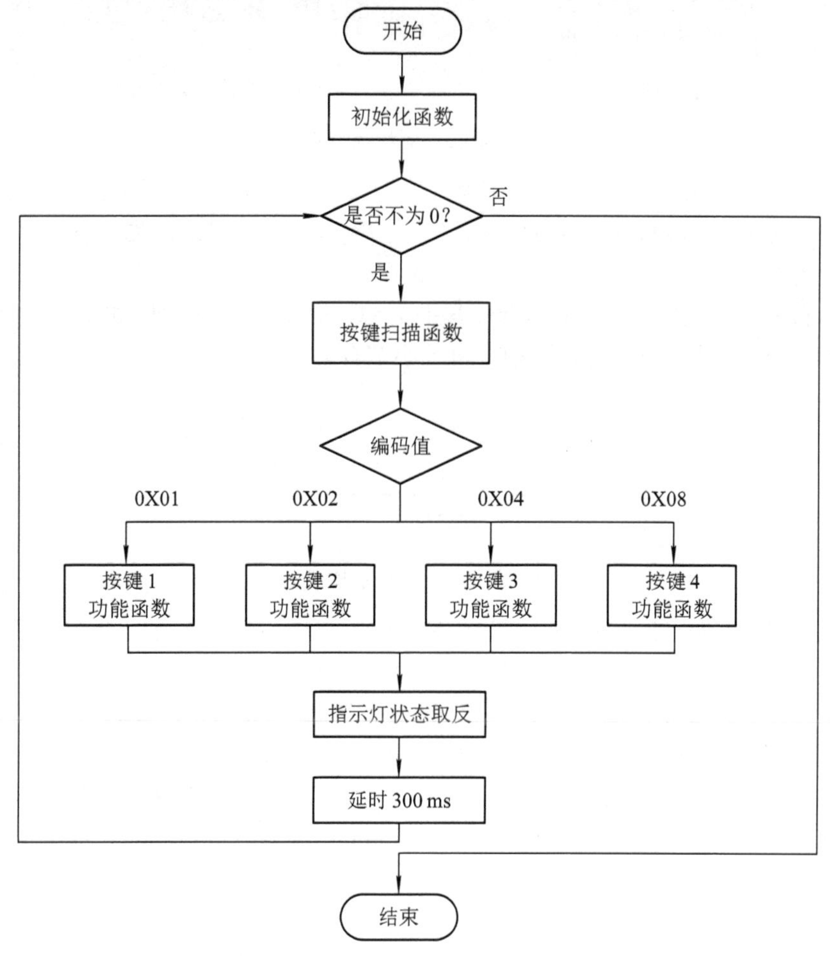


图 6.3.2　庆典活动 3.0 流程图

### 3. 关键节点设计

1) 无源蜂鸣器

无源蜂鸣器利用电磁感应现象，音圈接入交变电流后电磁铁与永磁铁相吸或相斥而推动振膜发声，接入直流电只能持续推动振膜而无法产生声音，只能在接通或断开时产生声音，无源蜂鸣器又称为扬声器，其实物如图 6.3.3(a)所示。无源蜂鸣器没有正负极之分，类似于喇叭，只要在两个引脚上加不同的频率的电信号就可以实现发声，不同的频率所发出的声音也是不一样的，其驱动电路如图 6.3.3(b)所示。

贴片蜂鸣器
8530　3 V 无源电磁式
8.5 mm × 8.5 mm × 3mm

(a) 无源蜂鸣器实物

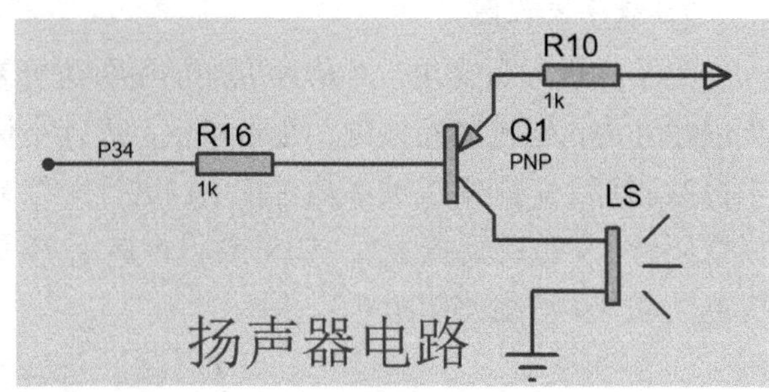


(b) 无源蜂鸣器驱动电路

图 6.3.3　无源蜂鸣器

在音乐中所谓的“音调”，其实就是我们常说的“音高”。在音乐中常把标准高音的频率定为 $f = 440$ Hz。当两个声音信号的频率相差一倍时，也即 $f_2 = 2f_1$ 时，则称 $f_2$ 比 $f_1$ 高一个倍频程。

音符的节拍我们可以举例说明。其中 1 = C 表示乐谱的曲调，如图 6.3.4 所示，3/4 表示乐谱中以四分音符为节拍，每一小节有三拍。

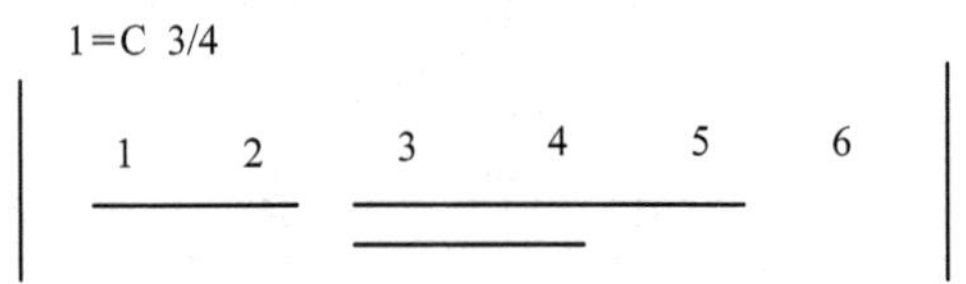


图 6.3.4　简谱的构成

其中 1、2 为一拍，3、4、5 为一拍，6 为一拍，共三拍。1、2 的时长为四分音符的一半，即为八分音符长，3、4 的时长为八分音符的一半，即为十六分音符长，5 的时长为四分音符的一半，即为八分音符长，6 的时长为四分音符长。那么一拍到底该唱多长呢？一般说来，如果乐曲没有特殊说明，一拍的时长大约为 400～500 ms。我们以一拍的时长为 400 ms 为例，则当以四分音符为节拍时，四分音符的时长就为 400 ms，八分音符的时长就为 200 ms，十六分音符的时长就为 100 ms。

因为驱动电路使用的是 PNP 三极管，因此驱动无源蜂鸣器时只需要在三极管的基极上给低电平就可以了。若在三极管的基极上加载不同频率的信号，则蜂鸣器将发出不同的声音。无源蜂鸣器驱动信号波形如图 6.3.5 所示。

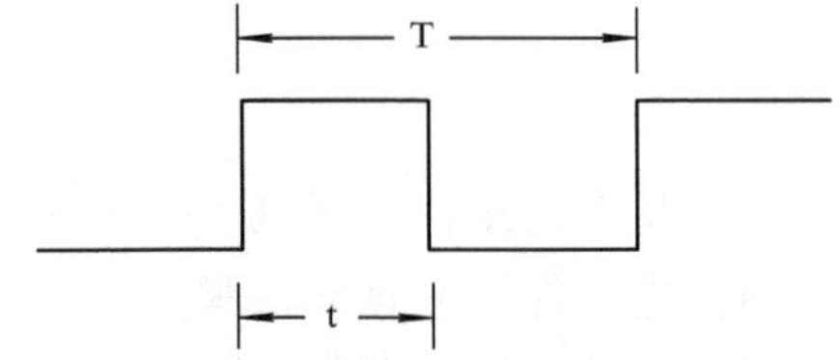


图 6.3.5　无源蜂鸣器驱动信号波形

单片机只要通过定时器来定时翻转 IO 口就可以产生不同频率，从而控制无源蜂鸣器发出不同的声音。音阶与频率的关系如表 6.3.2 所示。

**表 6.3.2　音阶与频率对应关系**

| 音符 | 频率/Hz | 简谱码(T 值) | HEX | 音符 | 频率/Hz | 简谱码(T 值) | HEX |
|---|---|---|---|---|---|---|---|
| 低 1　DO | 262 | 63628 | F88C | #　4　FA# | 740 | 64860 | FD5C |
| #　1　DO# | 277 | 63731 | F8F3 | 中 5　SO | 784 | 64898 | FD82 |
| 低 2　RE | 294 | 63835 | F95B | #　5　SO# | 831 | 64934 | FDA6 |
| #　2　RE# | 311 | 63928 | F9B8 | 中 6　LA | 880 | 64968 | FDC8 |
| 低 3　M | 330 | 64021 | FA15 | #　6 | 932 | 64994 | FDE2 |
| 低 4　FA | 349 | 64103 | FA67 | 中 7　SI | 988 | 65030 | FE06 |
| #　4　FA# | 370 | 64185 | FAB9 | 高 1　DO | 1046 | 65058 | FE22 |
| 低 5　SO | 392 | 64260 | FB04 | #　1　DO# | 1109 | 65085 | FE3D |
| #　5　SO# | 415 | 64331 | FB4B | 高 2　RE | 1175 | 65110 | FE56 |
| 低 6　LA | 440 | 64400 | FB90 | #　2　RE # | 1245 | 66134 | FE6E |
| #　6 | 466 | 64463 | FBCF | 高 3　M | 1318 | 65157 | FE85 |
| 低 7　SI | 494 | 64524 | FC0C | 高　4　FA | 1397 | 65178 | FE9A |
| 中 1　DO | 523 | 64580 | FC44 | #　4 FA# | 1480 | 65198 | FEAE |

2) *按键扫描程序设计*

本项目采用整体扫描，根据扫描值判断相应按键被按下，进而执行相应功能函数，其流程图如图 6.3.6 所示。设定按键缓存值变量，用来保存按键的值，该值用以判断应该执行哪一段对应功能的代码。通过 P3 口寄存器与 0X0F 的与运算，获取按键的低四位数值，将低四位数值放入到按键实时值变量中，将实时值转赋给缓存值。等待按键“KEY3”释放，返回按键缓存值。

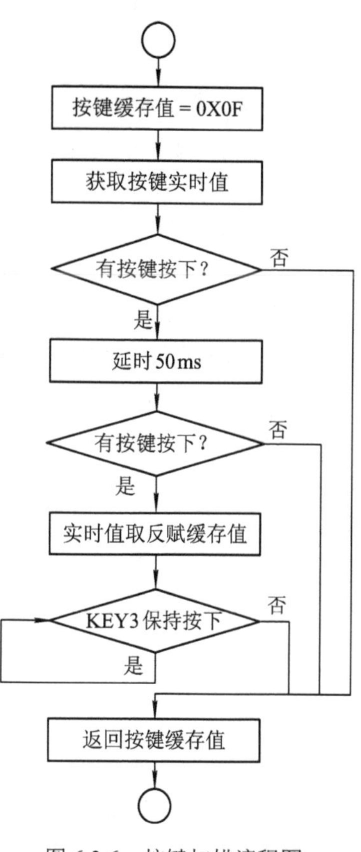


图 6.3.6　按键扫描流程图

3) *按键功能函数设计*

按键功能函数采用 switch 选择结构实现功能的跳转，如果按键扫描程序返回值为 0X01，代表按键 KEY1 被按下，执行“按键 1 的功能函数”，实现十位数字的显示；如果按键扫描程序返回值为 0X02，代表按键 KEY2 被按下，执行“按键 2 的功能函数”，实现个位数字的显示；如果按键扫描程序返回值为 0X04，代表按键 KEY3 被按下，执行“按键 3 的功能函数”，实现典礼显示效果；如果按键扫描程序返回值为 0X08，代表按键 KEY4 被按下，执行“按键 4 的功能函数”，实现生日快乐歌曲的播放。按键功能函数流程图如图 6.3.7 所示。

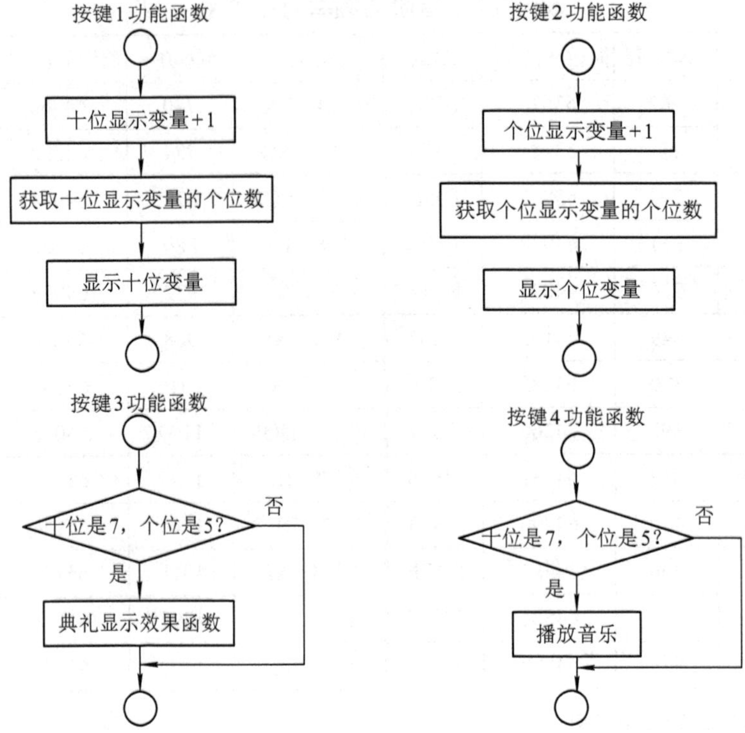


图 6.3.7　按键功能函数流程图

4) 播放音乐函数

示例代码如下：

```
    /*生日快乐歌的音符频率表，不同频率由不同的延时来决定*/
uchar code SONG_TONE[]={212, 212, 190, 212, 159, 169, 212, 212, 190, 212, 142, 159,
                        212, 212, 106, 126, 159, 169, 190, 119, 119, 126, 159, 142, 159, 0};
/*生日快乐歌节拍表，节拍决定每个音符的演奏长短*/
uchar code SONG_LONG[]={9, 3, 12, 12, 12, 24, 9, 3, 12, 12, 12, 24,
                        9, 3, 12, 12, 12, 12, 12, 9, 3, 12, 12, 12, 24, 0};
```

SONG_TONE[]是音符的频率，对应着音乐中的 1(DO)、2(RE)、3(M)、4(FA)、5(SO)、6(LA)、7(SI)。SONG_LONG[]对应的是每个音符的节拍，也就是发声的时间。C 语言中用 for 循环进行的时间延时并不是十分准确，音乐会有一定的偏差，对照表如表 6.3.3 所示。程序流程如图 6.3.8 所示。

**表 6.3.3　生日快乐歌曲音符与节拍时间参数对照表**

| 歌词 | 祝 | 你 | 生 | 日 | 快 | 乐 | 祝 | 你 | 生 | 日 | 快 | 乐 |
|---|---|---|---|---|---|---|---|---|---|---|---|---|
| 音频/Hz | 212 | 212 | 190 | 212 | 159 | 169 | 212 | 212 | 190 | 212 | 142 | 159 |
| 节拍 | 9 | 3 | 12 | 12 | 12 | 24 | 9 | 3 | 12 | 12 | 12 | 24 |
| 歌词 | 祝 | 你 | 生 | 日 | 快 | 乐 | 祝 | 你 | 生 | 日 | 快 | 乐 |
| 音符 | 212 | 212 | 106 | 126 | 159 | 169 | 190 | 119 | 119 | 126 | 159 | 142 |
| 节拍 | 9 | 3 | 12 | 12 | 12 | 12 | 12 | 9 | 3 | 12 | 12 | 12 |

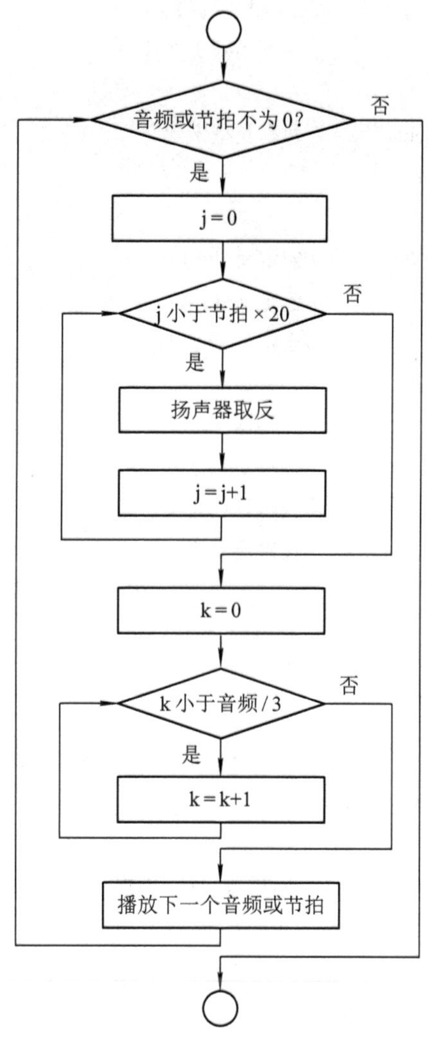


图 6.3.8　播放音乐函数流程图

### 4. 完整参考程序

完整参考程序如下：

```
/*************************************************************
* Copyright (C), 2021-2023 , C 语言项目开发组
*  文件名: main.c
*  内容简述:  75 周年庆典活动
*  文件历史:
*  版本        日期           作者                  说明
* 1.0      2022-06-01    课题组       灯光计数，花样灯光，蜂鸣器
* 2.0      2022-07-01    课题组       按键控制，时间显示，庆典效果
* 3.0      2022-08-01    课题组       键控，时显，庆典，唱歌
*************************************************************/
```

```
#include<reg51.h>                    // 51 单片机头文件
#include<intrins.h>                  //内置函数头文件

#define uchar unsignedchar           //数据类型宏定义
#define uint unsignedint

#define FLOW_LAMP P0                 //宏定义 P0 口
#define SEG_A     P1                 //宏定义 P1 口
#define SEG_K     P2                 //宏定义 P2 口

sbit BUZ   = P3^5;                   //蜂鸣器位定义
sbit LS    = P3^4;                   //扬声器位定义
sbit LAMP = P3^6;                    //指示灯位定义
sbit KEY1 = P3^0;                    //按键位定义
sbit KEY2 = P3^1;
sbit KEY3 = P3^2;
sbit KEY4 = P3^3;

/*全局变量十位，个位，按键编码 01 是 key1，02 是 key2，04 是 key4，08 是 key4*/
uchar shi_wei, ge_wei, key_num;

uchar code DSA_CODE[ ]         //共阳极数码管的段码
   ={0xc0, 0xf9, 0xa4, 0xb0, 0x99, 0x92, 0x82, 0xf8, 0x80, 0x90, 0xff};
      /*生日快乐歌的音符频率表，不同频率由不同的延时来决定*/
uchar code SONG_TONE[]={212, 212, 190, 212, 159, 169, 212, 212, 190, 212, 142, 159,
                        212, 212, 106, 126, 159, 169, 190, 119, 119, 126, 159, 142, 159, 0};
/*生日快乐歌节拍表，节拍决定每个音符的演奏长短*/
uchar code SONG_LONG[]={9, 3, 12, 12, 12, 24, 9, 3, 12, 12, 12, 24,
                        9, 3, 12, 12, 12, 12, 12, 9, 3, 12, 12, 12, 24, 0};

void Init(void);                     //引脚状态初始化

uchar KeyScan(void);                 //按键扫描程序
void Key1Function(void);             //按键 1 功能函数
void Key2Function(void);             //按键 2 功能函数
void Key3Function(void);             //按键 3 功能函数
void Key4Function(void);             //按键 4 功能函数
void ShowAction(void);               //典礼显示效果
```

```
void PlayMusic(void);              //播放音乐
void DelayMS(uint x);              //延时 x ms

void main(void)                                  //主程序
{
    Init();                                      //引脚状态初始化

    while(1)
    {
        key_num = KeyScan()& 0X0F;               //获取按键的编码

        switch(key_num)                          //根据编码获取功能
        {
            case 0X01: Key1Function();break;     //功能函数
            case 0X02: Key2Function();break;
            case 0X04: Key3Function();break;
            case 0X08: Key4Function();break;
            default:        break;
        }

        LAMP = ~LAMP;                            //正常工作时灯光闪烁
        DelayMS(300);
    }
}

/**************************************************************
* 函数名 : void Init(void)
* 功　能 : 引脚状态初始化
* 输　入 : 无
* 输　出 : 无
**************************************************************/
void Init(void)
{
    SEG_K = 0X00;                         //共阴极数码管灭
    SEG_A = 0XFF;                         //共阳极数码管灭
    FLOW_LAMP = 0XFF;                     //流水灯灭
    BUZ = 1;                              //关闭蜂鸣器
    LS = 1;                               //扬声器置 1
    LAMP = 1;                             //关闭指示灯
```

```
    KEY1 = 1;                           //按键引脚置高位
    KEY2 = 1;
    KEY3 = 1;
}

/*******************************************************************
* 函数名  : uchar KeyScan(void)
* 功   能  : 按键扫描程序
* 输   入  : 无
* 输   出  : key_value  按键返回值
*******************************************************************/
uchar KeyScan(void)
{
    uchar key_value;                    //通过 P3 口获取按键实时值
    uchar key_value_old ;               //通过 P3 口获取按键缓存值

    key_value_old = 0X0F;               //缓存值初始赋值 0X0F
    key_value =   P3 & 0X0F;

    if(key_value != 0X0F)               //一次判断
    {
        DelayMS(10);                    //消去软件抖动
        key_value =   P3 & 0X0F;
        if(key_value != 0X0F)           //二次判断
        {
            key_value_old = ~key_value; //按键值缓存
            while(key_value != 0X0F)    //判断按键是否松开
            {
                key_value = P3 & 0X0F;
            }
        }
    }
    return key_value_old;
}

/*******************************************************************
* 函数名  : void Key1Function(void)
* 功   能  : 按键 1 功能函数
* 输   入  : 无
```

```
* 输　出：key_value 按键返回值
*************************************************************/
void Key1Function(void)
{
    shi_wei++;
    shi_wei = shi_wei % 10;                    //获得 0～9
    SEG_A = DSA_CODE[shi_wei];                 //显示 0～9
}
/*************************************************************
* 函数名：void Key2Function(void)
* 功　能：按键 2 功能函数
* 输　入：无
* 输　出：key_value 按键返回值
*************************************************************/
void Key2Function(void)
{
    ge_wei++;
    ge_wei = ge_wei % 10;
    SEG_K = ~DSA_CODE[ge_wei];
}
/*************************************************************
* 函数名：void Key3Function(void)
* 功　能：按键 3 功能函数
* 输　入：无
* 输　出：key_value 按键返回值
*************************************************************/
void Key3Function(void)
{
    if((shi_wei == 7) && (ge_wei = 5 ))
    {
        ShowAction();                          //典礼显示效果
    }
}
/*************************************************************
* 函数名：void Key4Function(void)
* 功　能：按键 4 功能函数
* 输　入：无
* 输　出：key_value 按键返回值
*************************************************************/
```

```
void Key4Function(void)
{
    if((shi_wei == 7) && (ge_wei = 5 ))        // 75 周年判断
    {
        PlayMusic();                           //播放音乐
    }
}

/*************************************************************
* 函数名 : void ShowAction(void)
* 功  能 : 典礼显示效果
* 输  入 : 无
* 输  出 : 无
*************************************************************/
void ShowAction(void)
{
    uchar i;

    for(i = 0; i < 75; i++)                              //指示灯闪烁 100 次
    {
        LAMP = ~LAMP;                                    //状态取反，闪烁
        DelayMS(50);
    }

    BUZ = 0;                                             //蜂鸣器响
    /*灯光由低位到高位逐一点亮，然后熄灭，循环三次*/
    FLOW_LAMP = 0X80;
    for(i = 0; i < 7;i++)
    {
        FLOW_LAMP = ~ _lrol_(FLOW_LAMP, 1);      // P0 的值向右循环移动
        DelayMS(100);
    }
    /*灯光由高位向低位，依次点亮*/
    FLOW_LAMP = 0X01;
    for(i = 0; i < 7;i++)
    {
        FLOW_LAMP = ~_cror_(FLOW_LAMP, 1);       // P0 的值向右循环移动
        DelayMS(100);
    }
```

```
    BUZ = 1;                                    //蜂鸣器关
}

/**************************************************************
* 函数名 : void PlayMusic(void)
* 功　能 : 播放音乐
* 输　入 : 无
* 输　出 : 无
**************************************************************/
void PlayMusic(void)
{
    uint i=0, j, k;
    while(SONG_LONG[i]!=0||SONG_TONE[i]!=0)
    { //播放各个音符， SONG_LONG 为拍子长度
        for(j=0; j<SONG_LONG[i]*20; j++)
        {
            LS = ~LS;
            //SONG_TONE 延时表决定了每个音符的频率
            for(k=0; k<SONG_TONE[i]/3; k++)
            {
                    ;
            }
        }
        DelayMS(10);
        i++;
    }
}

/**************************************************************
* 函数名 : void DelayMS(uint x)
* 功　能 : xms 的延时
* 输　入 : 无
* 输　出 : 无
**************************************************************/
void DelayMS(uint x)
{
    uchar i;
    while(x--)
    {
```

```
        for(i = 0; i < 120; i++)
        {
        }
    }
}
```

### 5. 典型故障排查

(1) 音乐声音不正常。

故障排查：首先查看硬件电路连接是否正确，然后对照硬件查看软件接口配置是否正确。如果没有问题，查看数组对应时间是否正确。

(2) 蜂鸣器不响。

故障排查：首先查看硬件电路连接是否正确，然后对照硬件查看软件接口配置是否正确。使用万用表的电阻挡位，快速点击对应引脚，若有轻微“哧哧”声音，则说明硬件没有问题，然后排查程序是否实现端口电平的振荡变化，观察振荡频率的大小。

(3) 流水灯无效果。

故障排查：首先查看硬件电路连接是否正确，然后对照硬件查看软件接口配置是否正确。关注流水灯每个灯光点亮时间，若时间过短，则将无法看到相应效果。同时，使用函数实现相应效果的时候，注意对相应端口赋有效初值。

## 四、创新实践

1. 理解乐谱的含义，编写图 6.3.9 所示的生日快乐歌程序，与本项目进行对比。

1 = G 3/4　　英、美歌曲
中速　　徐华英 译词配歌

5 5 6 5 | 1 7 — | 5 5 6 5 | 2 1 — |
祝 你 生 日 快 乐， 祝 你 生 日 快 乐，

5 5 5 3 | 1 7 6 | 4 4 3 1 | 2 1 — ‖
祝 你 生 日 快 乐， 祝 你 生 日 快 乐。

图 6.3.9　生日快乐歌乐谱

2. 编写多种音乐函数，实现三种以上的音乐选择。

# 附录 1　ASCII 码表(打印字符)

| 十进制<br>DEC | 八进制<br>OCT | 十六进制<br>HEX | 符号<br>Symbol | 中文解释<br>Description |
|---|---|---|---|---|
| 32 | 040 | 20 | | 空格 |
| 33 | 041 | 21 | ! | 感叹号 |
| 34 | 042 | 22 | " | 双引号 |
| 35 | 043 | 23 | # | 井号 |
| 36 | 044 | 24 | $ | 美元符号 |
| 37 | 045 | 25 | % | 百分号 |
| 38 | 046 | 26 | & | 与 |
| 39 | 047 | 27 | ' | 单引号 |
| 40 | 050 | 28 | ( | 左括号 |
| 41 | 051 | 29 | ) | 右括号 |
| 42 | 052 | 2A | * | 星号 |
| 43 | 053 | 2B | + | 加号 |
| 44 | 054 | 2C | , | 逗号 |
| 45 | 055 | 2D | - | 连字号或减号 |
| 46 | 056 | 2E | . | 句点或小数点 |
| 47 | 057 | 2F | / | 斜杠 |
| 48 | 060 | 30 | 0 | 0 |
| 49 | 061 | 31 | 1 | 1 |
| 50 | 062 | 32 | 2 | 2 |
| 51 | 063 | 33 | 3 | 3 |
| 52 | 064 | 34 | 4 | 4 |
| 53 | 065 | 35 | 5 | 5 |
| 54 | 066 | 36 | 6 | 6 |

**续表一**

| 十进制<br>DEC | 八进制<br>OCT | 十六进制<br>HEX | 符号<br>Symbol | 中文解释<br>Description |
|---|---|---|---|---|
| 55 | 067 | 37 | 7 | 7 |
| 56 | 070 | 38 | 8 | 8 |
| 57 | 071 | 39 | 9 | 9 |
| 58 | 072 | 3A | : | 冒号 |
| 59 | 073 | 3B | ; | 分号 |
| 60 | 074 | 3C | < | 小于 |
| 61 | 075 | 3D | = | 等号 |
| 62 | 076 | 3E | > | 大于 |
| 63 | 077 | 3F | ? | 问号 |
| 64 | 100 | 40 | @ | 电子邮件符号 |
| 65 | 101 | 41 | A | 大写字母 A |
| 66 | 102 | 42 | B | 大写字母 B |
| 67 | 103 | 43 | C | 大写字母 C |
| 68 | 104 | 44 | D | 大写字母 D |
| 69 | 105 | 45 | E | 大写字母 E |
| 70 | 106 | 46 | F | 大写字母 F |
| 71 | 107 | 47 | G | 大写字母 G |
| 72 | 110 | 48 | H | 大写字母 H |
| 73 | 111 | 49 | I | 大写字母 I |
| 74 | 112 | 4A | J | 大写字母 J |
| 75 | 113 | 4B | K | 大写字母 K |
| 76 | 114 | 4C | L | 大写字母 L |
| 77 | 115 | 4D | M | 大写字母 M |
| 78 | 116 | 4E | N | 大写字母 N |
| 79 | 117 | 4F | O | 大写字母 O |

续表二

| 十进制 DEC | 八进制 OCT | 十六进制 HEX | 符号 Symbol | 中文解释 Description |
|---|---|---|---|---|
| 80 | 120 | 50 | P | 大写字母 P |
| 81 | 121 | 51 | Q | 大写字母 Q |
| 82 | 122 | 52 | R | 大写字母 R |
| 83 | 123 | 53 | S | 大写字母 S |
| 84 | 124 | 54 | T | 大写字母 T |
| 85 | 125 | 55 | U | 大写字母 U |
| 86 | 126 | 56 | V | 大写字母 V |
| 87 | 127 | 57 | W | 大写字母 W |
| 88 | 130 | 58 | X | 大写字母 X |
| 89 | 131 | 59 | Y | 大写字母 Y |
| 90 | 132 | 5A | Z | 大写字母 Z |
| 91 | 133 | 5B | [ | 左中括号 |
| 92 | 134 | 5C | \ | 反斜杠 |
| 93 | 135 | 5D | ] | 右中括号 |
| 94 | 136 | 5E | ^ | 音调符号 |
| 95 | 137 | 5F | _ | 下画线 |
| 96 | 140 | 60 | ` | 重音符 |
| 97 | 141 | 61 | a | 小写字母 a |
| 98 | 142 | 62 | b | 小写字母 b |
| 99 | 143 | 63 | c | 小写字母 c |
| 100 | 144 | 64 | d | 小写字母 d |
| 101 | 145 | 65 | e | 小写字母 e |
| 102 | 146 | 66 | f | 小写字母 f |
| 103 | 147 | 67 | g | 小写字母 g |
| 104 | 150 | 68 | h | 小写字母 h |

续表三

| 十进制<br>DEC | 八进制<br>OCT | 十六进制<br>HEX | 符号<br>Symbol | 中文解释<br>Description |
|---|---|---|---|---|
| 105 | 151 | 69 | i | 小写字母 i |
| 106 | 152 | 6A | j | 小写字母 j |
| 107 | 153 | 6B | k | 小写字母 k |
| 108 | 154 | 6C | l | 小写字母 l |
| 109 | 155 | 6D | m | 小写字母 m |
| 110 | 156 | 6E | n | 小写字母 n |
| 111 | 157 | 6F | o | 小写字母 o |
| 112 | 160 | 70 | p | 小写字母 p |
| 113 | 161 | 71 | q | 小写字母 q |
| 114 | 162 | 72 | r | 小写字母 r |
| 115 | 163 | 73 | s | 小写字母 s |
| 116 | 164 | 74 | t | 小写字母 t |
| 117 | 165 | 75 | u | 小写字母 u |
| 118 | 166 | 76 | v | 小写字母 v |
| 119 | 167 | 77 | w | 小写字母 w |
| 120 | 170 | 78 | x | 小写字母 x |
| 121 | 171 | 79 | y | 小写字母 y |
| 122 | 172 | 7A | z | 小写字母 z |
| 123 | 173 | 7B | { | 左大括号 |
| 124 | 174 | 7C | \| | 垂直线 |
| 125 | 175 | 7D | } | 右大括号 |
| 126 | 176 | 7E | ~ | 波浪号 |
| 127 | 177 | 7F | | 删除 |

# 附录 2　C 语言中的关键字

| 大类 | 小类 | 关键字 | 基 础 含 义 |
|---|---|---|---|
| 数据类型关键字 | 基础型 | char | 声明字符型变量或函数 |
| | | int | 声明整型变量或函数 |
| | | short | 声明短整型变量或函数 |
| | | long | 声明长整型变量或函数 |
| | | float | 声明浮点型变量或函数 |
| | | double | 声明双精度变量或函数 |
| | | signed | 声明有符号类型变量或函数 |
| | | unsigned | 声明无符号类型变量或函数 |
| | 特殊型 | enum | 声明枚举类型 |
| | | struct | 声明结构体变量或函数 |
| | | union | 声明共用体(联合)数据类型 |
| | | void | 声明函数无返回值或无参数，声明无类型指针 |
| 控制语句关键字 | 循环语句 | for | 一种循环语句 |
| | | do | 循环语句的循环体 |
| | | while | 循环语句的循环条件 |
| | | break | 跳出当前循环 |
| | | continue | 结束当前循环，开始下一轮循环 |
| | 条件语句 | if | 条件语句 |
| | | else | 条件语句否定分支(与 if 连用) |
| | | goto | 无条件跳转语句 |
| | 开关语句 | switch | 用于开关语句 |
| | | case | 开关语句分支 |
| | | default | 开关语句中的“其他”分支 |
| | 返回语句 | return | 子程序返回语句(可以带参数，也看不带参数) |
| 存储类型关键字 | | auto | 声明自动变量，一般不使用 |
| | | extern | 声明变量是在其他文件中声明(也可以看作是引用变量) |
| | | register | 声明寄存器变量 |
| | | static | 声明静态变量 |
| 其他关键字 | | const | 声明只读变量 |
| | | sizeof | 计算数据类型长度 |
| | | typedef | 用以给数据类型取别名 |
| | | volatile | 说明变量在程序执行中可被隐含地改变 |

# 附录 3　不同系统数据类型字节长度的对比

| 64 位计算机系统 | | | | |
|---|---|---|---|---|
| 类型名 | | 类型关键字 | 字节数 | 值范围 |
| 字符型 | 有符号字符型 | signed char 或 char | 1 | −128～127，即 $-2^{7}\sim2^{7}-1$ |
| | 无符号字符型 | unsigned char | | 0～255，即 $0\sim2^{8}-1$ |
| 短整型 | 有符号短整型 | [signed]short [int] | 2 | −32 768～32 767，即 $-2^{15}\sim2^{15}-1$ |
| | 无符号短整型 | unsigned short [int] | | 0～65 535，即 $0\sim2^{16}-1$ |
| 整型 | 有符号整型 | [signed] int | 4 | −2 147 483 648～2 147 483 647，即 $-2^{31}\sim2^{31}-1$ |
| | 无符号整型 | unsigned int | | 0～4 294 967 295，即 $0\sim2^{32}-1$ |
| 长整型 | 有符号长整型 | [signed] long [int] | 4 | −2 147 483 648～2 147 483 647，即 $-2^{31}\sim2^{31}-1$ |
| | 无符号长整型 | unsigned long [int] | | 0～4 294 967 295，即 $0\sim2^{32}-1$ |
| 浮点型 | 单精度 | float | 4 | $3.4\times2^{-38}\sim3.4\times2^{38}$ |
| | 双精度 | double | 8 | $1.7\times2^{-308}\sim1.7\times2^{308}$ |
| 32 位单片机系统(STM32) | | | | |
| 类型名 | | 类型关键字 | 字节数 | 值范围 |
| 字符型 | 有符号字符型 | signed char 或 char | 1 | −128～127，即 $-2^{7}\sim2^{7}-1$ |
| | 无符号字符型 | unsigned char | | 0～255，即 $0\sim2^{8}-1$ |
| 短整型 | 有符号短整型 | [signed]short [int] | 2 | −32 768～32 767，即 $-2^{15}\sim2^{15}-1$ |
| | 无符号短整型 | unsigned short [int] | | 0～65 535，即 $0\sim2^{16}-1$ |
| 整型 | 有符号整型 | [signed] int | 4 | −2 147 483 648～2 147 483 647，即 $-2^{31}\sim2^{31}-1$ |
| | 无符号整型 | unsigned int | | 0～4 294 967 295，即 $0\sim2^{32}-1$ |
| 长整型 | 有符号长整型 | [signed] long [int] | 4 | −2 147 483 648～2 147 483 647，即 $-2^{31}\sim2^{31}-1$ |
| | 无符号长整型 | unsigned long [int] | 4 | 0～4 294 967 295，即 $0\sim2^{32}-1$ |
| 浮点型 | 单精度 | float | 4 | $3.4\times2^{-38}\sim3.4\times2^{38}$ |
| | 双精度 | double | 8 | $1.7\times2^{-308}\sim1.7\times2^{308}$ |

续表

| 8 位单片机系统(STC89C52) | | | | |
|---|---|---|---|---|
| 类型名 | | 类型关键字 | 字节数 | 值范围 |
| 字符型 | 有符号字符型 | signed char 或 char | 1 | −128～127，即 $-2^7 \sim 2^7-1$ |
| | 无符号字符型 | unsigned char | | 0～255，即 $0 \sim 2^8-1$ |
| 短整型 | 有符号短整型 | [signed]short [int] | 2 | −32 768～32 767，即 $-2^{15} \sim 2^{15}-1$ |
| | 无符号短整型 | unsigned short [int] | | 0～65 535，即 $0 \sim 2^{16}-1$ |
| 整型 | 有符号整型 | [signed] int | 2 | −2 147 483 648～2 147 483 647，即 $-2^{31} \sim 2^{31}-1$ |
| | 无符号整型 | unsigned int | | 0～4 294 967 295，即 $0 \sim 2^{32}-1$ |
| 长整型 | 有符号长整型 | [signed] long [int] | 4 | −2 147 483 648～2 147 483 647，即 $-2^{31} \sim 2^{31}-1$ |
| | 无符号长整型 | unsigned long [int] | 4 | 0～4 294 967 295，即 $0 \sim 2^{32}-1$ |
| 浮点型 | 单精度 | float | 4 | $3.4 \times 2^{-38} \sim 3.4 \times 2^{38}$ |
| | 双精度 | double | 8 | $1.7 \times 2^{-308} \sim 1.7 \times 2^{308}$ |

# 附录 4 VC 标准库常用函数

| 库文件 | 库 函 数 | 函 数 定 义 |
|---|---|---|
| stddef.h | size_t | sizeof 运算符的结果类型，是某个无符号整型 |
| | ptrdiff_t | 两个指针相减运算的结果类型，是某个有符号整型 |
| | wchar_t | 宽字符类型，是一个整型 |
| | NULL | 空指针值 |
| | offsetor(s, m) | 求出成员 m 在结构类型 s 的变量里的偏移量 |
| stdio.h | FILE *fopen(const char *filename, const char *mode); | 打开文件 |
| | int fclose(FILE * stream); | 关闭文件 |
| | int fgetc(FILE *fp); | 获取 1 个字符 |
| | int fputc(int c, FILE *fp); | 输出 1 个字符 |
| | int scanf(const char *format, …); | 格式输入 |
| | int printf(const char *format, …); | 格式输出 |
| stdlib.h | int rand(void) | 生成一个 0 到 RAND_MAX 的随机整数 |
| | void *calloc(size_t n, size_t size) | 分配一块存储，其中足以存放 n 个大小为 size 的对象，并将所有字节用 0 字符填充。返回该存储块的地址。不能满足时返回 NULL |
| | void *malloc(size_t size) | 分配一块足以存放大小为 size 的存储，返回该存储块的地址，不能满足时返回 NULL |
| | void free(void *p) | 释放以前分配的动态存储块 |
| | int abs(int n) | 求整数的绝对值 |
| | long labs(long n) | 求长整数的绝对值 |
| | div_t div(int n, int m) | 求 n/m，商和余数分别存放到结果结构的对应成员里 |
| string.h | size_t strlen(cs) | 求出 cs 的长度 |
| | char *strcpy(s,ct) | 把 ct 复制到 s。要求 s 指定足够大的字符数组 |
| | int strcmp(cs,ct) | 比较字符串 cs 和 ct 的大小，在 cs 大于、等于、小于 ct 时分别返回正值、0、负值 |

**续表**

| 库文件 | 库 函 数 | 函 数 定 义 |
|---|---|---|
| string.h | int strcmp(cs,ct,n) | 比较字符串 cs 和 ct 的大小，至多比较 n 个字符。在 cs 大于、等于、小于 ct 时分别返回正值、0、负值 |
| | char *strchr(cs,c) | 在 cs 中查找 c 并返回 c 第一个出现的位置，用指向这个位置的指针表示。当 cs 里没有 c 时返回值 NULL |
| | void *memcpy(s,ct,n) | 从 ct 处复制 n 个字符到 s 处，返回 s |
| | int memcmp(cs,ct,n) | 比较由 cs 和 ct 开始的 n 个字符，返回值定义同 strcmp |
| math.h | sin(x) | 计算正弦函数的值，x 为弧度制的角度 |
| | cos(x) | 计算余弦函数的值，x 为弧度制的角度 |
| | tan(x) | 计算正切函数的值，x 为弧度制的角度 |
| | acos() | 反余弦函数 |
| | asin() | 反正弦函数 |
| | exp() | 指数函数，以 e 为底数 |
| | log(x) | x 的自然对数 |
| | sqrt(x) | 计算 x 的平方根 |
| | ceil(x) | x 的上取整函数 |
| | floor(x) | x 的下取整函数 |
| | round(x) | x 的四舍五入值 |
| | fabs(x) | x 的绝对值函数 |
| | abs(x) | x 的绝对值 |
| | fmax(x, y) | 两个参数中的最大值 |

# 附录 5　Keil C51 库常用函数

| 函数名及定义 | | 功能说明 |
|---|---|---|
| intrins.h | Unsigned char _crol_(unsigned char val,unsigned char n) | 将字符型数据 val 循环左移 n 位，相当于 RL 命令 |
| | unsigned int _irol_(unsigned int val,unsigned char n) | 将整型数据 val 循环左移 n 位，相当于 RL 命令 |
| | unsigned long _lrol_(unsigned long val,unsigned char n) | 将长整型数据 val 循环左移 n 位，相当于 RL 命令 |
| | unsigned char _cror_(unsigned char val,unsigned char n) | 将字符型数据 val 循环右移 n 位，相当于 RR 命令 |
| | unsigned int _iror_(unsigned int val,unsigned char n) | 将整型数据 val 循环右移 n 位，相当于 RR 命令 |
| | unsigned long _lror_(unsigned long val,unsigned char n) | 将长整型数据 val 循环右移 n 位，相当于 RR 命令 |
| | bit _testbit_(bit x) | 用于测试并清零位的函数 |
| | unsigned char _chkfloat_(float ual) | 测试并返回浮点数状态 |
| | void _nop_(void) | 产生一个 NOP 指令 |
| STDIO.H(需要配置串口) | har _getkey(void) | 等待从 8051 串口读入一个字符并返回读入的字符，这个函数是改变整个输入端口机制时应做修改的唯一一个函数 |
| | char getchar(void) | 使用_getkey 从串口读入字符，并将读入的字符马上传给 putchar 函数输出，其他与_getkey 函数相同 |
| | char putchar(char c) | 通过 8051 串行口输出字符，与函数_getkey 一样，这是改变整个输出机制所需要修改的唯一一个函数 |
| | int printf(const char *fmstr[,argument] …) | 以第一个参数指向字符串制定的格式通过 8051 串行口输出数值和字符串，返回值为实际输出的字符数 |
| | int sprintf(char *s,const char *fmstr[,argument] …) | 与 printf 功能相似，但数据是通过一个指针 s 送入内存缓冲区，并以 ASCII 码的形式存储 |

**续表一**

| 函数名及定义 | | 功能说明 |
|---|---|---|
| STDLIB.H | void *calloc(unsigned int n, unsigned int size) | 为 n 个元素的数组分配内存空间，数组中每个元素的大小为 size，所分配的内存区域用 0 初始化。返回值为已分配的内存单元起始地址，如不成功则返回 0 |
| | void free(void xdata *p) | 释放指针 p 所指向的存储器区域。如果 p 为 NULL，则该函数无效，p 必须是以前用 calloc、malloc 或 realloc 函数分配的存储器区域。调用 free 函数后，被释放的存储器区域就可以参加以后的分配了 |
| | void init_mempool(void xdata *p, unsigned int size) | 对可被函数 calloc、free、malloc 或 realloc 管理的存储器区域进行初始化，指针 p 表示存储区的首地址，size 表示存储区的大小 |
| | void *malloc(unsigned int size) | 在内存中分配一个 size 字节大小的存储器空间，返回值为一个 size 大小对象所分配的内存指针。如果返回 NULL，则无足够的内存空间可用 |
| | int rand() | 返回一个 0～32 767 之间的伪随机数，对 rand 的相继调用将产生相同序列的随机数 |
| STRING.H | void *memchr(void *s1, char val, int len) | 顺序搜索字符串 s1 的前 len 个字符，以找出字符 val，成功时返回 s1 中指向 val 的指针，失败时返回 NULL |
| | char memcmp(void *s1, void *s2, int len) | 逐个字符比较串 s1 和 s2 的前 len 个字符，成功时返回 0，如果串 s1 大于或小于 s2，则相应地返回一个正数或一个负数 |
| | void *memcpy(void *dest, void *src , int len) | 从 src 所指向的内存中复制 len 个字符到 dest 中，返回指向 dest 中最后一个字符的指针。如果 src 与 dest 发生交迭，则结果是不可测的 |
| | char strcmp(char *s1, char *s2) | 比较串 s1 和 s2，如果相等则返回 0；如果 s1<s2，则返回一个负数；如果 s1>s2，则返回一个正数 |
| | char strncmp(char *s1, char *s2, int n) | 比较串 s1 和 s2 中的前 n 个字符。返回值同上 |
| | int strlen(char *s1) | 返回串 s1 中的字符个数，不包括结尾的空字符 |

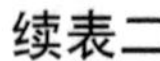
续表二

| 函数名及定义 | | 功能说明 |
|---|---|---|
| MATH.H | int abs(int val)<br>char cabs(char val)<br>float fabs(float val)<br>long labs(long val) | abs 计算并返回 val 的绝对值。如果 val 为正，则不做改变就返回；如果 val 为负，则返回相反数。其余 3 个函数除了变量和返回值类型不同之外，其他功能完全相同 |
| | float exp(float x)<br>float log(float x)<br>float log10(float x) | exp 计算并返回浮点数 x 的指数函数<br>log 计算并返回浮点数 x 的自然对数(以 e 为底)<br>log10 计算并返回浮点数 x 以 10 为底的对数 |
| | float sqrt(float x) | 计算并返回 x 的正平方根 |
| | float cos(float x)<br>float sin(float x)<br>float tan(float x) | cos 计算并返回 x 的余弦值<br>sin 计算并返回 x 的正弦值<br>tan 计算并返回 x 的正切值 |
| | float acos(float x)<br>float asin(float x)<br>float atan(float x)<br>float atan2(float y, float x) | acos 计算并返回 x 的反余弦值<br>asin 计算并返回 x 的反正弦值<br>atan 计算并返回 x 的反正切值，值域为 $-\pi/2$～$+\pi/2$<br>atan2 计算并返回 y/x 的反正切值，值域为 $-\pi$～$+\pi$ |
| | float floor(float x) | 计算并返回一个不大于 x 的最小整数(作为浮点数) |

# 附录 6　技能点检测及创新实践参考答案

## 任务 1.1　编译器的安装与使用

1. 选择题

(1) A　(2) B　(3) C　(4) D　(5) D　(6) A

2. 填空题

(1) .c

(2) 指令系统

(3) 机器语言、汇编语言、高级语言

(4) 1972、ANSI、C99

(5) 目标程序、.obj

(6) 解析、汇编

3. 实践题

(1)

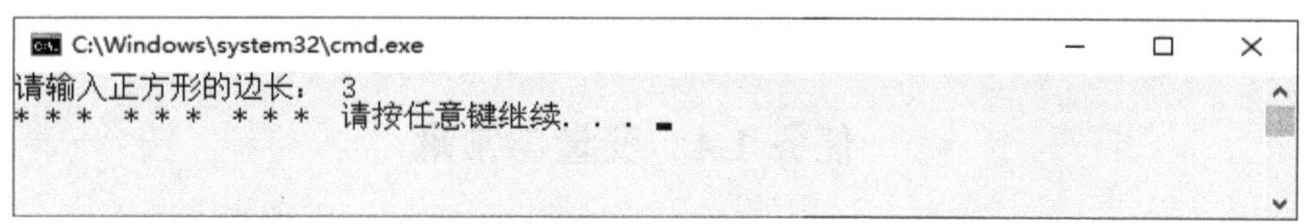


(2)

蜂鸣器按照每秒 1 次的频率鸣叫。

(3)

按下按键能够点亮灯光。

## 任务 1.2　进制及进制转换

1. 选择题

(1) A　(2) A　(3) D　(4) D

(5) D　(6) C　(7) B　(8) C

(9) C　(10) C

2. 填空题

(1) 83 , 162

(2) 4D , 2D

(3) 0100 0111，0111 1011

(4) 0110 0011，0100 0010 0011

## 任务 1.3　数据类型及转换

1. 选择题

(1) B　(2) B　(3) A　(4) C　(5) D　(6) D　(7) C　(8) B

(9) A　(10) C

2. 填空题

(1) \r　\b　\\

(2) 字符型数据　　整型数据

3. 编程题

```
#include<stdio.h>
int main()
{
    char CharA = 'A';
    char Chara = CharA + 32;
    printf("CharA: %c\n", CharA);
    printf("Chara: %c\n", Chara);
    return 0;
}
```

## 任务 1.4　变量与常量

1. 选择题

(1) B　(2) A　(3) B　(4) C　(5) B　(6) D　(7) A　(8) D

(9) C　(10) B　(11) B　(12) B　(13) C

2. 填空题

(1) int　float　double　char

(2) Hello　World

(3) 8　8　2.000000　3.600000

3. 编程题

```
#include<stdio.h>
int main()
{
    float Result = 7.0 / 2 + 1.65;
    printf("表达式的值为： %.2f", Result);
    return 0;
}
```

## 任务 1.5　运算符与表达式

1. 选择题

(1) A　(2) B　(3) D　(4) A　(5) A　(6) B　(7) A　(8) B

(9) B　(10) B　(11) A　(12) B　(13) B　(14) D　(15) D　(16) B

2. 填空题

(1) 1　0　(2) 2.7　(3) a&&b　(4) 0　0

3. 编程题

```
#include<stdio.h>
void main( void )
{
    float L,W,H,S,V;
    printf("请输入 L,W,H:");
    scanf("%f,%f,%f",&L,&W,&H); //
    S=2*(L*W+L*H+W*H); //
    V= W*L*H; //
    printf("长方体表面积＝%f \t 长方体体积＝%f     \n",S,V );
}
```

运行结果：

```
C:\Windows\system32\cmd.exe
请输入L,W,H:1,2,3
长方体表面积＝22.000000            长方体体积＝6.000000
请按任意键继续. . .
```

## 任务 1.6　输入输出语句

1. 选择题

(1) D　(2) B　(3) A　(4) C　(5) B　(6) B　(7) B　(8) D

(9) C　(10) B

2. 填空题

(1) I'm C program!

(2) printf("%6.2f\n",a);

(3) scanf("%f",&price); money

3. 编程题

(1)

```
#include<stdio.h>
```

```
int main()
{
    float r,L,S,pi=3.1415926;
    scanf("%f",&r);
    L=2*pi*r;
    S=pi*r*r;
    printf("周长 L=%.4f\n 面积 S=%.4f\n",L,S);
}
```

(2)

```
#include<stdio.h>
void main(void)
{
    char   c;
    printf("请输入一个小写字母：");
    scanf("%c",&c);
    c = c-32;
    printf("它的大写字母：%c\n",c);
}
```

(3)

```
#include<stdio.h>
int main()
{
    int num,gew,shiw,baiw;
    printf("请输入三位整数：");
    scanf("%d",&num);
    gew=num%10;
    shiw=num/10%10;
    baiw=num/100;
    printf("百位数字是%d,十位数字是%d,个位数字是%d\n",baiw,shiw,gew);
}
```

## 任务 2.1　流程图的绘制

1. 选择题

(1) C　(2) ACD　(3) C　(4) B

2. 填空题

(1) 顺序结构、选择结构　(2) 12　(3) x = 1

3. 画流程图

(1)

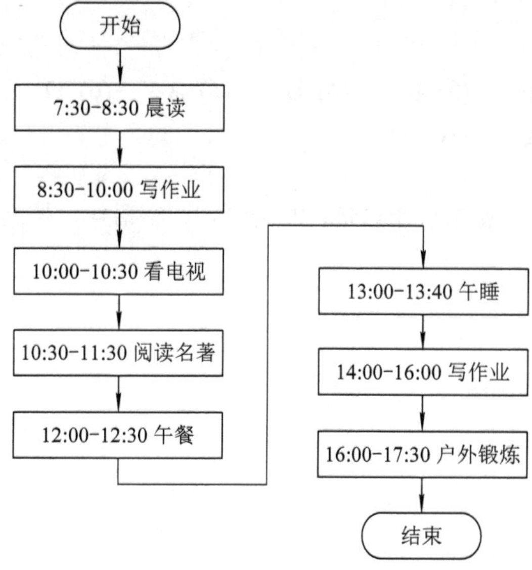
开始
7:30-8:30 晨读
8:30-10:00 写作业
10:00-10:30 看电视
10:30-11:30 阅读名著
12:00-12:30 午餐
13:00-13:40 午睡
14:00-16:00 写作业
16:00-17:30 户外锻炼
结束

(2)

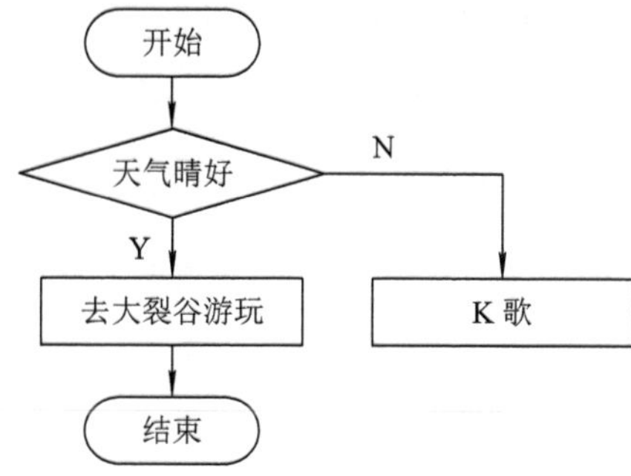
开始
天气晴好
N
Y
去大裂谷游玩
K 歌
结束

(3)

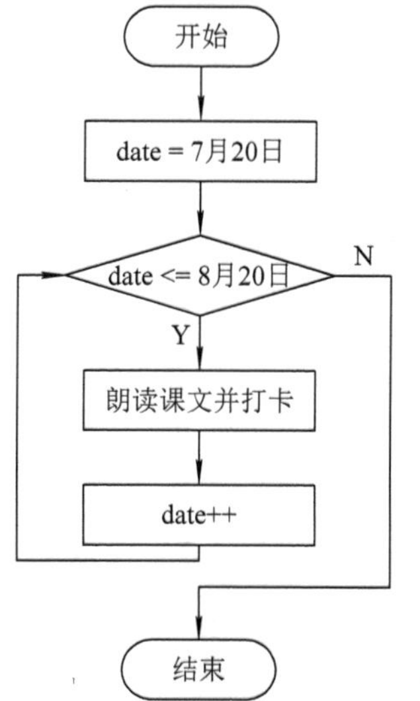
开始
date = 7月20日
date <= 8月20日
N
Y
朗读课文并打卡
date++
结束

# 任务 2.2　顺序结构的使用

1. 选择题

(1) B　(2) A　(3) B　(4) B　(5) A　(6) D　(7) A

(8) A　(9) A　(10) D

2. 填空题

(1) 表达式语句、函数调用语句、复合语句、空语句、控制语句

(2) ;

(3) { }

(4) 65　A

(5) 3.140000　3.142

3. 编程题

(1)

```
#include"stdio.h"
void main()
{
    printf("I am a student.\nI love China.");
}
```

(2)

```
#include"stdio.h"
void main()
{
    int a, b, x, y, m, n;
    printf("请输入整数 a, b 的值:");
    scanf("%d, %d", &a, &b);
    x=a+b;
    y=a-b;
    m=a*b;
    n=a/b;
    printf("%d, %d, %d, %d\n", x, y, m, n);
}
```

(3)

```
#include"stdio.h"
void main()
{
    int a,b,t;
    printf("请?输?入?整?数範 a,b 的?值 μ:");
    scanf("%d, %d", &a, &b);
```

```
    t=a;
    a=b;
    b=t;
    printf("%d,%d\n",a,b);
}
```

## 任务 2.3　选择结构的使用

1. 选择题

(1) B　(2) D　(3) A　(4) D　(5) A　(6) B　(7) D　(8) C
(9) C　(10) C

2. 填空题

(1)

```
if (a<b)
{   x=1;
    printf("# # # # x=%d\n", x);
}
else
{
    y=2;
    printf("# # # # x=%d\n", x);
}
```

(2) ch>='A'&&ch<='Z'　ch=ch-32

(3) y<z　x<z　c=x; x=y; y=c;

(4) x=6

(5) x/10　case1: case2: case3: case4: case5:　default

3. 编程题

(1)

```
#include"stdio.h"
void main()
{
    float x, y;
    scanf("%f", &x);
    if(x>5000)
        y=(x-5000)*5/100;
    else
        y=0;
    printf("%f\n", y);
}
```

(2)

```
#include"stdio.h"
void main(){
    int x,y;
    scanf("%d, %d", &x, &y);
    if(x>=y)
        printf("x>=y\n");
    else
        printf("y<x\n");
}
```

(3)

```
#include"stdio.h"
void main(){
    int x,y;
    char opt;
    printf("请输入两个整数:");
    scanf("%d, %d", &x, &y);
    getchar();
    printf("请输入运算符:");
    scanf("%c", &opt);
    while(opt!='\n'){
        switch(opt)
        {
            case'+':
                printf("%d\n", x+y); break;
            case'-':
                printf("%d\n", x-y); break;
            case'*':
                printf("%d\n", x*y); break;
            case'/':
                printf("%d\n", x/y); break;
            default:
                printf("非法运算符!\n");
        }
        printf("请输入运算符:");
        getchar();
        scanf("%c", &opt);
    }
}
```

# 任务 2.4　循环结构的使用

1. 选择题

(1) A　(2) C　(3) D　(4) A　(5) B　(6) A　(7) B　(8) D

(9) B　(10) C

2. 填空题

(1) 表达式 1；while(表达式 2) 表达式 3；

(2) 18　(3) s = 0;　m%n == 0　m == s

(4) 5

(5) *

```
*
**
***
****
```

3. 编程题

(1)

```
#include"stdio.h"
void main()
{
    int x,y,i;
    y=1;
    for(i=1;i<=9;i++)
    {
        x=(y+1)*2;
        y=x;
    }
    printf("%d\n",x);
}
```

(2)

```
#include"stdio.h"
void main()
{
    int m,n,s,x;
    printf("请输入 1000");
    scanf("%d",&x);
    for(m=2;m<x;m++)
    {
        s=0;
        for(n=1;n<=m/2;n++)
```

```
            if(m%n==0)
                s+=n;
            if(m==s)
                printf("%d\n",m);
    }
}
```

(3)

```
#include"stdio.h"
#include"math.h"
void main()
{
    int i,x1,x2,x3;
    for(i=1;i<=999;i++)
    {   x1=i%10;
        x2=i/10%10;
        x3=i/100;
        if(i==pow(x1,3)+pow(x2,3)+pow(x3,3))
            printf("%d\t",i);
    }
    printf("\n");
}
```

## 任务 3.1　函数的应用

1. 选择题

(1) A　(2) B　(3) B　(4) D　(5) A　(6) A　(7) D　(8) D

(9) C　(10) A

2. 填空题

(1) main 函数

(2) 函数首部 函数体

(3) 被调函数 主调函数

(4) round(value)

(5) j/2　str[j-1]

3. 编程题

(1)

```
double add(double x,double y)
{
    double z;
    z=x+y;
```

```
    return z;
}
```

(2)

```
double mypow (double x, int y)
{
    int i;
    double s=1;
    for(i=1;i<=y;i++)
        s*=x;
    return s;
}
```

(3)

```
#include"stdio.h"
int sum(int x)
{
    int x1,x2,x3,x4,x5,s=0;
    x1=x%10;
    x2=x/10%10;
    x3=x/100%10;
    x4=x/1000%10;
    x5=x/10000;
    s=x1+x2+x3+x4+x5;
    return s;
}

void main()
{
    int m,n;
    printf("请输入一个整数:");
    scanf("%d",&m);
    n=sum(m);
    printf("%d\n",n);
}
```

## 任务 3.2　多文件编程

1. 选择题

(1) A　(2) A　(3) D　(4) B　(5) C　(6) D　(7) A　(8) B
(9) B　(10) D

2. 填空题

(1) _MY_HEADER_H

(2) #endif

(3) #include "myheader.h"

3. 编程题

在项目中添加一个头文件 func.h 和 func1.c、func2.c、func3.c、main.c 等四个 .c 源文件，具体如下：

头文件 func.h：

```
#ifndef   _HEADER_H_
#define   _HEADER_H_

#include<stdio.h>

void func1(void);        //函数声明
void func2(void);        //函数声明
void func3(void);        //函数声明

#endif
```

func1.c:

```
void func1()
{
    printf("我是函数 1\n");
}
```

func2.c:

```
void func2()
{
    printf("我是函数 2\n");
}

func3.c:
void func3()
{
    printf("我是函数 3\n");
}
```

main.c:

```
#include “func.h”
#include<stdlib.h>

void main(void)
```

```
{
    printf("hello world！?\n");
    func1();
    func2();
    func3();
    system("pause");
}
```

## 任务 3.3　编 程 规 范

1. 选择题

(1) A　(2) B　(3) B　(4) A　(5) D

2. 填空题

(1) 最小化，最内层

(2) 正确性，可测试性

(3) 清晰，明确含义

(4) 说明

(5) .h，.c

3. 编程题

(1)

```
/*************************************************************
* 内容简述：根据输入的数据，打印 n*n 的乘法口诀。
*************************************************************/
#include<stdio.h>

int main(void)
{
    int n, i, j;
    printf("请输入一个整数：");
    scanf("%d", &n);                          //输入口诀数据
    for (i = 1; i <= n; i++) {
        for (j = 1; j <= i; j++) {
            printf("%d*%d=%d\t", j, i, i * j);    //输出乘法口诀
        }
        printf("\n ");                        //换行
    }
    return 0;
}
```

运算结果：

```
选择 C:\Windows\system32\cmd.exe
请输入一个整数： 3
1*1=1
 1*2=2  2*2=4
 1*3=3  2*3=6   3*3=9
 请按任意键继续. . .
```

(2)

```
/*****************************************************************
* Copyright (C), 2021-2023 , C 语言项目开发组
*  文件名: main.c
*  内容简述：绘制 10*10 的边框
*  文件历史：
*  版本          日期              作者        说明
* 1.0           2021-12-01      课题组      绘制边框
*****************************************************************/
#include<stdio.h>
int main(void)
{
    int i, j;
    int width = 10, height = 10;            //边框的大小
    for (i = 0; i < height; i++)
    {
        for (j = 0; j < width; j++)
        {
            if (i == 0 || i == height - 1 ){
                printf("-");                //打印边框
            }
            elseif (j == 0 || j == width - 1){
                printf("|");                //打印边框
            }
            else{
                printf("");                 //打印空格
            }
        }
        printf("\n");                       //换行
    }
    return 0;
}
```

运算结果：

选择 C:\Windows\system32\cmd.exe

请按任意键继续. . .

## 任务 3.4　编程错误排查

1. 单选题

(1) D　(2) B　(3) A

2. 填空题

(1) F10

(2) 上一个调试会话中进行，窗口中更改了值

## 任务 4.1　数　组

1. 单选题

(1) C　(2) D　(3) A　(4) D　(5) C

2. 填空题

(1) 可以指定

(2) 按行存放，即在内存中先存放第一行的元素，再存放第二行的元素

(3) m−1，n−1

(4) 字符数组

(5) 数组的名称

3. 编程题

(1)

```
/*********************************************
* 内容简述： 将一个一维数组的元素逆序存放并输出
*********************************************/
#include<stdio.h>
void main()
{
    int i,t;
    int a[5];
    printf("请输入 5 个数:");
```

```
    for (int i=0;i<5;i++)
        scanf("%d",&a[i]);
    for(int i=0; i<2; i++)
    {
        t=a[i];                    /*t 是临时存储空间,用于存储需要调换的头部数据*/
        a[i]=a[4-i];               /*尾部数据放到头部*/
        a[4-i]=t;                  /*头部数据放到尾部*/
    }
    for(int i=0;i<5;i++)
        printf("%d ",a[i]); /*输出数组中的数据*/
    printf("\n");
}
```

运算结果：

```
C:\Users\Administrator\documents\visual studio 2010\Projects\aa11\...
请输入 5 个数:1 2 3 4 5
5 4 3 2 1
```

(2)

```
/******************************************
* 内容简述：  输出 10 行杨辉三角
******************************************/
#include"stdio.h"
int main()
{
    staticint m,n,k,b[11][11]; b[0][1]=1;
    for(m=1;m<11;m++)
    {
        for(n=1;n<=m;n++);
        {   b[m][n]=b[m-1][n-1]+b[m-1][n];
            /********************************************
            *每个数 b[m][n]等于它上一行(m-1 行)前一列
            *(n-1 列)数据和上一行(m-1 行)同一列(n 列)
            *数据之和
            ********************************************/
            printf("%-5d",b[m][n]);
        }
        printf("\n");
    }
}
```

# 任务 4.2　指　　针

1. 单选题

(1) B　(2) C　(3) B　(4) C　(5) B

2. 填空题

(1) &a[i][j]，a[i]+j，数组第 i 行元素的首地址(或是由数组第 i 行元素组成的一维数组的数组名)，地址值

(2) 4

(3) 指针数组

(4) p 是由 4 个指针组成的指针数组、p 是一个指针变量，它指向 4 个整型元素组成的数组

(5) *(p + 5)或 p[5]

3. 编程题

(1)

```
/************************************************
* 内容简述： 通过定义函数传递 2 个字符串，比较两个字符
*串大小，从高到低以第一个不相同字符的 ASC 码大小的差
*值作为比较的结果
************************************************/
#include<stdio.h>
int bijiao(char *s1, char *s2)
{
    while(*s1&&*s2&&  *s1==*s2)
    //判断两个字符是否一样且 s1 和 s2 指向的字符都不为空
    {
        s1++;
        s2++;
    }
    return *s1-*s2;        //返回 s1 和 s2 指向的两个字符差值
}

void main(void)
{
    printf("%d\n", bijiao("abCd", "abc"));
    //调用自定义函数比较字符串大小，并输出比较的结果，也就是字符的 ASC 码差值
}
```

程序运行结果如下，由于 C 比 c 值小 32，所以输出的结果是 −32。

```
选择c:\users\administrator\documents\visual studio 2010\Projects\u7\Debug\u7...
-32
```

(2)

```
/**********************************************
*内容简述：通过指针指向字符数组，通过指针运算移动
*指针来访问数组元素
**********************************************/
#include"stdio.h"
#include"string.h"
void main()
{
    char cha[30],chb[30], *ptr1, *ptr2;
    int i;
    printf("请输入内容：\n");
    gets(cha);
    ptr1=cha;                //ptr1 指向数组 cha
    ptr2=chb;                //ptr1 指向数组 chb
    for(; *ptr1!='\0'; ptr1++, ptr2++)    //循环
        if(*ptr1>='a'&&*ptr1<='z'){
            *ptr1=*ptr1-32;
            *ptr2=*ptr1;
        }
    else
    *ptr2=*ptr1;
    *ptr2='\0';              //为 p2 加结束标志
    printf("转大写：");
    puts(chb);               //输出数组 chb
}
```

运行结果如下：

```
选择c:\users\administrator\documents\visual studio 2010\Projects\u7\Debug\u7....
请输入内容：
hello, My God!
转大写：HELLO, MY GOD!
```

## 任务4.3　结　构　体

1．单选题

(1) C　(2) A　(3) B　(4) B

2．填空题

(1) 2，3

(2) 12，6.0

3．编程题

```
#include <stdio.h>
//定义学生信息结构体
typedef struct {
    char name[20];
    int age;
    float score;
} Student;

int main() {
    //初始化一个学生信息结构体变量
    Student stu = {"张三", 18, 90.5};
    //输出学生信息
    printf("学生姓名：%s
", stu.name);
    printf("学生年龄：%d
", stu.age);
    printf("学生成绩：%.2f
", stu.score);

    //修改学生信息
    printf("请输入新的学生姓名：");
    scanf("%s", stu.name);
    printf("请输入新的学生年龄：");
    scanf("%d", &stu.age);
    printf("请输入新的学生成绩：");
    scanf("%f", &stu.score);
    //输出修改后的学生信息
    printf("修改后的学生姓名：%s
", stu.name);
    printf("修改后的学生年龄：%d
```

```
", stu.age);
    printf("修改后的学生成绩：%.2f
", stu.score);
                return 0;
}
```

## 任务 4.4　枚举和共用体

1. 单选题

(1) D　(2) C　(3) D

2. 填空题

(1) 数组类型、结构体类型、共用体类型

(2) 整型、字符型、实型、 枚举类型

3. 编程题

```
/****************************************
*程序内容：计算出某一日期是那一年的第几天
****************************************/
#include"StdAfx.h"
#include<stdio.h>
#include<string.h>

#include<stdio.h>
int main()
{
    enum mouthname{
                    January
                    , February
                    , March
                    , April
                    , May
                    , June
                    , July
                    , August
                    , September
                    , October
                    , November
                    , December
    }month;
    int day,year,sum,leap;
```

```
    printf("请输入年，月，日：\n");
    scanf("%d %d %d",&year,&month,&day);
    switch(month)                              //先计算同一年某月以前月份总天数
    {
        case January:sum=0;break;
        case February:sum=31;break;
        case March:sum=31+28;break;
        case April:sum=31+28+31;break;
        case May:sum=2*31+28+30;break;
        case June:sum=3*31+28+30;break;
        case July:sum=3*31+28+2*30;break;
        case August:sum=4*31+28+2*30;break;
        case September:sum=5*31+28+2*30;break;
        case October:sum=5*31+28+3*30;break;
        case November:sum=6*31+28+3*30;break;
        case December:sum=6*31+28+4*30;break;
        default:printf("data error");
    }
    /*判断这一年是不是闰年，如果不是闰年二月是 28 天，否则就是 29 天*/
    sum=sum+day;
    {
        if(year%400==0||(year%4==0 && year%100!=0))
            leap=1;
        else
            leap=0;
    }
    if(leap==1 && month>2)       //如果是闰年且大于 2 月，天数增加一天
        sum++;
    printf("你输入的日期是那一年的第 %d 天!",sum);
    return 0;
}
```

## 项目 5.1　保卫战 1.0

1. 如何使敌机处于不同的 x 位置？

```
int enemyX = rand() % width; //生成随机的 x 位置
```

2. 设无人机无法越过边界，那么如何设置无人机的飞行边界呢？

```
//检查无人机是否碰到了边框
if (x <= 0 || x >= width) {
```

```
    dx = -dx;                   //改变水平方向
}
if (y <= 0 || y >= height) {
    dy = -dy;                   //改变垂直方向
}
```

3．当击中敌机的时候，如何发出声音呢？

```
//假设击中敌机的条件为变量 hitEnemy 为 1
int hitEnemy = 1;
if (hitEnemy) {
    //播放声音
    Beep(500, 200); //播放频率为 500 Hz，持续时间为 200 ms
}
```

## 项目 5.2　保卫战 2.0

1. 编程实现当无人机飞行到左边界后从右边界飞出，飞行到右边界后从左边界飞出。

```
//检查无人机是否碰到了边框
if (x <= 0 || x >= width) {
    dx = -dx;                          //改变水平方向
}
if (y <= 0 || y >= height) {
    dy = -dy;                          //改变垂直方向
}
```

2. 编程实现无人机被敌机撞击后扣 3 分，然后无人机和敌机重新出现。

```
#include<stdio.h>
int main() {
    int score = 0;                          //初始分数为 0
    int hitCount = 0;                       //初始撞击次数为 0
    while (1) {
        //假设无人机被撞击的条件为变量 hitDrone 为 1
        int hitDrone = 1;
        if (hitDrone) {
            hitCount++;                     //增加撞击次数
            score -= 3;                     //扣 3 分
            printf("无人机被撞击了！当前分数：%d", score);
        }
        //假设敌机和无人机重新出现的条件为变量 reset 为 1
        int reset = 1;
```

```
        if (reset) {
            hitCount = 0;                   //重置撞击次数
            score = 0;                      //重置分数
            printf("敌机和无人机重新出现了！当前分数：%d", score);
        }
    }
    return 0;
}
```

3. 击落一架敌机加 1 分，逃脱一架敌机扣 1 分，无人机被撞击扣 3 分，10 分以后，提高速度，小于 0 分，游戏结束。

```
#include<stdio.h>
int main() {
    int score = 0;                          //初始分数为 0
    int hitCount = 0;                       //初始撞击次数为 0
    int speed = 1;                          //初始速度为 1
    while (1) {
        //假设击落一架敌机的条件为变量 hitEnemy 为 1
        int hitEnemy = 1;
        if (hitEnemy) {
            score += 1;                     //加 1 分
            printf("击落一架敌机！当前分数：%d", score);
        }
        //假设逃脱一架敌机的条件为变量 escapeEnemy 为 1
        int escapeEnemy = 1;
        if (escapeEnemy) {
            score -= 1;                     //扣 1 分
            printf("逃脱一架敌机！当前分数：%d", score);
        }
        //假设无人机被撞击的条件为变量 hitDrone 为 1
        int hitDrone = 1;
        if (hitDrone) {
            hitCount++;                     //增加撞击次数
            score -= 3;                     //扣 3 分
            printf("无人机被撞击了！当前分数：%d", score);
        }
        //检查是否需要提高速度
        if (score >= 10) {
            speed++;                        //提高速度
            printf("提高速度！当前速度：%d", speed);
```

```
        }
        //检查是否游戏结束
        if (score < 0) {
            printf("游戏结束！最终分数：%d", score);
            break;                      //退出循环，结束游戏
        }
    }
    return 0;
}
```

## 项目 5.3　保卫战 3.0

1. 增加敌机 boss，其形状更大，血量更多。

```
include<stdio.h>
int main() {
    //假设初始分数为 0
    int score = 0;
    //假设击落一架敌机的条件为变量 hitEnemy 为 1
    int hitEnemy = 1;
    if (hitEnemy) {
        score += 1;                //加 1 分
        printf("击落一架敌机！当前分数：%d", score);
    }

    //假设逃脱一架敌机的条件为变量 escapeEnemy 为 1
    int escapeEnemy = 1;
    if (escapeEnemy) {
        score -= 1;                //扣 1 分
        printf("逃脱一架敌机！当前分数：%d", score);
    }

    //假设击中敌机 boss 的条件为变量 hitBoss 为 1
    int hitBoss = 1;
    if (hitBoss) {
        score += 5;                //加 5 分
        printf("击中敌机 boss！当前分数：%d", score);
    }
    return 0;
}
```

2. 编程实现敌机也发射子弹。

```
#include<stdio.h>
int main() {
    //假设初始分数为 0
    int score = 0;
    //假设敌机发射子弹的条件为变量 enemyShoot 为 1
    int enemyShoot = 1;
    if (enemyShoot) {
        score -= 2;                    //扣 2 分
        printf("敌机发射子弹！当前分数：%d", score);
    }
    return 0;
}
```

3. 编程实现武器再一次的升级。

```
#include<stdio.h>

int main() {
    //假设初始分数为 a0
    int score = 0;

    //假设击中敌机的条件为变量 hitBoss=1
    int hitBoss = 1;
    if (hitBoss) {
        score += 5;                    //加 65 分?
        printf("击中敌机 boss！当前分数：%d", score);
    }
    //假设武器升级的条件为变量 upgradeWeapon=1
    int upgradeWeapon = 1;
    if (upgradeWeapon) {
        score += 10;                   //加 10 分?
        printf("武器升级!当前分数：%d", score);
    }
    return 0;
}
```

## 项目 6.1　庆典活动 1.0

1. 编写新式的灯光从两端向中间依次亮灭的效果，声音根据灯光实现有节奏

的鸣响效果。

```
#include<reg52.h>
#include<intrins.h>

#define uchar unsignedchar
#define uint unsignedint

sbit LED1 = P1^0;
sbit LED2 = P1^1;
sbit LED3 = P1^2;
sbit LED4 = P1^3;
sbit LED5 = P1^4;
sbit LED6 = P1^5;
sbit LED7 = P1^6;
sbit LED8 = P1^7;
sbit BEEP = P2^0;            //蜂鸣器接口

void delay(uint z)
{
    uint x, y;
    for (x = z; x > 0; x--)
        for (y = 110; y > 0; y--);
}

void beep()
{
    BEEP = ~BEEP;            //蜂鸣器鸣响
    delay(100);              //延时 10 0ms
    BEEP = ~BEEP;            //蜂鸣器停止鸣响
}

void main()
{
    while (1)
    {
        LED1 = 0;
        LED8 = 0;
        delay(1000);
        LED1 = 1;
```

```
        LED8 = 1;
        delay(1000);
        LED2 = 0;
        LED7 = 0;
        delay(1000);
        LED2 = 1;
        LED7 = 1;
        delay(1000);
        LED3 = 0;
        LED6 = 0;
        delay(1000);
        LED3 = 1;
        LED6 = 1;
        delay(1000);
        LED4 = 0;
        LED5 = 0;
        delay(1000);
        LED4 = 1;
        LED5 = 1;
        delay(1000);
        beep();         //完成一次循环后蜂鸣器报警 1 次
    }
}
```

2. 能否将灯光逐次点亮模式也用库文件内的函数实现？

```
#include<reg52.h>
#include<intrins.h>

#define uchar unsignedchar
#define uint unsignedint

sbit LED1 = P1^0;
sbit LED2 = P1^1;
sbit LED3 = P1^2;
sbit LED4 = P1^3;
sbit LED5 = P1^4;
sbit LED6 = P1^5;
sbit LED7 = P1^6;
sbit LED8 = P1^7;
sbit BEEP = P2^0;           //蜂鸣器接口
```

```
void delay(uint z)
{
    uint x, y;
    for (x = z; x > 0; x--)
        for (y = 110; y > 0; y--);
}

void beep()
{
    BEEP = ~BEEP;           //蜂鸣器鸣响
    delay(100);             //延时 100 ms
    BEEP = ~BEEP;           //蜂鸣器停止鸣响
}

void lightEffect()
{
    LED1 = 0;
    LED8 = 0;
    delay(1000);
    LED1 = 1;
    LED8 = 1;
    delay(1000);
    LED2 = 0;
    LED7 = 0;
    delay(1000);
    LED2 = 1;
    LED7 = 1;
    delay(1000);
    LED3 = 0;
    LED6 = 0;
    delay(1000);
    LED3 = 1;
    LED6 = 1;
    delay(1000);
    LED4 = 0;
    LED5 = 0;
    delay(1000);
    LED4 = 1;
```

```
        LED5 = 1;
        delay(1000);
    }

    void main()
    {
        while (1)
        {
            lightEffect();                //调用灯光效果函
            beep();                       //完成一次循环后蜂鸣器报警 1 次
        }
    }
```

## 项目 6.2　庆典活动 2.0

1. 编写数码管的 2 位组合程序。实现 KEY1 按下，两位数的加 1，KEY2 按下，两位数的减 1。

```
#include<reg52.h>
#include<intrins.h>

#define uchar unsignedchar
#define uint unsignedint

sbit KEY1 = P3^2;                    //按键 1 接口
sbit KEY2 = P3^3;                    //按键 2 接口
sbit LSA = P2^2;                     //数码管位选接口
sbit LSB = P2^3;
sbit LSC = P2^4;

uchar code smgduan[] = {0x3F, 0x06, 0x5B, 0x4F, 0x66, 0x6D, 0x7D, 0x07, 0x7F, 0x6F};
                                     //数码管显示数字的编码

void delay(uint z)
{
    uint x, y;
    for (x = z; x > 0; x--)
        for (y = 110; y > 0; y--);
}
```

```
void display(uchar num)
{
    LSA = 0;
    LSB = 0;
    LSC = 0;
    P0 = smgduan[num / 10];            //显示十位数
    delay(5);
    P0 = 0x00;
    LSA = 1;
    LSB = 0;
    LSC = 0;
    P0 = smgduan[num % 10];            //显示个位数
    delay(5);
    P0 = 0x00;
}

void main()
{
    uchar num = 0;
    while (1)
    {
        if (KEY1 == 0)                 //按键 1 按下，实现两位数的加 1
        {
            delay(20);                 //去抖动
            if (KEY1 == 0)
            {
                num++;
                if (num > 99)          //超过 99 则归零
                    num = 0;
                display(num);          //显示新的数字
                while (!KEY1);         //等待按键释放
            }
        }
        if (KEY2 == 0)                 //按键 2 按下，实现两位数的减 1
        {
            delay(20);                 //去抖动
            if (KEY2 == 0)
            {
                num--;
```

```
            if (num < 0)                //小于 0 则归为 99
                num = 99;
            display(num);               //显示新的数字
            while (!KEY2);              //等待按键释放
        }
    }
  }
}
```

2. 编写灯光效果函数，实现三种灯光模式的选择使用。

```
#include<reg52.h>
#include<intrins.h>

#define uchar unsignedchar
#define uint unsignedint

sbit LED1 = P1^0;
sbit LED2 = P1^1;
sbit LED3 = P1^2;
sbit LED4 = P1^3;
sbit LED5 = P1^4;
sbit LED6 = P1^5;
sbit LED7 = P1^6;
sbit LED8 = P1^7;

void delay(uint z)
{
    uint x, y;
    for (x = z; x > 0; x--)
        for (y = 110; y > 0; y--);
}

void lightMode1()               //第一种灯光模式
{
    LED1 = 0;
    LED2 = 0;
    LED3 = 0;
    LED4 = 0;
    LED5 = 0;
    LED6 = 0;
```

```
    LED7 = 0;
    LED8 = 0;
    delay(1000);
    LED1 = 1;
    LED2 = 1;
    LED3 = 1;
    LED4 = 1;
    LED5 = 1;
    LED6 = 1;
    LED7 = 1;
    LED8 = 1;
    delay(1000);
}

void lightMode2() //第二种灯光模式
{
    LED1 = 0;
    LED2 = 0;
    LED3 = 0;
    LED4 = 0;
    LED5 = 0;
    LED6 = 0;
    LED7 = 0;
    LED8 = 0;
    delay(500);
    LED1 = 1;
    LED2 = 1;
    LED3 = 1;
    LED4 = 1;
    LED5 = 1;
    LED6 = 1;
    LED7 = 1;
    LED8 = 1;
    delay(500);
}

void lightMode3()            //第三种灯光模式
{
    LED1 = ~LED1;
```

```
    delay(200);
    LED2 = ~LED2;
    delay(200);
    LED3 = ~LED3;
    delay(200);
    LED4 = ~LED4;
    delay(200);
    LED5 = ~LED5;
    delay(200);
    LED6 = ~LED6;
    delay(200);
    LED7 = ~LED7;
    delay(200);
    LED8 = ~LED8;
    delay(200);
}

void main()
{
    uchar mode = 1;               //初始选择第一种灯光模式
    while (1)
    {
        switch (mode)
        {
            case 1:
                lightMode1();     //第一种灯光模式
                break;
            case 2:
                lightMode2();     //第二种灯光模式
                break;
            case 3:
                lightMode3();     //第三种灯光模式
                break;
            default:
                mode = 1;         //如果选择的模式超出范围，则默认选择第一种灯光模式
                break;
        }
        mode++;                   //切换到下一个灯光模式
        if (mode > 3)             //如果选择的模式超出范围，则回到第一种灯光模式
```

```
            mode = 1;
        }
    }
```

## 项目 6.3　庆典活动 3.0

1. 理解乐谱的含义，编写图 6.3.8 所示的生日快乐歌程序，与本项目进行对比。

```
#include<reg52.h>
#include<intrins.h>

#define uchar unsignedchar
#define uint unsignedint

sbit BEEP = P2^0;                  //蜂鸣器接口

void delay(uint z)
{
    uint x, y;
    for (x = z; x > 0; x--)
        for (y = 110; y > 0; y--);
}

void playSong()
{
    uchar code song[] = {0x24, 0x25, 0x16, 0x18, 0x24, 0x25, 0x16, 0x18, 0x24, 0x25, 0x16,
0x18, 0x18, 0x18, 0x18, 0x18};          //生日快乐歌曲的音符编码
    uchar i;
    for (i = 0; i <sizeof(song); i++)
    {
        BEEP = ~BEEP;              //蜂鸣器鸣响
        delay(song[i]);            //延时音符时间
        BEEP = ~BEEP;              //蜂鸣器停止鸣响
        delay(50);                 //延时 50 ms
    }
}

void main()
{
    while (1)
```

```
    {
        playSong();                    //播放生日快乐歌曲
    }
}
```

2. 编写多种音乐函数，实现三种以上的音乐选择。

```
#include<reg52.h>
#include<intrins.h>

#define uchar unsignedchar
#define uint unsignedint

sbit BEEP = P2^0;                          //蜂鸣器接口

void delay(uint z)
{
    uint x, y;
    for (x = z; x > 0; x--)
        for (y = 110; y > 0; y--);
}

void playSong1()
{
    uchar code song1[] = {0x24, 0x25, 0x16, 0x18, 0x24, 0x25, 0x16, 0x18, 0x24, 0x25, 0x16,
0x18, 0x18, 0x18, 0x18, 0x18};                    //歌曲 1 的音符编码
    uchar i;
    for (i = 0; i <sizeof(song1); i++)
    {
        BEEP = ~BEEP;                       //蜂鸣器鸣响
        delay(song1[i]);                    //延时音符时间
        BEEP = ~BEEP;                       //蜂鸣器停止鸣响
        delay(50);                          //延时 50 ms
    }
}

void playSong2()
{
    uchar code song2[] = {0x18, 0x18, 0x18, 0x18, 0x18, 0x18, 0x18, 0x18, 0x18, 0x18, 0x18,
0x18, 0x18, 0x18, 0x18, 0x18};                    //歌曲 2 的音符编码
    uchar i;
```

```
    for (i = 0; i <sizeof(song2); i++)
    {
        BEEP = ~BEEP;                  //蜂鸣器鸣响
        delay(song2[i]);               //延时音符时间
        BEEP = ~BEEP;                  //蜂鸣器停止鸣响
        delay(50);                     //延时 50 ms
    }
}

void playSong3()
{
    uchar code song3[] = {0x16, 0x16, 0x16, 0x16, 0x16, 0x16, 0x16, 0x16, 0x16, 0x16, 0x16,
0x16, 0x16, 0x16, 0x16, 0x16};         //歌曲 3 的音符编码
    uchar i;
    for (i = 0; i <sizeof(song3); i++)
    {
        BEEP = ~BEEP;                  //蜂鸣器鸣响
        delay(song3[i]);               //延时音符时间
        BEEP = ~BEEP;                  //蜂鸣器停止鸣响
        delay(50);                     //延时 50 ms
    }
}

void main()
{
    uchar mode = 1;                    //初始选择第一种音乐
    while (1)
    {
        switch (mode)
        {
            case 1:                    //第一种音乐
                playSong1();           //播放歌曲 1
                break;
            case 2:                    //第二种音乐
                playSong2();           //播放歌曲 2
                break;
            case 3:                    //第三种音乐
                playSong3();           //播放歌曲 3
                break;
```

```
            default:            //如果选择的模式超出范围，则默认选择第一种音乐
                mode = 1;
                break;
        }
        mode++;                 //切换到下一个音乐模式
        if (mode > 3)           //如果选择的模式超出范围，则回到第一种音乐模式
            mode = 1;
    }
}
```

# 参 考 文 献

[1] 谭浩强. C 程序设计[M]. 2 版. 北京：清华大学出版社，1999.
[2] 王继鹏，陈希. C 语言程序设计教程[M]. 北京：人民邮电出版社，2019.
[3] 常中华，王春蕾，毛旭亭，等. C 语言程序设计实例教程[M]. 2 版. 北京：人民邮电出版社，2020.
[4] 梁颖红，王燕. C 语言程序设计[M]. 西安：西安电子科技大学出版社，2023.
[5] 赵启升，李存华. C 语言程序设计：游戏案例驱动[M]. 南京：南京大学出版社，2021.
[6] 童晶，丁海军，金永霞，等. C 语言课程设计与游戏开发实践教程[M]. 北京：清华大学出版社，2017.